高职高专教育"十二五"规划教材

计算机应用基础

主　编　焦东方　谢风来　孙全宝

副主编　谢尊英　阳先兵

黄河水利出版社
·郑州·

内 容 提 要

本书是针对职业学校计算机教学要求，结合当今最新计算机技术编写的。全书共分 8 章，系统介绍了计算机基础知识、中文操作系统 Windows XP、文字处理软件 Word 2003、电子表格软件 Excel 2003、演示文稿软件 PowerPoint 2003、网络基础知识与 Internet 应用、计算机信息系统安全基础、计算机多媒体应用。

本书理论联系实际，举例典型，能解决读者较多困惑，且具有鲜明的职教特色，适合作为高职高专、中等职业学校的计算机学习教材，也可作为广大计算机初学者的参考资料。

图书在版编目(CIP)数据

计算机应用基础／焦东方，谢风来，孙全宝主编
郑州：黄河水利出版社，2011.1
高职高专教育"十二五"规划教材
ISBN　978-7-80734-975-4

Ⅰ.①计…　Ⅱ.①焦…　②谢…　③孙…　Ⅲ.①电子
计算机–高等学校：技术学校–教材　Ⅳ.①TP3

中国版本图书馆 CIP 数据核字(2011)第 002833 号

组稿编辑：王路平　☎ 0371-66022212　E-mail：hhslwlp@126.com

出　版　社：黄河水利出版社
　　　　　　地址：河南省郑州市顺河路黄委会综合楼 14 层　　邮政编码：450003
发行单位：黄河水利出版社
　　　　　　发行部电话：0371-66026940、66020550、66028024、66022620(传真)
　　　　　　E-mail：hhslcbs@126.com
承印单位：河南地质彩色印刷厂
开本：787 mm×1 092 mm　1／16
印张：17.5
字数：400 千字　　　　　　　　　　　印数：1—4 600
版次：2011 年 1 月第 1 版　　　　　　印次：2011 年 1 月第 1 次印刷
定价：32.00 元

前 言

计算机技术的迅速发展，使得全球信息化进程大大加快，对我们的工作、学习和社会生活等各方面产生了巨大影响。掌握计算机的基础知识和基本技能，具有应用计算机的初步能力，已成为各行各业劳动者必备的素质之一。

本书注重易学性和实用性，从培养学生计算机应用能力的目标出发，更加注重操作技能的训练，使学生掌握计算机的基本概念和操作技能，了解计算机的基本应用，为学习计算机方面的其他课程和利用计算机的有关知识解决本专业及相关领域的问题打下良好的基础。

本书在编写过程中，充分考虑到计算机技术知识更新快的特点，选择了当前非常流行的计算机实用软件，力争体现知识的实用性、先进性、科学性。

全书共分 8 章，系统介绍了计算机基础知识、中文操作系统 Windows XP、文字处理软件 Word 2003、电子表格软件 Excel 2003、演示文稿软件 PowerPoint 2003、网络基础知识与 Internet 应用、计算机信息系统安全基础、计算机多媒体应用，并且每章后都附有习题。

本书编写人员多为多年从事计算机基础教学的专兼职教师，具有丰富的理论知识和教学经验，书中不少内容就是对实践经验的总结。全书由焦东方、谢风来、孙全宝担任主编并统稿，谢尊英、阳先兵担任副主编并审校。参加编写的人员有：孙全宝(第 1 章)，阳先兵、许兆祥(第 2 章)，谢风来、谢尊英(第 3 章)，焦东方(第 4 章)，林阳阳(第 5 章)，樊红娟(第 6 章)，李笑满、辛绍勇(第 7 章)，王建伟(第 8 章)。

本书在编写过程中，得到了河南省劳动干部学校、湖南省娄底湘中文武实验学校、保定市阜平县职业教育中心的大力支持与协作。华北水利水电学院软件学院刘建华教授、河南财经政法大学电教中心郭清溥副教授、河南职业技术学院信息工程系孙杰副教授对本书编写给予了指导，并提出了许多宝贵意见。本书在编写过程中还参阅了大量文献。在此向对本书编写和出版做出贡献的所有同志一并表示感谢！

由于编者水平有限，加之编写时间仓促，书中错误和不足之处在所难免，恳请广大读者不吝指正，以便作者对本书进行修改和完善。

编　者

2010 年 10 月

前 言

目　录

第 1 章 计算机基础知识

1.1 计算机的发展与应用

1.1.1 计算机的产生

计算机是电子计算机(electronic computer)的简称,俗称电脑,是一种能够根据一系列指令对各种数据和信息进行自动加工与处理的电子设备。

计算机原来的意思是"计算器",也就是说,人类发明计算机,最初的目的是用它处理复杂的数字运算。计算是人类同自然作斗争的一项重要活动。最早的计算工具诞生在我国,叫做筹策,又称算筹。直到今天仍在使用的珠算盘,是我国古代计算工具领域中的另一项发明,明代的珠算盘已经与现代的珠算盘几乎相同。

20 世纪初电子管的诞生,开通了电子技术与计算技术相结合的道路。1946 年,美国一批年轻的科学家为了解决导弹弹道计算问题发明了世界上第一台计算机,取名为 ENIAC。这是一台庞然大物,重 30t,用了 18800 个电子管,消耗功率 150kW,占地 170m², 每秒可进行 5000 次加减法运算,如图 1-1 所示。

图 1-1 第一台计算机 ENIAC

ENIAC 奠定了电子计算机的发展基础,在计算机发展史上具有划时代的意义,它的问世标志着电子计算机时代的到来。

ENIAC 诞生后,数学家冯·诺依曼提出了重大的改进理论,主要有两点:第一点是电子计算机应该以二进制为运算基础,第二点是电子计算机应采用"存储程序"方式工作,并且进一步明确地指出了整个计算机的结构应由 5 个部分组成:运算器、控制器、存储器、输入装置和输出装置。冯·诺依曼的这些理论的提出,解决了计算机的运算自动化问题和速度配合问题,对计算机的发展起到了决定性的作用。直至今日,绝大部分的计算机还是采用冯·诺依曼方式进行工作的。

1.1.2 计算机的发展过程

ENIAC 诞生后短短的几十年间,计算机的发展突飞猛进。主要电子器件相继使用了真空电子管,晶体管,中、小规模集成电路和大规模以及超大规模集成电路,引起计算机的几次更新换代。每一次更新换代使计算机的体积和耗电量大大减小,功能大大增强,应用领域进一步拓宽。特别是体积小、价格低、功能强的微型计算机的出现,使得计算机迅速普及,进入了办公室和家庭,在办公自动化和多媒体应用方面发挥了巨大的作用。目前,计算机的应用已扩展到社会的各个领域。计算机的发展过程可分为以下几个阶段。

1.1.2.1 第一代计算机(1946～1958 年)

它的主要特征是采用电子管作为基本逻辑部件,体积大,耗电量大,寿命短,可靠性差，成本高；运算速度每秒只有几千次至几万次；存储部件采用电子射线管，容量很小，后来外存储器使用了磁鼓存储信息，扩充了容量；输入输出装置落后，主要使用穿孔卡片，速度慢，使用十分不便；没有系统软件，只能用机器语言和汇编语言编程。

1.1.2.2 第二代计算机(1958~1964 年)

它的主要特征是采用晶体管作为基本逻辑部件，较第一代计算机体积减小，重量减轻，能耗降低，成本下降；计算机的可靠性和运算速度均得到提高，运算速度提高到每秒几万次至几十万次；采用磁芯和磁鼓作为外存储器；开始有了系统软件(监控程序)，提出了操作系统的概念，出现了高级语言，如 FORTRAN 语言等。

1.1.2.3 第三代计算机(1964~1971 年)

它的主要特征是采用中、小规模集成电路制作各种逻辑部件，从而使计算机体积更小，重量更轻，耗电更省，寿命更长，成本更低；运算速度有了更大的提高，达到每秒几十万次至几百万次；采用半导体存储器作为主存，取代了原来的磁芯存储器，使存储器容量和存取速度有了大幅度的提高，增加了系统的处理能力；系统软件有了很大发展，出现了分时操作系统，多个用户可以共享计算机软硬件资源；在程序设计方面采用了结构化程序设计，为研制更加复杂的软件提供了技术上的保证。

1.1.2.4 第四代计算机(1971 年至今)

它的主要特征是基本逻辑部件采用大规模、超大规模集成电路，使计算机体积、重量、成本均大幅度降低，出现了微型机；运算速度提高到每秒几百万次至上亿次；作为主存的半导体存储器，其集成度越来越高，容量越来越大；外存储器除广泛使用软、硬磁盘外，还开始采用光盘、U 盘等；各种使用方便的输入输出设备相继出现；软件产业高度发达，各种实用软件层出不穷，极大地方便了用户；计算机技术与通信技术相结合，计算机网络的出现将世界紧密地联系在一起；多媒体技术崛起，计算机集图像、图形、声音、文字、处理于一体，在信息处理领域掀起了一场革命。

计算机各发展阶段的特征对照见表 1-1。

表 1-1　计算机各发展阶段的特征对照

代别	起讫年份	逻辑部件	内存	外存	运算速度(每秒)	软件	应用领域
第一代	1946~1958	电子管	电子射线管	磁鼓	几千次至几万次	机器语言、汇编语言	科学计算
第二代	1958~1964	晶体管	普遍采用磁芯	磁芯、磁鼓	几万次至几十万次	高级语言、管理程序、监控程序、简单的操作系统	科学计算、数据处理、事务管理
第三代	1964~1971	集成电路	半导体	普遍采用磁带、磁盘	几十万次至几百万次	多种功能较强的操作系统、会话式语言	实现标准化系列化，应用于各个领域
第四代	1971至今	超大规模集成电路	半导体	各种专用外设、大容量磁盘、光盘等普遍使用	几百万次至上亿次	可视化操作系统、数据库、多媒体、网络软件	广泛应用于所有领域

20 世纪 80 年代初，人们开始研究第五代电子计算机。它是超大规模集成电路、人工智能、软件工程、新型计算机系统等的综合产物。其显著特点是计算机具有人的部分智能，能识别和处理声音、图像，具有学习和推理功能。人们可以不必编制程序，只要发出命令，或写出某一方程，或提出某一要求，计算机就会自动完成所需程序，提供结果。新一代计算机系统是为适应未来社会信息化的要求而提出的，与前四代计算机有着质的区别。可以认为，它是计算机发展史上的一次重大变革，将广泛应用于未来社会生活的各个方面。

我国从 1957 年开始研制通用数字电子计算机，华罗庚教授是我国计算技术的奠基人和最主要的开拓者之一。1958 年 8 月 1 日我国研制出了第一台电子计算机，属于第一代电子管计算机，为纪念这个日子，该机定名为八一型数字电子计算机，后改名为 103 型计算机。1965 年中国科学院计算技术研究所研制成功我国第一台大型晶体管计算机 109 乙，之后推出 109 丙机；1974 年研制出采用集成电路的 DJS–130 小型计算机；1985 年 6 月我国第一台 IBM PC 兼容微型计算机——长城 0520CH 研制成功，随后长城、联想、方正等公司纷纷推出国产微机。

1983 年我国成功研制了银河–Ⅰ巨型计算机，运行速度达每秒 1 亿次。1992 年国防科技大学研制出银河–Ⅱ巨型计算机，该机运行速度为每秒 10 亿次。后来又研制成功了银河–Ⅲ巨型计算机，运行速度已达到每秒 130 亿次。2000 年 9 月巨型计算机神威–Ⅰ投入运行，峰值运行速度为每秒 3840 亿次，在当时世界上已投入商业运行的前 500 名高性能计算机中排第 48 位，其主要技术指标和性能均达到了国际先进水平，它标志着我国成为继美国、日本后，世界上第三个具备研制高性能计算机能力的国家。2004 年，上海超级计算中心的曙光 4000A 采用 2000 多个 64 位 AMD Opteron 处理器，运算速度达到每秒 10 万亿次，在世界前 500 名高性能计算机中排第 10 位。

2008 年问世的超级计算机曙光 5000，运算速度达到每秒 230 万亿次。1 s 内，它可以实时完成 10000 个 5000 万 W 以上的并网发电机组和 22 万 V 变电站构成的全国电网的电力安全评估；30 s 内，它可以完成上海证券交易所 10 年的 1000 多支股票交易信息的 200 种证券指数的计算；6 min 内，它可以同时完成 20 次对上海黄浦江过江隧道三维结构的地震数值分析的计算。除了超强计算能力，它还拥有全自主、超高密度、超高性价比、超低功耗以及超广泛应用等特点。百万亿次计算机所面临的技术瓶颈要比十万亿次计算机更多、更难解决，绝对不是简单的数字叠加；曙光 5000 的问世使我国成为继美国之后第二个能制造和应用超百万亿次商用高性能计算机的国家，也表明我国生产、应用、维护高性能计算机的能力达到世界先进水平。

1.1.3　计算机的分类与发展

计算机的种类很多，通常按照不同的标准有不同的分类。

电子计算机从原理上可分为三类：模拟式电子计算机、数字式电子计算机和混合式电子计算机。

模拟式电子计算机的主要特点是：参与运算的数值由不间断的连续量表示，其运算过程是连续的，模拟式电子计算机由于受元器件质量影响，其计算精度较低，应用范围较窄，目前已很少生产。

　　数字式电子计算机的主要特点是：参与运算的数值用断续的数字量表示，其运算过程按数字位进行计算。

　　混合式电子计算机是同时具备模拟技术和数字技术两种功能的计算机。

　　人们通常所说的计算机是指电子数字计算机。按照计算机的用途分类，可以将电子数字计算机分为通用计算机和专用计算机。

　　专用计算机功能单一、适应性差，但是在特定用途下最有效、最经济、最快速。通用计算机功能齐全、适应性强，通常所说的计算机都是指通用计算机。

　　另外，根据计算机的运算速度、输入输出能力、数据存储能力、指令系统的规模和机器价格等因素，可以将通用计算机划分为巨型机、大/中型机、小型机、微型机和工作站 5 种类型。

　　(1)巨型机：又称为超级计算机，具有计算速度快、内存容量巨大的特点，应用于国防尖端技术和现代科学计算中。巨型机的运算速度可达每秒百万亿次，能否研制巨型机是衡量一个国家经济实力和科学水平的重要标志。

　　(2)大/中型机：其特点是通用性好，有很强的综合处理能力。其主机与附属设备通常由若干个机柜或工作台组成。主要用于公司、银行、政府机关和大型制造厂家等部门。具有较高的运算速度，每秒可以执行几千万条指令，而且具有较大的存储空间。往往用于科学计算、数据处理或作为网络服务器使用。

　　(3)小型机：具有规模小、结构简单、硬件成本低和软件易开发的特点。主要用于企业管理、大学及科研机关的科学计算、工业控制中的数据采集与分析等。小型机在用做巨型计算机系统的辅助机方面也起着重要的作用。

　　(4)微型机：又称为个人计算机，主要包括台式机和便携式微机。由于其具有体积小、价格低、功能全、可靠性高等特点，广泛用于商业、服务业、工厂的自动控制、办公自动化，以及大众化的信息处理。

　　(5)工作站：是以个人计算环境和分布式网络环境为前提的高机能计算机，工作站不单纯是进行数值计算和数据处理的工具，而且是支持人工智能的作业机，通过网络将包含工作站在内的各种计算机进行连接，可以互相进行信息的传送，资源、信息的共享，负载的分配。

　　60 多年的时间里，计算机的性能有了惊人的提高，价格不断地大幅度下降，为计算机的普及创造了极为有利的条件。今后计算机还将不断地向前发展，大致可归纳为以下几种趋势：

　　(1)巨型化。这是指高速、大存储容量和超强功能的超大型计算机。现在运算速度高达每秒万亿次，美国正在开发每秒 1000 万亿次运算的超级计算机。

　　(2)微型化。其标志是运算器和控制器集成在一起，主要是对存储器、通道处理机、高速运算部件、图形卡、声卡等的集成，进而将系统软件固化，达到整个微机系统的集成。

　　(3)多媒体化。这是“以数字技术为核心的图像、声音与计算机、通信等融为一体的信息环境”的总称。实质是使用户与计算机以更接近自然的方式交换信息。

　　(4)智能化。是让计算机模拟人的感觉、行为、思维过程的机理，使它具备视觉、听觉、语言、行为、思维、学习、证明等能力，形成智能型计算机，可以更多地代替或超越人类某些方面的脑力劳动。

(5)网络化。从单机到联网是计算机应用发展的必然结果。网络是现代通信技术与计算机技术结合的产物，使得人类社会的方方面面都发生了更加广泛而深刻的变化。

1.1.4　计算机的特点及应用

计算机是一种能自动、高速进行科学计算和信息处理的电子设备，主要特点包括以下几个方面：

(1)运算速度快。计算机能以极快的速度进行运算和逻辑判断，现在高性能计算机每秒能进行上万亿次加减运算。由于计算机运算速度快，许多过去无法处理的问题都能得以及时解决。

(2)计算精确度高。计算机具有以往计算工具无法比拟的计算精度，一般可达十几位，甚至几十位、几百位有效数字的精度。这样的计算精度能满足一般实际问题的需要。

(3)记忆能力强。计算机的存储系统具有存储和"记忆"大量信息的能力，能存储大量的数据和计算机程序。

(4)有逻辑判断能力。计算机可以进行各种逻辑判断。如对两个信息进行比较，根据比较结果，自动确定下一步该做什么。

(5)能在程序控制下自动进行工作，可靠性高，通用性强。计算机内部操作运算都是按照事先编制的程序自动进行的，而不需要人工进行干涉，这正是计算机与计算器本质上的区别所在。

计算机应用范围非常广泛，并且还在不断向各行各业渗透扩展，概括起来主要有以下 8 个方面：

1．科学计算

科学计算又称数值计算，它是计算机最早的应用领域，是指计算机用于完成科学研究和工程技术中所提出的数学问题的计算。这也是研制电子计算机的最初目的。今天，科学计算在计算机应用中所占的比重虽然不断下降，但在天文、地质、生物、数学等基础科学，以及空间技术、新材料、原子能等高新技术领域的研究中，仍占重要地位。

2．数据处理

数据处理又称信息加工，是现代化管理的基础，包括对数据的记录、整理、加工、合并和分类统计等。数据处理一般不涉及复杂的数学问题，但数据量大，存取频繁。计算机具有高速运算、海量存储和逻辑判断的能力，使得它成为数据处理的强有力工具，并广泛运用于办公自动化、企业管理、事务管理和情报检索等方面。目前，数据处理已成为计算机应用的一个最主要方面。

3．过程控制

过程控制又称实时控制，是指用计算机及时采集检测数据，按最佳值迅速对控制对象进行自动调节控制。从 20 世纪 60 年代起，实时控制就开始应用于冶金、机械、电力、石油化工等部门。例如高炉炼铁，计算机用于控制投料、出铁出渣，以及对原料和生铁成分的管理和控制，通过对数据的采集和处理，实现对各种操作的指导。利用计算机进行过程控制不仅提高了控制的自动化水平，而且有利于提高控制的及时性和准确性，从而改善劳动条件，提高产品质量、节约能源和降低成本。

4. 计算机辅助系统

计算机辅助系统包括计算机辅助设计与制造、计算机集成制造系统和计算机辅助教育等。

计算机辅助设计(Computer Aided Design，CAD)是指利用计算机来帮助设计人员进行设计工作，使用辅助设计软件对产品进行设计，如飞机、汽车、船舶、机械、电子、土木建筑，以及大规模集成电路、机械、电子类产品的设计。计算机辅助设计系统除配有必要的 CAD 软件外，还配备了图形输入设备(如数字化仪)和图形输出设备(如绘图仪)等。设计人员可借助这些专用的软件和输入输出设备将设计要求或方案输入计算机，计算处理后将结果显示出来。

计算机辅助制造(Computer Aided Manufacturing，CAM)是指利用计算机进行生产设备的管理、控制与操作，从而提高产品质量，降低成本，缩短生产周期，并且还能大大改善制造人员的工作条件。

计算机辅助教育(Computer Based Education，CBE)包括计算机辅助教学(Computer Aided Instruction，CAI)和计算机管理教学(Computer Managed Instruction，CMI)。计算机辅助教育是一种利用计算机网络技术和多媒体技术产生的一种教育形式。它能减少教育的投入，提高教学的质量，扩大受教育的范围。目前，多媒体教学、辅助教学软件、联机考试、网上学校和远程教学等计算机辅助教育形式正在蓬勃发展。

5. 人工智能

人工智能(Artificial Intelligence，AI)是研究解释和模拟人类智能、智能行为及其规律的一门学科，其主要任务是建立智能信息处理理论，进而设计可以展现某些近似于人类智能行为的计算系统。人工智能学科包括知识工程、机器学习、模式识别、自然语言处理、智能机器人和神经计算等多方面的研究。

6. 虚拟现实

虚拟现实(Virtual Reality)技术是 20 世纪末才兴起的一门崭新的综合性信息技术，在最近几年发展迅速，其应用领域涉及教育、军事、娱乐和医学等许多行业。虚拟现实技术是一项综合集成技术，它的出现是计算机图形学、人机交互技术、传感器技术、人机接口技术及人工智能技术等交叉与综合的结果。它利用计算机生成逼真的三维视觉、听觉、嗅觉等各种感觉，使用户通过适当装置，自然地对虚拟现实世界进行体验和交互沟通。简单地说，虚拟现实技术就是用计算机创造现实世界。

7. 多媒体技术

多媒体(Multimedia)技术是指将数字、文字、声音、图形、图像和动画等多种媒体有机组合，利用计算机、通信和广播电视技术，使它们建立起逻辑联系，并能进行加工处理(包括对这些媒体的录入、压缩和解压、存储、显示和传输等)的技术。目前多媒体计算机技术的应用领域正在不断扩展，除知识学习、电子图书、商业及家庭应用外，在远程医疗、视频会议中都得到了极大的推广。

8. 网络应用

计算机网络是利用通信设备和线路将地理位置不同且功能独立的多个计算机系统互联，通过网络软件实现资源共享和信息传递的系统。网络是计算机技术与通信技术相互结合的产物，由硬件系统和软件系统两部分构成。硬件系统包括计算机的硬件设备和通信设备，软件系统包括网络通信协议、信息交换方式、网络操作系统等。

网络的出现为计算机应用开辟了空前广阔的前景，对人类社会产生了巨大的影响，给人们的生活、工作、学习带来了巨大的变化。人们可以在网上接受教育、浏览信息，实现网上通信、网上医疗、网上银行、网上娱乐和网上购物等。计算机的应用将推动信息社会更快地向前发展。

1.2 计算机中信息的表示

计算机主要用于信息处理，对计算机处理的各种信息进行抽象后，可以分为数字、字符、图形图像和声音等几种主要的类型。

1.2.1 各种进位计数制

要表示一个数，首先要选择适当的数学符号并规定其组合规律，也就是确定所选用的进位计数制。所谓进位计数制，顾名思义，就是一种按进位方式实现计数的制度，简称进位制。日常生活中，经常采用的进位制很多，例如，一打等于十二个(十二进制)、一小时等于六十分钟(六十进制)、一米等于十分米(十进制)，等等。通常的进位制有十进制、二进制、八进制、十六进制等。

在十进制中，任何数都是用十个数字符号(0，1，2，3，4，5，6，7，8，9)按逢十进一的规则组成的；在二进制中，任何数都是用两个数字符号(0，1)按逢二进一的规则组成的；在八进制中，任何数都是用八个数字符号(0，1，2，3，4，5，6，7)按逢八进一的规则组成的；在十六进制中，任何数都是用十六个数字符号(0，1，2，3，4，5，6，7，8，9，A，B，C，D，E，F)按逢十六进一的规则组成的。

尽管这些进位制所采用的数字符号及其进位规则不同，但它们都有一个基本特征数，被称为进位制的"基数"，基数表明了进位制所具有的数字符号的个数及进位的规则。显然，十进制的基数为"十"，二进制的基数为"二"，R 进制的基数为"R"，他们在各自的进位制中都表示为"10"，读作"壹零"。数的十进制、二进制、八进制和十六进制表示对照见表 1-2。

表 1-2 数的十进制、二进制、八进制和十六进制表示对照

十进制	二进制	八进制	十六进制	十进制	二进制	八进制	十六进制
0	0	0	0	9	1001	11	9
1	1	1	1	10	1010	12	A
2	10	2	2	11	1011	13	B
3	11	3	3	12	1100	14	C
4	100	4	4	13	1101	15	D
5	101	5	5	14	1110	16	E
6	110	6	6	15	1111	17	F
7	111	7	7	16	10000	20	10
8	1000	10	8	17	10001	21	11

在同一进位制中，不同位置上的同一个数字符号所代表的值是不同的。例如：

$$
\begin{array}{ccccccc}
1 & 1 & 1 & 1 & . & 1 & 1 \\
\downarrow & \downarrow & \downarrow & \downarrow & . & \downarrow & \downarrow
\end{array}
$$

二进制中 2^3 2^2 2^1 2^0 . 2^{-1} 2^{-2}

八进制中 8^3 8^2 8^1 8^0 . 8^{-1} 8^{-2}

十进制中 10^3 10^2 10^1 10^0 . 10^{-1} 10^{-2}

十六进制中 16^3 16^2 16^1 16^0 . 16^{-1} 16^{-2}

为了描述进位制数的这一性质，定义某一进位制数中各位"1"所表示的值为该位的"位权"。基数和位权是进位制的两个基本要素，正确理解它们的含义，便可掌握进位制的全部内容。任何十进位制数 X 都可以表示为

$$(X)_{10} = d_{n-1} \times 10^{n-1} + d_{n-2} \times 10^{n-2} + \cdots + d_1 \times 10^1 + d_0 \times 10^0 + d_{-1} \times 10^{-1} + d_{-2} \times 10^{-2} + \cdots + d_{-m} \times 10^{-m}$$

例如，一个十进制数 $(222.26)_{10}$ 可以表示为

$$(222.26)_{10} = 2 \times 10^2 + 2 \times 10^1 + 2 \times 10^0 + 2 \times 10^{-1} + 6 \times 10^{-2}$$

同样地，对于 R 进制数 X，按位权展开式为

$$(X)_R = d_{n-1} \times R^{n-1} + d_{n-2} \times R^{n-2} + \cdots + d_1 \times R^1 + d_0 \times R^0 + d_{-1} \times R^{-1} + d_{-2} \times R^{-2} + \cdots + d_{-m} \times R^{-m}$$

其中，$d_i(i = n-1, \cdots, -m)$ 表示 X 的各位数字，大小范围为 $0 \sim R-1$；m 表示 X 所包含的小数位数；n 表示 X 所包含的整数位数。

根据 R 进制数的按位权展开式可以得出，任意进位制数的各位在十进制中按位权展开相加，得到对应的十进制数，见表 1-3。

表 1-3 进位制按位权展开相加得到对应的十进制数

进制	原始数	在十进制中按位权展开	对应十进制数
十进制	923.45	$9 \times 10^2 + 2 \times 10^1 + 3 \times 10^0 + 4 \times 10^{-1} + 5 \times 10^{-2}$	923.45
二进制	1101.1	$1 \times 2^3 + 1 \times 2^2 + 0 \times 2^1 + 1 \times 2^0 + 1 \times 2^{-1}$	13.5
八进制	572.4	$5 \times 8^2 + 7 \times 8^1 + 2 \times 8^0 + 4 \times 8^{-1}$	378.5
十六进制	3B4.4	$3 \times 16^2 + 11 \times 16^1 + 4 \times 16^0 + 4 \times 16^{-1}$	948.25

1.2.2 计算机中的进位制

尽管计算机可以处理各种数据和信息，但是计算机内部使用的是二进制数。二进制并不符合人们的习惯，计算机中采用二进制的主要原因如下：

1. 物理实现简单

计算机采用物理元件的状态来表示计数制中各位的值和位权，绝大多数物理元件都只有两种状态，如果计算机中采用十进制，势必要求计算机有能够识别 $0 \sim 9$ 共 10 种状态的装置。在实际工作中，是很难找到能表示 10 种不同稳定状态的电子器件的。虽然可以用电子线路的组合来表示，但是线路非常复杂，所需的设备量大，而且十分不可靠。而二进制中只有 0 和 1 两个数字符号，可以用电子器件的两种不同状态来表示一位二进

制数。例如，可以用晶体管的截止和导通表示 1 和 0，或者用电平的高和低表示 1 和 0 等。所以，在数字系统中普遍采用二进制。

2. 运算规则简单

二进制数只有 0 和 1 两个数字符号，因此运算规则比十进制简单得多。二进制的加减乘除运算规则见表 1-4。

表 1-4　二进制的加减乘除运算规则

加法	0+0=0	0+1=1	1+0=1	1+1=10(进位)
减法	0–0=0	0–1=1(借位)	1–0=1	1–1=0
乘法	0×0=0	0×1=0	1×0=0	1×1=1
除法	0÷0=0(无意义)	0÷1=0	1÷0=0(无意义)	1÷1=1

3. 适合逻辑运算

逻辑是指条件与结论之间的关系。因此，逻辑运算是指对因果关系进行分析的一种运算，运算结果并不表示数值大小，而是表示逻辑概念，即成立还是不成立。计算机的逻辑关系是一种二值逻辑，二值逻辑可以用二进制的 1 或 0 来表示，例如：1 表示"成立"、"是"或"真"，0 表示"不成立"、"否"或"假"等。对两个逻辑数据进行运算时，每位之间相互独立，运算是按位进行的，不存在算术运算中的进位和借位，运算结果仍是逻辑数据。

二进制的主要缺点是数位太长，不便阅读和书写，人们也不习惯。为此常用八进制和十六进制作为二进制的缩写方式。另外，为了适应人们的习惯，通常在计算机内都采用二进制数，输入和输出采用十进制数，由计算机自己完成二进制与十进制之间的相互转换。

机器内部设备一次能表示的二进制位数叫机器的字长，一台机器的字长是固定的。8 位长度的二进制数称为一个字节(Byte)，机器字长一般都是字节的整数倍，如字长 8 位、16 位、32 位、64 位。

我们要处理的信息在计算机中称为数据。数据是可以由人工或自动化手段加以处理的事实、概念、场景和指示的表示形式，包括字符、符号、表格、声音和图形等。数据可在物理介质上记录或传输，并通过外围设备被计算机接收，经过处理而得到结果，计算机对数据进行解释并赋予一定的意义后，便成为人们所能接受的信息。计算机中数据的常用单位有位、字节和字。

计算机存储信息的最小单位是二进制的一个数位，简称为位(Bit)，音译比特，二进制的一个"0"或一个"1"叫一位。一个二进制位可以表示两种状态(0 或 1)，两个二进制位可以表示 4 种状态(00、01、10、11)。显然，位越多，所表示的状态就越多。

计算机存储容量的基本单位是字节(Byte)，音译为拜特，8 个二进制位组成 1 个字节(1 Byte=8 Bit)。计算机存储容量大小以字节数来度量。例如，计算机内存的存储容量、磁盘的存储容量等都是以字节为单位表示的。

除用字节为单位表示存储容量外，还可以用千字节(KB)、兆字节(MB)及吉字节(GB)、太字节(TB)等表示存储容量。它们之间存在下列换算关系：

$$1 \text{ KB} = 2^{10} \text{ B} = 1024 \text{ B}$$
$$1 \text{ MB} = 2^{10} \text{ KB} = 2^{20} \text{ B} = 1048576 \text{ B}$$
$$1 \text{ GB} = 2^{10} \text{ MB} = 2^{30} \text{ B} = 1073741824 \text{ B}$$

一个标准英文字母占 1 个字节位置，一个标准汉字占 2 个字节位置。

字和计算机中字长的概念有关。字长是指计算机在进行处理时一次作为一个整体进行处理的二进制数的位数，具有这一长度的二进制数则称为该计算机中的一个字。字通常取字节的整数倍，是计算机进行数据存储和处理的运算单位。

计算机按照字长进行分类，可以分为 8 位机、16 位机、32 位机和 64 位机等。字长越长，那么计算机所表示数的范围就越大，处理能力也越强，运算精度也就越高。在不同字长的计算机中，字的长度也不相同。例如，在 8 位机中，一个字含有 8 个二进制位，而在 64 位机中，一个字则含有 64 个二进制位。

1.2.3 不同进制之间的转换

人们最常用的数是十进制数。用计算机处理十进制数，必须将它转换为二进制数才能被计算机接收。同理，计算机的运算结果则应将二进制数转换成人们习惯使用的十进制数。计算机中采用的是二进制数，为了书写和阅读的方便，还采用了八进制和十六进制。这就产生了不同进制数之间的转换问题。

1.2.3.1 R 进制数转换为十进制数

从数的按位权展开式中可以看出，R 进制数转换为十进制数，只需要将 R 进制的各位在十进制中按位权展开相加即可，见表 1-3。

1.2.3.2 十进制数转换为 R 进制数

任何一个十进制数，都可以表示为整数部分和小数部分的和，因此十进制数转换为 R 进制数时，可以分别从整数部分和小数部分进行转换。

1. 整数部分的转换

设 N 为十进制数的整数部分，在对应的 R 进制中的位权展开形式为

$$d_{n-1} \times R^{n-1} + d_{n-2} \times R^{n-2} + \cdots + d_1 \times R^1 + d_0 \times R^0$$

即

$$(N)_{10} = d_{n-1} \times R^{n-1} + d_{n-2} \times R^{n-2} + \cdots + d_1 \times R^1 + d_0 \times R^0$$

由位权展开式可以发现，整数部分 N 除以 R，得到的余数为 d_0，而商为 $d_{n-1} \times R^{n-1} + d_{n-2} \times R^{n-2} + \cdots + d_1 \times R^0$，同理将商再除以 R，此时得到的余数为 d_1，依此类推，就可以得到其他整数部分各位数值。将各位求得的余数以先后次序从低位向高位排列，便可求得转换后的 R 进制值。这样十进制整数转换成 R 进制数的方法即为"除 R 取余法"。

2. 小数部分的转换

设 M 为十进制数的小数部分，在对应的 R 进制中按照位权展开形式为 $d_{-1} \times R^{-1} + d_{-2} \times R^{-2} + \cdots + d_{-m} \times R^{-m}$，那么小数部分 M 乘以 R，即可以得到数值为 $d_{-1} + d_{-2} \times R^{-1} + \cdots + d_{-m} \times R^{-m+1}$，由该数值可以看出，$d_{-1}$ 为该数的整数部分，将整数部分去掉之后，对得到的小数部分的结果再次乘以 R，同样得到的结果的整数部分为 d_{-2}，依此类推，就可以得

到其他小数部分的各位数值。将各位求得的整数部分以先后次序从高位向低位排列，便可求得转换后的 R 进制值。这样十进制小数转换成 R 进制小数的方法即为"乘 R 取整法"。

在转换过程中，遇到乘不尽的情况，可能会无限进行下去，此时可根据需要取近似值。

在掌握了十进制与 R 进制之间的转换方法之后，再具体进行十进制转换成二进制、八进制或十六进制就非常容易了。

十进制整数转换成二进制整数的方法即为"除 2 取余法"，十进制小数转换成二进制小数的方法即为"乘 2 取整法"；十进制整数转换成八进制整数的方法即为"除 8 取余法"，十进制小数转换成八进制小数的方法即为"乘 8 取整法"；十进制整数转换成十六进制整数的方法即为"除 16 取余法"，十进制小数转换成十六进制小数的方法即为"乘 16 取整法"。下面以具体实例加以说明：

(1)十进制整数转换成二进制整数。"除 2 取余法"，即将被转换的十进制整数反复地除以 2，直到商为 0，所得的余数(从高位读起)就是该数的二进制表示。

例如：将十进制整数 123 转换成二进制整数，过程如下：

$$
\begin{array}{rll}
2 & \underline{1\ 2\ 3} & \cdots 1 \quad \text{(低位)} \\
2 & \underline{6\ 1} & \cdots 1 \\
2 & \underline{3\ 0} & \cdots 0 \\
2 & \underline{1\ 5} & \cdots 1 \\
2 & \underline{7} & \cdots 1 \\
2 & \underline{3} & \cdots 1 \\
2 & \underline{1} & \cdots 1 \quad \text{(高位)} \\
& 0 &
\end{array}
$$

所以，$(123)_{10}=(1111011)_2$。

(2)十进制小数转换成二进制小数。"乘 2 取整法"，即将十进制小数连续乘以 2，选取进位整数，直到满足精度要求为止。

例如：求 $(0.625)_{10}=(?)_2$。

$$
\begin{array}{c|c}
 & 0.625 \\
\text{进位} & \times\ 2 \\
\hline
\text{(高位)} \quad 1 & 250 \\
 & \times\ 2 \\
\hline
0 & 500 \\
 & \times\ 2 \\
\hline
\text{(低位)} \quad 1 & 000 \\
\end{array}
$$

所以，$(0.625)_{10}=(0.101)_2$。

1.2.3.3 二进制与八进制的相互转换

由于 $8=2^3$，即 3 位二进制数可以表示从 000 到 111 这 8 个数，正好对应八进制数的 8 个数字符号 $0\sim7$，因此 3 位二进制数对应 1 位八进制数，所以二进制与八进制之间的转换比较简单。

二进制数转换成八进制数，具体转换方法是：将二进制数从小数点开始，整数部分从右向左 3 位一组，不足 3 位的左方补 0，这样得到整数部分的八进制数；小数部分从左向右 3 位一组，不足 3 位的右方用 0 补足，得到小数部分的八进制数。然后，将整数部分和小数部分合起来写成对应的八进制数即可。

例如：求 $(1111011.1011)_2=(?)_8$。

001	111	011	.	101	100	二进制
↓	↓	↓	.	↓	↓	
1	7	3	.	5	4	八进制

所以，(1111011.1011)$_2$=(173.54)$_8$。

八进制数转换成二进制数，具体转换方法是：以小数点为界，向左或向右将八进制的每一位用相应的 3 位二进制数取代，然后将其连在一起。

例如：求(173.54)$_8$=(?)$_2$。

1	7	3	.	5	4	八进制
↓	↓	↓	.	↓	↓	
001	111	011	.	101	100	二进制

所以，(173.54)$_8$=(1111011.1011)$_2$。

1.2.3.4 二进制与十六进制的相互转换

由于 16=2^4，即 4 位二进制数可以表示从 0000 到 1111 这 16 个数，正好对应于十六进制数的 16 个基本数字符号 0～F，因此 4 位二进制数对应于 1 位十六进制数，所以二进制与十六进制之间的转换也比较简单。

二进制数转换成十六进制数，具体转换方法是：将二进制数从小数点位开始，整数部分从右向左 4 位一组，不足 4 位的左方补 0，这样得到整数部分的十六进制数；小数部分从左向右 4 位一组，不足 4 位的右方用 0 补足，得到小数部分的十六进制数。然后，将整数部分和小数部分合起来写成对应的十六进制数即可。

例如：求(1011111011.0011001)$_2$=(?)$_{16}$。

0010	1111	1011	.	0011	0010	二进制
↓	↓	↓	.	↓	↓	
2	F	B	.	3	2	十六进制

所以，(1011111011.0011001)$_2$=(2FB.32)$_{16}$。

十六进制数转换成二进制数，具体转换方法是：以小数点为界，向左或向右将十六进制的每一位用相应的四位二进制数取代，然后将其连在一起。

例如：求(2FB.32)$_{16}$=(?)$_2$。

2	F	B	.	3	2	十六进制
↓	↓	↓	.	↓	↓	
0010	1111	1011	.	0011	0010	二进制

所以，(2FB.32)$_{16}$=(1011111011.0011001)$_2$。

1.2.4 计算机中信息的编码

编码的概念，在邮电通信系统中使用得较早。电报的明码就是一种编码。例如，"北"、"京"这两个字，电报明码就是"0554"、"0079"，这种编码都是由十进制数组合而成的。在计算机中，编码是由二进制代码组成的，用不同的二进制编码表示数字、字母、图像、声音等信息。究竟用几位二进制代码来表示各种不同事物比较恰当呢?这与要表示各类不同事物的个数有关。例如要表示 26 个英文字母，至少需要 5 位二进制代码。

1.2.4.1　字符的编码

在计算机中除数值之外，还有一类非常重要的数据，那就是字符，如英文的大小写字母(A，B，C，…，a，b，c，…)，数字符号(0，1，2，…，9)，以及其他常用符号(如?、=、%、+等)。在计算机中，这些符号都是用二进制编码的形式表示的。

目前，国际上通用的是 ASCII 码(American Standard Code for Information Interchange)，即美国标准信息交换码。ASCII 码由 7 位二进制数组成，由于 $2^7=128$，所以能够表示 128 个字符：10 个阿拉伯数字 0 ~ 9(ASCII 码为 48 ~ 57)、52 个大小写英文字母(A ~ Z 为 65 ~ 90，a ~ z 为 97 ~ 122)、32 个标点符号和运算符，以及 34 个控制符，见表 1-5。

表 1-5　ASCII 码表

低四位	高四位							
	0000	0001	0010	0011	0100	0101	0110	0111
0000	NUL	DLE	space	0	@	P	`	p
0001	SOH	DC1	!	1	A	Q	a	q
0010	SIX	DC2	"	2	B	R	b	r
0011	ETX	DC3	#	3	C	S	c	s
0100	EOT	DC4	$	4	D	T	d	t
0101	ENQ	NAK	%	5	E	U	e	u
0110	ACK	SYN	&	6	F	V	f	v
0111	BEL	ETB	,	7	G	W	g	w
1000	RS	CAN	(	8	H	X	h	x
1001	HT	EM	)	9	I	Y	i	y
1010	LF	SUB	*	:	J	Z	j	z
1011	VT	ESC	+	;	K	[	k	{
1100	FF	FS	`	<	L	\	l	|
1101	CR	GS	–	=	M	]	m	}
1110	SO	RS	.	>	N	↑	n	~
1111	SI	VS	/	?	O	↓	o	DEL

从表 1-5 中可以看出，ASCII 码具有以下特点：

(1)表中前 32 个字符和最后一个字符为控制字符，在通信中起控制作用。

(2)10 个数字字符和 26 个英文字母由小到大排列，且数字在前，大写字母次之，小写字母在最后，这一特点可用于字符数据的大小比较。

(3)数字 0 ~ 9 由小到大排列，ASCII 码分别为 48 ~ 57，ASCII 码与数值恰好相差 48。

(4)在英文字母中，A 的 ASCII 码值为 65，a 的 ASCII 码值为 97，且由小到大依次排列。因此，只要知道了 A 和 a 的 ASCII 码，也就知道了其他字母的 ASCII 码。

虽然标准 ASCII 码是 7 位编码，但由于计算机基本处理单位为字节(1 Byte=8 Bit)，所以一般仍以一个字节来存放一个 ASCII 字符。每一个字节中多余出来的一位(最高位)在计算机内部通常保持为 0(在数据传输时可用做奇偶校验位)。由于标准 ASCII 字符集字符数目有限，在实际应用中往往无法满足要求。为此，国际标准化组织又制定了 ISO 2022 标准，它规定了在保持与 ISO 646 兼容的前提下将 ASCII 字符集扩充为 8 位代码的统一方法。ISO 陆续制定了一批适用于不同地区的扩充 ASCII 字符集，每种扩充 ASCII 字符集分别可以扩充 128 个字符，这些扩充字符的编码均为高位为 1 的 8 位代码(即十进制数 128～255)，称为扩展 ASCII 码。

1.2.4.2 汉字的编码

我国主要的语言文字是汉字。由于汉字是象形文字，不同于英文、法文等拼音文字，因此用计算机进行汉字信息处理，远比西文信息处理复杂。这里必须要解决汉字在计算机内部的编码，以及汉字的输入输出问题，即汉字的内码、外码和字形码的问题。

1. 汉字内码

汉字信息在计算机内部也是以二进制方式存放的。由于汉字数量大，用一个字节的 128 种状态不能全部表示出来，因此 1980 年我国颁布了《信息交换用汉字编码字符集——基本集》，即国家标准 GB 2312—80，也称汉字交换码，或简称国标码。

类似 ASCII 码表，汉字也有一张国标码表。如果用两个字节(16 位二进制)表示一个汉字，每个字节都只使用低 7 位(与 ASCII 码相同)，即有 128×128=16384 种状态。由于 ASCII 码的 34 个控制代码在汉字系统中也要使用，为不致发生冲突，不能作为汉字编码，128 除去 34 只剩 94 种，所以汉字编码表的大小是 94×94=8836，用以表示国标码规定的 7445 个汉字和图形符号。

为了与原来的西文 ASCII 码字符相区别，以及方便计算机内部处理和存储汉字，将汉字国标码的两个字节二进制代码最高位置为 1，这样就形成了在计算机内部用来进行汉字的存储、运算的编码，称为机内码(或汉字内码、内码)。如汉字"中"的机内码是 11010110B、11010000B(即 D6H、D0H)。

机内码是最基本的编码，不管是何种汉字系统和汉字输入方法，输入的汉字外码到机器内部都要转换成机内码，才能被存储并进行各种处理。机内码应该是统一的，而实际上日本、韩国和东南亚地区的汉字系统都各不相同，甚至我国大陆与港台地区的汉字系统的内码也不完全相同。要给出一个统一的标准化的汉字内码，尚需相当长的时间。

其他的内码规范包括 BIG5、CJK、GBK 等。其中，BIG5 是针对繁体汉字的编码，在我国台湾、香港地区的计算机系统中得到普遍应用。CJK(Chinese Japanese Korean)是中、日、韩统一编码汉字的简称，其中包括了 20902 个来自中国、日本和韩国的汉字。

GBK 是汉字内码扩展规范，GBK 的目的是解决汉字收字不足、简繁同平面共存、简化代码体系间转换等汉字信息交换的瓶颈问题，由电子部与国家技术监督局联合颁布，在保持 GB 2312 原貌的基础上，将其字汇扩充与 ISO 10646 中的 CJK 等量，同时也包容了我国台湾地区的工业标准 BIG5 码汉字，此外还为用户保留了 1894 个码位的自定义区。

2. 汉字外码

无论是机内码或国标码都不利于输入汉字，为方便汉字的输入而制定的汉字编码，称为汉字输入码。汉字输入码属于外码。不同的输入方法，形成了不同的汉字外码。常见的输入法有以下几类，分别为：

按汉字的排列顺序形成的编码(流水码)：如区位码；

按汉字的读音形成的编码(音码)：如全拼、简拼、双拼等；

按汉字的字形形成的编码(形码)：如五笔字型、郑码等；

按汉字的音、形结合形成的编码(音形码)：如自然码、智能 ABC。

输入码在计算机中必须转换成机内码，才能进行存储和处理。

3．汉字字形码

汉字字形码，用于汉字的显示和打印，又称输出码。为了将汉字在显示器或打印机上输出，将汉字按图形符号设计成点阵图，就得到了相应的点阵代码(字形码)。

全部汉字字形码的集合称为汉字字库。汉字字库可分为软字库和硬字库。软字库以文件的形式存放在硬盘上，现多用这种方式；硬字库则将字库固化在一个单独的存储芯片中，再和其他必要的器件组成接口卡，插接在计算机上，通常称为汉卡。

为在计算机内表示汉字而形成的汉字编码称为内码(如国标码)，内码是唯一的。为方便汉字输入而形成的汉字编码称为输入码，属于汉字的外码，输入码因编码方式的不同而不同，是多种多样的。为显示和打印输出汉字而形成的汉字编码称为字形码，计算机通过汉字内码在字模库中找出汉字的字形码，实现其转换。

使用计算机时常会出现乱码现象。造成乱码的原因是：内码对于字库来说，只是查找字形的索引，而不同系统的汉字内码和汉字字形码没有固定的一一对应关系，即写入方的码本和读出方的码本不一致，同一个字符串就会呈现不同的字形，也就是乱码。在使用浏览器的过程中出现乱码时，通过"查看"→"编码"选择合适的编码标准，就可解决乱码问题。

1.2.5　汉字的输入法

计算机汉字输入的方法很多，可以归纳为以下三类。

1.2.5.1　键盘输入法

目前的键盘输入法种类繁多，但常用的有以下两类：

(1)拼音输入法，即利用汉语拼音直接输入汉字的输入法。几乎不用花费什么时间学习，只要汉语拼音掌握得好，就可以使用。但汉字的同音字比较多，重码率很高，输入速度很慢。为了改进拼音输入法的重码，提高输入速度，不少拼音输入法进行了改进，增加了智能化程度，提高了输入效率。如搜狗拼音输入法、谷歌拼音输入法、智能 ABC、紫光拼音和微软拼音 2003，改进了的拼音输入法每分钟也可以输入几十个甚至上百个汉字。

这种输入方法不适用于专业的打字员，而非常适合普通的计算机操作者，如果使用者的拼音基础比较好，不妨选用一种好的拼音输入法。

(2)笔画输入法，笔画或笔画组合(称为字根或部件)对应于计算机键盘的字母或数字键，从而进行文字输入。

在全国盛极一时的笔画输入法可能就是五笔了，如王码五笔、万能五笔、极品五笔等。好的形码输入法具有重码少、输入效率高的特点，但输入规则比较繁复，键盘与字根(部件)的对应关系比较复杂，学习起来比较困难，而且容易遗忘。

这种输入法适合专职打字人员使用，熟练操作之后可以实现盲打，输入速度较快，但需要花费较多的时间掌握和熟练。

1.2.5.2　手写输入法

手写输入法是一种笔式环境下的手写中文识别输入法。

这种输入法符合中国人用笔写字的习惯，需要配套的硬件，如手写板。在配套的手写板上用笔(可以是任何类型的硬笔)来书写录入汉字，计算机就能将其识别显示出来。不仅方便、快捷，而且错字率也比较低。如汉王笔、紫光笔、文通笔等，可以像在信纸上一样，采用平常写字的方式，轻松自然地向计算机输入文字。但早期的手写输入因辨识时间稍长会拖慢输入速度。为了解决辨识时间的问题，提高输入速度，不少手写输入进行了改进，增加了智能化程度，提高了输入效率。如汉王笔，可全屏幕重叠书写，识别速度在每秒 12 字以上。好的手写输入还具有功能强大的图像处理等功能，可以自如地绘画。

这种输入法适合于普通的计算机操作者及有绘画图像特殊要求的使用者，输入者不必经过培训，只要会写字，就可无师自通、轻松自然地进行汉字输入了。

1.2.5.3　语音输入法

语音输入法是指将声音通过话筒转换成文字的一种输入方法。

这种输入法必须使用麦克风，用户可以发出正确的读音将文字输入计算机。在硬件方面要求计算机必须配备能进行正常录音的声卡，调试好麦克风，就可以对着麦克风用普通话语音进行文字录入。如果普通话口音不标准，只要使用它提供的语音训练程序，进行一段时间的训练，使其熟悉操作者的口音，也同样可以通过讲话实现文字输入。语音识别以 IBM 推出的 Via Voice 为代表，国内则推出 Dutty++语音识别系统、天信语音识别系统、天音语音识别系统等。虽然使用起来很方便，但错字率仍然比较高，特别是一些未经训练的专业名词及生僻字。

这种输入法适合于不便使用键盘鼠标操作计算机的人及要求降低文字输入工作量的计算机操作者。

可以这样说，到目前为止，还没有哪一种中文输入法是没有缺点的，我们只能够根据自己的实际情况，选择一种适合自己使用的中文输入法，熟练掌握之后，那就是你心目中最好的输入法。

1.3　计算机系统

1.3.1　计算机系统的组成

计算机系统包括硬件系统和软件系统，两者缺一不可。

硬件(Hardware)系统是指计算机的电子器件、各种线路及设备，是看得见、摸得着的物理装置，是计算机的物质基础。软件(Software)系统是指计算机正常使用所必需的各种程序和数据，以及相关文档的集合，是发挥计算机硬件功能的关键。只有硬件系统而无软件系统的计算机称为"裸机"，用户不能直接使用。硬件系统往往是固定不变的，而计算机千变万化的功能则是通过软件实现的。

目前，计算机已发展成由巨型机、大型机、中型机、小型机和微型机组成的一个庞大的家族，其中每个成员尽管在规模、性能、结构和应用等方面存在着很大差别，但是它们的基本组成结构是相同的。计算机的硬件系统由中央处理器(由运算器和控制器等组成)、内存储器、外存储器、输入／输出设备等硬件组成。而计算机的软件系统分为两大类，即计算机系统软件和应用软件。计算机系统的组成如图 1-2 所示。

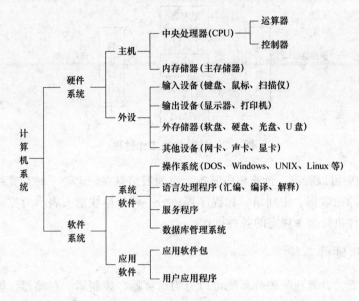

图 1-2　计算机系统的组成

硬件系统和软件系统组成了完整的计算机系统，两者共同存在、发展，缺一不可。但是，并不是有了某种硬件就能运行所有的软件，也不是有了某个软件就能在所有的硬件上运行，这就是计算机中很普遍的兼容性问题。

1.3.2　计算机的工作原理

计算机基本工作原理即"存储程序"原理，1946 年由美籍匈牙利数学家冯·诺依曼(John Von Neumann)提出，所以又称为"冯·诺依曼原理"。这一原理在计算机的发展过程中始终发挥着重要影响，确立了现代计算机的基本组成和工作方式，直到现在，各类计算机的工作原理还是采用冯·诺依曼原理思想。"存储程序"原理的核心内容包括：

(1)计算机硬件包括控制器、运算器、存储器、输入设备和输出设备五部分。

(2)计算机的指令和数据都采用二进制数表示。

(3)在执行程序和处理数据时，必须将程序和数据首先从外存储器装入主存储器中，然后才能使计算机在工作时能够自动高速地从存储器中取出指令并加以执行。

冯·诺依曼思想是电子计算机设计的基本思想，奠定了现代电子计算机的基本结构，开创了程序设计的时代。虽然现在的计算机系统从性能指标、运算速度、工作方式、应用领域和价格等方面与当时的计算机有很大差别，但基本结构没有改变。

　　从功能上看，计算机的硬件系统由五个基本部分组成：运算器、控制器、存储器、输入设备和输出设备。计算机的工作过程如图 1-3 所示，其中宽线箭头为数据信号，单线箭头为控制信号。计算机在接收指令后，由控制器指挥，将数据从输入设备传送到存储器存放，再由控制器将需要参加运算的数据传送到运算器，由运算器进行处理，最后将得到的结果由输出设备输出。

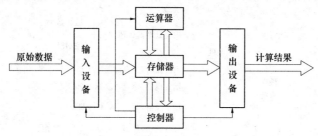

图 1-3　计算机的工作过程

　　从图 1-3 中可以看出，计算机中基本上有两股信息在流动。一种是宽线箭头表示的数据，即各种原始数据、中间结果和程序等；另一种是单线箭头表示的控制信息，它控制机器的各部件执行指令规定的各种操作。

1.3.3　计算机硬件系统

　　从功能上看，计算机的硬件系统可以分为运算器、控制器、存储器、输入设备和输出设备五大部分。下面分别进行介绍。

1.3.3.1　运算器

　　运算器(Arithmetical Unit)是对数据进行加工处理的部件，它在控制器的作用下与内存交换数据，负责进行各类基本的算术运算、逻辑运算和其他操作。计算机中任何复杂的算术运算都可以转化为简单的加、减、乘、除等算术运算，任何复杂的逻辑运算都可以转化为与、或、非等逻辑运算。

1.3.3.2　控制器

　　控制器(Control Unit)是整个计算机系统的指挥中心，用来控制各部件工作，使计算机能自动地执行程序。

　　控制器主要由指令寄存器、指令译码器、程序计数器(PC)、操作控制器等组成。

　　计算机启动时，控制器从存储器中取出指令，对指令进行分析，并根据指令的要求，有序地、有目的地向各个部件发出控制信号，指挥计算机有条不紊地工作。

　　控制器和运算器组合在一起称为中央处理器(Central Processing Unit，CPU)，它是计算机系统的核心。

1.3.3.3　存储器

　　存储器(Memory Unit)是用来存放程序和数据的部件，是接收数据、保存数据并根据命令提供数据的装置，具有存数和取数的功能。

　　存储器包含很多存储单元，每个存储单元都有一个唯一的编号，称为存储单元地址，每个存储单元存放 8 个二进制位(0 或 1)，称为一个字节(Byte，B)。一个存储器所能存放的字节数称为存储容量，存储器存储容量的基本单位是字节，常用单位还包括千字节(KB)、兆字节(MB)、吉字节(GB)及太字节(TB)。换算关系为 1 KB=1024 B，1 MB=1024 KB，1 GB=1024 MB，1 TB=1024 GB。

人们希望存储器能存储尽可能多的数据，即存储容量越大越好，从存储器读出或向存储器写入数据的速度越快越好，即存取周期越短越好。但是，由于技术和价格上的原因，在计算机系统中，一般将存储器分为内存储器(简称内存或主存)、外存储器(简称外存或辅存)、高速缓冲存储器。

内存储器一般是半导体存储器，采用大规模集成电路或超大规模集成电路器件。内存储器按其工作方式的不同，可以分为随机存取存储器(随机存储器或 RAM)和只读存储器(ROM)。

RAM 是随机存取存储器(Random Access Memory)，其特点是可以读写，存取任一单元所需的时间相同，通电时存储器内的内容可以保持，断电后，存储的信息立即消失。

ROM 是只读存储器(Read Only Memory)，用来存放与计算机有关的不变的信息。它只能读出原有的内容，用户不能再写入新内容。原来存储的内容是由厂家一次性写入的，并永久保存下来，因此断电后存储的信息不会丢失。

计算机将要执行的程序和数据存放在内存中，与外存储器相比，内存储器存取速度快、存储容量小、价格较高。

外存储器用于存放暂时不用的数据和程序，其容量大、成本低、速度慢、可以永久地脱机保存信息，不能直接与 CPU 进行信息交换，须将其中存放的内容调入内存，再由内存和 CPU 通信。

高速缓冲存储器是在主存与 CPU 之间设置的一种缓冲存储器(Cache)。其容量小、体积大、价格高，完全由硬件实现，速度高于主存储器数倍。

1.3.3.4 输入设备

输入设备(Input Device)是计算机系统的外部设备，用于接收用户向计算机输入的输入数据和信息，是计算机与用户相互联系的"窗口"。

计算机能够接收各种各样的数据，既可以是数值型的数据，也可以是各种非数值型的数据，如图形、图像、声音等都可以通过不同类型的输入设备输入到计算机中，进行存储、处理和输出。计算机的输入设备按功能可分为下列几类：

- 字符输入设备：键盘；
- 光学阅读设备：光学标记阅读机、光学字符阅读机；
- 图形输入设备：鼠标、操纵杆、光笔；
- 图像输入设备：摄像机、扫描仪、传真机；
- 模拟输入设备：语言模数转换识别系统。

1.3.3.5 输出设备

输出设备(Output Device)将计算机中的数据或信息输出给用户。输出设备是人与计算机交互的一种部件，它把各种计算结果数据或信息以数字、字符、图像、声音等形式表示出来。常见的有显示器、打印机、绘图仪、影像输出系统、语音输出系统、磁记录设备等。

输入设备和输出设备通常合起来称为 I/O 设备。外存储器一般也可以作为输入／输出设备，即它既是输入设备，也是输出设备。

1.3.4　计算机软件系统

计算机软件系统分为系统软件和应用软件。

1.3.4.1　系统软件

系统软件是计算机软件中的重要部分，它是管理和控制计算机软硬件资源，方便用户使用计算机的一组程序的集合。系统软件包括操作系统、计算机语言、语言处理程序、数据库管理系统及服务程序等。

1. 操作系统

为了使计算机系统的所有资源协调一致、有条不紊地工作，必须有一个软件来进行统一管理和统一调度，这种软件称为操作系统(Operating System，OS)。操作系统是最低层的系统软件，它是对硬件系统功能的首次扩充。

操作系统是管理计算机软硬件资源的一个平台。简单地说，操作系统就是一些程序，这些程序能被硬件读懂，并使计算机变成具有"思维"能力，能和人类沟通的机器。操作系统是应用程序和硬件沟通的桥梁。

操作系统是计算机系统中重要的系统软件，是整个计算机系统的控制中心。操作系统不仅将裸机改造成为功能强、服务质量高、使用方便灵活、运行安全可靠的虚拟机来为用户提供计算机系统的良好环境，而且采用合理有效的方法组织多个用户共享计算机系统中的各种资源，最大限度地提高系统资源的利用率。

常见的操作系统有 DOS、Windows、Linux、UNIX 等。

2. 计算机语言

计算机语言是根据描述实际问题的需要而设计的语言。为了告诉计算机应当做什么和如何做，必须把处理问题的方法、步骤以计算机可以识别和执行的操作表示出来，也就是说编制程序。这种用于编写计算机程序所使用的语言称为计算机语言。计算机语言是人工设计的语言，它的好坏不仅关系到书写程序是否方便，而且影响到程序的质量。

计算机语言包括机器语言、汇编语言、高级语言三类，按语言级别有低级语言与高级语言之分。低级语言包括机器语言和汇编语言。

机器语言是用计算机机器指令表达的语言，是由 0 和 1 组成的一系列机器指令的集合。例如，在 Z80 计算机中，加、减运算分别用 10000111 和 10010111 表示。机器语言是计算机唯一能直接识别和执行的语言，用机器语言编制的程序占用的内存较少，执行速度快。但是，用机器语言编写程序是一项十分烦琐的工作，要记住各种代码和它的含义是不容易的，而且编出的程序全部用 0 和 1 组成的数字序列，直观性差，非常容易出错，程序的检查和调试都比较困难。另外，由于机器语言是面向机器的，即不同型号的计算机，机器语言往往是不同的，所以用机器语言编出的程序不能通用，这给设计和使用带来了不便。因此，机器语言不利于计算机的推广使用，是一种低级语言。

为了克服机器语言读写的困难，20 世纪 50 年代初人们发明了汇编语言。汇编语言是一种为了帮助记忆而用一些简单的英文字母组合替代冗长的机器命令的语言。例如，加、减运算的助词符分别为 ADD 和 SUB。汇编语言比机器语言方便，但符号难记，程序编写量大，仍然十分复杂，汇编语言仍属于一种低级语言。用汇编语言书写的符号程序叫做源程序，计算机是不能直接接收和运行这种源程序的。因此，必须要用专门设计的汇编程序进行加工和转换，以便将源程序转换成由机器指令组成的目标程序，然后才能上机执行。这一转换过程又称为汇编过程。

汇编语言有两个缺点：一是对不同型号的计算机，针对同一问题所编写的汇编语言源程序互不相同；二是与自然语言差别较大，难以普及。

不论是机器语言还是汇编语言，都不利于计算机的推广和使用，这就促使人们去寻找与自然语言相接近，又能为计算机所"接受"，且语义确定、直观、通用、易学的语言，即高级语言。20 世纪 50 年代末，世界上诞生了第一个主要用于科学计算的高级语言——FORTRAN 语言。自 FORTRAN 语言问世之后，各种高级语言不断涌现，发展极快。世界上现在使用的高级语言有几百种之多，但常用的主要有 FORTRAN 语言、COBOL语言、BASIC 语言、PASCAL 语言、C 语言、Java 语言、PROLOG 语言等。

高级语言的共同特点是：独立于特定的机器，是一种类似于自然语言和数学描述语言的程序设计语言。使用时，计算机先要通过语言处理程序将高级语言"翻译"成机器语言，计算机才能执行。

3. 语言处理程序

语言处理就是将源程序转换成计算机能直接运行的机器语言形式，这一转换是由翻译程序完成的。翻译程序分为编译程序和解释程序。

编译方式，即事先编好一个称为编译程序的机器指令程序，并存放在计算机中。当用高级语言编写的源程序输入计算机后，编译程序便将源程序全部翻译成用机器指令生成的目标程序，然后由计算机执行该目标程序并得到计算结果。

解释方式，即事先编好一个称为解释程序的机器指令程序，并存放在计算机中，当用高级语言编写的源程序输入计算机后，它并不像编译方式那样，将源程序全部翻译成目标程序后，再由机器执行该目标程序，而是逐句地进行翻译，且翻译一句就由机器执行一句，即边解释边执行。

FORTRAN、COBOL、PASCAL 等高级语言源程序均采用编译方式，而大多数 BASIC语言源程序则采用解释方式。Java 语言既不属于传统的编译型语言也不属于解释型语言，它是先编译成 .class 字节码文件，然后利用虚拟机解释执行的。

对于用某种程序设计语言编写的程序，通常要经过编辑处理、语言处理、装配连接处理后，才能够在计算机上运行。

4. 数据库管理系统

数据库管理系统(Data Base Management System，DBMS)是有效地进行数据存储、共享和处理的工具。计算机已广泛应用于各种管理工作中，而进行这种管理工作的信息管理系统几乎都是以数据库为核心的。简单地说，数据库管理系统是管理系统中大量、持久、可靠、共享的数据的工具。它具有创建数据库、操作数据库、维护数据库和数据通信的功能。

数据库的特点是数据量大。这些数据具有最小的冗余度和较高的独立性，而且数据库管理系统能保持数据的安全性，维护数据的一致性。

常见的数据库管理系统有 FOXPRO、ORACLE、INFORMIX、MSSQL、SYBASE、MySQL 等。

1.3.4.2　应用软件

在计算机硬件和系统软件的支持下，为解决具体用户的具体问题而编制的应用程序及有关资料，称为应用软件。应用软件是一些具有一定功能、满足一定要求的应用程序的组合。应用软件可分为应用软件包和用户应用程序两种。

应用软件包通常由计算机专业人员与相关专业的技术人员共同开发完成，是为解决带有通用性问题而研制开发的程序。如办公应用方面的 Microsoft Office、WPS、Lotus Notes 等，网站制作方面的 FrontPage、Dreamweaver 等，平面设计方面的 Photoshop、Freehand、CorelDRAW 等，辅助设计方面的 AutoCAD、Rhino、Pro/E 等，三维制作方面的 3ds Max、Maya 等，多媒体开发方面的 Authorware、Director、Flash 等，视频编辑与后期制作方面的 Adobe Premiere、After Effects、Ulead 的"会声会影"等，杀毒软件方面的瑞星、卡巴斯基、诺顿等。

用户应用程序则指用户针对特定问题而编制的程序。

随着软件产业的飞速发展，应用软件不断推陈出新，数量繁多。网络上也出现了很多专门提供软件下载的网站，如天空软件、华军软件、中关村下载、太平洋下载等。每一个软件下载网站上均提供了有关的网络软件、系统工具、应用软件、聊天软件、图形图像、游戏娱乐、编程开发、杀毒安全、教育教学等方面的各种软件下载。

1.4　操作系统概述

操作系统的出现、使用和发展是近四十年来计算机软件的一个重大进展。尽管操作系统尚未有一个严格的定义，但一般认为操作系统是管理系统资源、控制程序执行、改善人机界面、提供各种服务、合理组织计算机工作流程和为用户使用计算机提供良好运行环境的一种系统软件。

1.4.1　操作系统的功能

操作系统是最重要的系统软件。从用户角度来看，操作系统可以看成是对计算机硬件的扩充；从人机交互方式来看，操作系统是用户与机器的接口；从计算机的系统结构来看，操作系统是一种层次、模块结构的程序集合，属于有序分层法，是无序模块的有序层次调用。操作系统在设计方面体现了计算机技术和管理技术的结合。

1.4.2　操作系统的分类

目前操作系统种类繁多，很难用单一标准进行统一的分类。根据操作系统的使用环境和对作业的处理方式，可分为批处理操作系统、分时操作系统、实时操作系统、网络操作系统、分布式操作系统五大类。

1.4.3　常用操作系统介绍

目前最常用的操作系统是 Windows、UNIX 和 Linux。其中，每一类操作系统都有很多不同的种类。另外，在 20 世纪 80 年代和 90 年代初，DOS 曾经是最常用的操作系统之一。

1.4.3.1　MS-DOS

MS-DOS 是 Microsoft Disk Operating System 的简称，是由美国微软公司(Microsoft)提供的磁盘操作系统。DOS 是微软公司与 IBM 公司共同开发的、广泛运行于 IBM PC 及其兼容机上的操作系统。

20 世纪 80 年代 DOS 最盛行时，全世界大约有 1 亿台个人计算机使用 DOS 系统，用户在 DOS 系统下开发了大量应用程序。由于这个原因，20 世纪 90 年代新的操作系统都提供对 DOS 的兼容性。

在 Windows 操作系统中可以通过运行 cmd 进入 DOS 命令界面。但是 Windows 2000/XP 没有纯 DOS 模式，因为它们不是基于 DOS 设计的，所以常规方法是不允许在 Windows 操作系统下进入 DOS 状态的。安装了 Windows 2000 / XP 后，要想启动到纯 DOS 模式下，一般只能借助软盘、U 盘、光盘等，或者使用集成的 DOS 软件，如矮人 DOS 工具箱，它是一款能修改 Windows 2000 / XP 启动菜单的工具软件，安装该工具软件之后，启动机器时系统提示有双系统，可以选择进入纯 DOS 系统。

1.4.3.2　Windows 系列操作系统

微软自 1985 年推出 Windows 1.0 以来，Windows 系统经历了二十多年的风风雨雨。从最初运行在 DOS 下的 Windows 3.x，发展到风靡全球的 Windows 9x、Windows 2000、Windows XP、Windows 2003、Windows Vista。

Windows 之所以如此流行，是因为它功能强大且简单易用。Windows 的优点主要包括如下几个部分。

1．界面图形化

以前 DOS 的字符界面使操作十分困难，Mac 首先采用了图形界面和鼠标，这就使得人们不必学习太多的操作系统知识，只要会使用鼠标就能进行工作，就连几岁的小孩子都能使用。这就是界面图形化的好处。在 Windows 中的操作可以说是"所见即所得"，所有的东西都摆在你眼前，只要移动鼠标，单击、双击即可完成操作。

2．多用户、多任务

Windows 系统可以使多个用户用同一台计算机而不会互相影响。Windows 9x 在此方面做得很不好，多用户设置形同虚设，根本起不到作用。Windows 2000 在此方面就做得比较完善，管理员(Administrator)可以添加、删除用户，并设置用户的权利范围。多任务是现在许多操作系统都具备的，这意味着可以同时让计算机执行不同的任务，并且互不干扰。例如一边听歌一边写文章，同时打开数个浏览器窗口进行浏览等都是利用了这一点。这对现在的用户是必不可少的。

3. 网络支持良好

Windows 9x 及后续版本中内置了 TCP／IP 协议和拨号上网软件，用户只需进行一些简单的设置就能上网浏览、收发电子邮件等。同时它对局域网的支持也很出色，用户可以很方便地在 Windows 中实现资源共享。

4. 出色的多媒体功能

这也是 Windows 吸引人们的一个亮点。在 Windows 中可以进行音频、视频的编辑/播放工作，可以支持高级的显卡、声卡使其"声色俱佳"。MP3 及 ASF、SWF 等格式的出现使计算机在多媒体方面更加出色，用户可以轻松地播放最流行的音乐或观看影片。

5. 硬件支持良好

Windows 95 以后的版本包括 Windows 2000 都支持"即插即用"(Plug and Play)技术，这使得新硬件的安装更加简单。用户将相应的硬件和计算机连接好后，只要有其驱动程序，Windows 就能自动识别并进行安装。用户再也不必像在 DOS 系统中一样去改写 Config.sys 文件，并且有时需要手动解决中断冲突。几乎所有的硬件设备都有 Windows 下的驱动程序。随着 Windows 的不断升级，它能支持的硬件和相关技术也在不断增加，如 USB 设备、AGP 技术等。

6. 众多的应用程序

在 Windows 下有众多的应用程序可以满足用户各方面的需求。Windows 下有数种编程软件，有无数的程序员在为 Windows 编写程序。

1.4.3.3　UNIX 操作系统

UNIX 系统自 1969 年踏入计算机世界以来已近 40 年。虽然目前市场上面临某种操作系统(如 Windows NT)强有力的竞争，但是它仍然是笔记本电脑、PC、PC 服务器、中小型机、工作站、大巨型机及群集等的通用操作系统，至少到目前为止还没有哪一种操作系统可以担此重任。而且以其为基础形成的开放系统标准(如 POSIX)也是迄今为止唯一的操作系统标准，即使是其竞争对手或者目前还尚存的专用硬件系统(某些公司的大中型机或专用硬件)上运行的操作系统，其界面也是遵循 POSIX 或其他类 UNIX 标准的。从此意义上讲，UNIX 就不只是一种操作系统的专用名称，而成了当前开放系统的代名词。

1.4.3.4　Linux 操作系统

Linux 是一种可以运行在 PC 上的免费的 UNIX 操作系统。它是由芬兰赫尔辛基大学的学生 Linus Torvalds 在 1991 年开发出来的。Linus Torvalds 将 Linux 的源程序在 Internet 上公开，世界各地的编程爱好者自发组织起来对 Linux 进行改进和编写各种应用程序，今天 Linux 已发展成一个功能强大的操作系统，成为操作系统领域最耀眼的明星。Linux 的吉祥物是 Linux 企鹅，它是由 Torvalds 挑选的代表们所创立的 Linux 操作系统。

Linux 之所以受到广大计算机爱好者的喜爱，主要原因有两个：一是它属于自由软件，用户不用支付任何费用就可以获得它和它的源代码，并且可以根据自己的需要对它进行必要的修改，无偿地使用它，无约束地继续传播；另一个原因是，它具有 UNIX 的绝大部分功能，任何使用 UNIX 操作系统或想要学习 UNIX 操作系统的人都可以从 Linux 中获益。

1.4.3.5　Mac OS 操作系统

Mac OS 是一套运行于苹果 Macintosh 系列计算机上的操作系统。Mac OS 是首个在商用领域成功的图形用户界面。

苹果(Apple)公司出产的 PC 称为苹果机，不只是因为其由苹果公司生产，也因为其核心区别于 IBM 标准 PC(一般为使用 Windows 环境)。苹果机具体的配置也不尽相同，但较 IBM 标准 PC 来看，苹果机的配置往往较好，因为苹果机多用于图形领域。此外，苹果机往往代表了潮流和时尚，代表了高端且精美的工业设计，但是由于其并不使用 Windows 操作系统，而使用 Mac OS X 操作系统，不兼容 Windows 软件，习惯 Windows 的用户较难上手。

Mac OS X 操作系统，这个基于 UNIX 的核心系统增强了系统的稳定性及响应能力。它能通过对称多处理技术充分发挥双处理器的优势，提供无与伦比的 2D、3D 和多媒体图形性能，以及广泛的字体支持和集成的 PDA 功能。Mac OS X 通过 Classic 环境几乎可以支持所有的 Mac OS 9 应用程序，直观的 Aqua 用户界面使 Macintosh 的易用性又达到了一个全新的水平。

另外，现在疯狂肆虐的计算机病毒几乎都是针对 PC 的，由于 Mac 的架构与 PC 不同，而且用户比较少，所以很少受到病毒的袭击。Mac OS X 操作系统界面非常独特。苹果公司能够根据自己的技术标准生产计算机、自主开发相对应的操作系统，可见它的技术和实力非同一般。苹果公司就像是 Intel 和微软的联合体，在软硬件方面"才貌双全"。

1.5　微型计算机的配置

微型计算机简称微机，主要包括台式机和笔记本。随着计算机技术的不断发展，其已成为计算机世界的主流之一，扮演着越来越重要的角色，目前的微机不论从各部件的工艺外观、性能指标、存储容量、运行速度等诸方面都有了高速的发展。下面以台式机为例来介绍微机的配置。

1.5.1　微机的硬件配置

微机的硬件构成从功能上看，与计算机硬件系统的五大部分一致。从硬件种类上看，微机的硬件构成一般包括 CPU、主板、内存、外存、光驱、显卡、声卡、网卡、电源、显示器、键盘、鼠标和打印机等。对于这些硬件的报价和测评信息都可以在网上查询得到，其中中关村在线(http：//www.zol.com.cn)是国内最大的计算机报价网站，小熊在线(http：//www.beareyes.com.cn)则是颇具口碑的对硬件功能进行测评的网站。

图 1-4 所示为台式机的主机箱示意图，主机箱内包括了 CPU、主板、存储器及一些输入输出

图 1-4　微机主机箱示意图

设备。下面介绍微机常用的硬件配置。

1.5.1.1 CPU

CPU 是微机中最核心的部件，CPU 类型是指系统所采用的 CPU 芯片型号，它决定了微机系统的档次。如 80486、Pentium Ⅰ/Ⅱ/Ⅲ/Ⅳ等。目前主流的 CPU 是由 Intel 公司和 AMD 公司生产的。Intel 公司的高端产品是酷睿 2(Core2)系列双核处理器，低端产品是奔腾(Pentium)系列和赛扬(Celeron)系列；AMD 公司的高端产品是羿龙(Phenom)系列和速龙(Athlon)系列，低端产品是闪龙(Sempron)系列。

双核处理器(Dual Core Processor)是指在一个处理器上集成两个运算核心，从而提高计算能力。"双核"的概念最早是由 IBM、HP、Sun 等支持 RISC 架构的高端服务器厂商提出的，主要运用于服务器上。而在台式机上的应用则是在 Intel 和 AMD 的推广下，才得以普及的。

CPU 的性能指标主要包括两个：机器字长和主频。

机器字长是指计算机的运算部件能同时处理的二进制数据的位数。字长决定了计算机的运算精度，字长越长，计算机的运算精度就越高。因此，高性能的计算机，其字长较长，而性能较差的计算机，字长相对要短一些。字长也影响计算机的运算速度，字长越长，计算机的运算速度越快。字长通常是字节的整倍数，如 Intel 奔腾系列 CPU 字长为 32 位，而最新的酷睿 2 CPU 字长达到 64 位。CPU 字长为 64 位，处理器一次可以运行 64 位数据。目前主流 CPU 使用的 64 位技术主要有 AMD 公司的 AMD64 技术、Intel 公司的 EM64T 技术和 IA64 技术。

主频即计算机 CPU 的时钟频率，又称时钟周期和机器周期，单位为赫兹(Hz)，它反映了 CPU 的基本工作节拍。主频是衡量 CPU 性能高低的一个重要技术指标，主频越高，表明指令的执行速度越快，指令的执行时间也就越短，对信息的处理能力和效率就越高。

CPU 生产商为了提高 CPU 的性能，通常的做法是提高 CPU 的时钟频率和增加缓存容量。不过目前 CPU 的频率越来越快，如果继续通过提升 CPU 频率和增加缓存容量的方法来提高性能，往往会受到制造工艺上的限制及成本过高的制约，目前主要是通过增加 CPU 内核数量的方法来提高 CPU 性能。

1.5.1.2 主板

主板又称主机板(main board)、系统板(system board)或母板(mother board)，是微型计算机的核心连接部件。主板既是连接各个部件的物理通路，也是各部件之间数据传输的逻辑通路，几乎所有的部件都连接到主板上。

打开主机箱后，可以看到位于机箱底部的一块大型印刷电路板，某主板示意图如图 1-5 所示。主板主要由一系列芯片组、I/O 扩展插槽、I/O 接口等组成，主要完成计算机系统的管理和协调，支持各种 CPU、功能卡和各总线接口的正常运行。

1. BIOS 和 CMOS

主板上用于构成系统内部存储器的集成电路，统称为内存芯片。主要是 ROM BIOS 和 CMOS RAM。BIOS 是 Basic

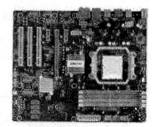

图 1-5　主板

Input/Output System 的简写，即基本输入 / 输出系统，它的全称应该是 ROM BIOS，意思是只读存储器基本输入 / 输出系统。其实，它是一组固化在计算机一个 ROM 芯片上的程序，它保存着计算机中最重要的基本输入 / 输出程序、系统设置信息、开机上电自检程序和系统启动自检程序等。CMOS 是计算机主板上的一块可读写的 RAM 芯片。用它来保护当前系统的硬件配置和用户对某些参数的设定。现在的厂商们将 CMOS 程序做到了 BIOS 芯片中，当开机时就可按特定键(如 Del 键)输入 CMOS 设置程序对系统进行设置，因此它又被人们称为 BIOS 设置。

2. I / O 扩展槽

计算机通过 I / O 扩展槽连接外部设备，添加或增强计算机特性及功能。I / O 扩展槽是 I / O 信号传输的路径，是系统总线的延伸，可以插入任意的标准部件，如显示卡、声卡、网卡等。插槽是用来连接相应设备的地方，目前很多主板上已经集成了声卡、显卡等设备，不用再进行扩展配置。

3. I / O 接口

I / O 接口是用于连接各种输入 / 输出设备的接口。按照接口连接的对象来分，I / O 接口可以分为并行接口、串行接口、硬盘接口、USB 接口、SCSI 接口、PS / 2 接口等。

并行接口又称为 LPT 接口，主要作为打印机端口。

串行接口又称为 COM 接口。数据传输速度较慢，但数据传输距离更长。

硬盘接口，也称 ATA 端口。计算机主板一般都集成了 2 个 40 针的双排针 IDE 接口插座，用于连接硬盘。

USB 接口使计算机 I / O 设备的连接更趋标准化，分为 USB 1.1 和 USB 2.0 两个规范标准。

SCSI 接口用于专业图形处理和网络服务的高端计算机中。

PS / 2 接口是 6 针的圆形接口，是鼠标和键盘专用接口。

1.5.1.3　内存

内存是主板上重要的部件之一，用来存放微型计算机运行所需程序和数据的部件。在主机中，内存所存储的数据或程序有些是永久的，如只读存储器 ROM；有些是暂时的，如可读写随机存储器 RAM。RAM 只是一个临时存储器，只有在计算机的加电期间，才能在其中保存信息，一旦断电，RAM 中的信息便会立即消失。ROM 是一种永久性的存储器，用来存放与计算机系统有关的不变的信息，即使计算机断电，ROM 中的信息也不会丢失。

除 CPU、主板外，内存是一个关键的部件。微机上的内存现在通常为模块化的内存条，插在主板上的内存插槽中，并可随意拆卸，如图 1-6 所示。内存容量是衡量内存性能的一个重要指标，目前微机上配置的内存条容量主要有 256 MB、512 MB、1 GB 和 2 GB 等。

图 1-6　内存

1.5.1.4　辅助存储器

辅助存储器，又称外存储器，简称外存。外存储器有补充内存和长期保存程序、数据及运算结果的作用。外存存储的内容不能直接供计算机使用，而要先送入内存，再从内存提供给计算机。外存的特点是容量大，能够长时间保存存储的内容，存取速度比内存慢。

外存储器早期使用磁盘和磁带。磁盘由金属圆片组成，在单一面或两面涂有磁性材料来存储信息。磁带的存储容量比磁盘大，存取速度比磁盘低，适于长期保存不经常使用的程序或数据。

外存通常是磁性介质或光盘，并且不依赖于电来保存信息，因而能长期保存信息。但是由机械部件带动，存在磨损，一般使用寿命较内存短。计算机中常见的外存包括软盘、硬盘、闪存盘和光盘等，下面分别介绍。

1. 软盘

软磁盘(Floppy Disk)，简称软盘，是个人计算机中最早使用的可移动介质。软盘的读写是通过软盘驱动器完成的。

软盘因容量较小且容易损坏，目前已经很少使用，其功能已逐渐被 U 盘所取代。现在看到的几乎都是容量为 1.44 MB 的 3.5 英寸软盘，如图 1-7 所示。软盘都有一个塑料外壳，比较硬，它的作用是保护里边的盘片。盘片上涂有一层磁性材料(如氧化铁)，它是记录数据的介质。在外壳和盘片之间有一层保护层，防止外壳对盘片的磨损。软盘保护口透光处于保护状态。

图 1-7　软盘

软盘在使用之前需要先格式化。格式化后磁盘被分成若干同心圆磁道，每个磁道又分为若干个扇区，每个扇区存储 512 字节，数据就存储在这些磁道上。

2. 硬盘

硬盘，也称硬磁盘，是计算机主要的存储媒介之一，由一个或者多个铝制或者玻璃制的盘片组成。这些盘片外覆盖有铁磁性材料。绝大多数硬盘都是固定硬盘，被永久性地密封固定在硬盘驱动器中。如图 1-8 所示为硬盘的内部结构。从数据存储原理和存储格式上看，硬盘与软盘完全相同。但硬盘的磁性材料涂在金属、陶瓷或玻璃制成的硬盘基片上，而软盘的基片是塑料的。硬盘相对软盘来说，存储空间比较大，现在个人计算机中配置的硬盘容量一般在 80 GB 以上；其次，硬盘数据存取的速度也要比软盘快得多。

图 1-8　硬盘

一般来讲，硬盘安装在计算机的主机箱中，但是也有一种移动硬盘可以通过 USB 接口直接与计算机连接，方便用户携带大容量的数据。普通硬盘也可以通过包装在一个移动硬盘盒里而作为移动硬盘使用，这种组装的移动硬盘价格虽然要相对便宜一些，但是体积大，并且读取速度慢。

3. 闪存盘

闪存盘(USB Flash Disk)又称 U 盘、优盘。它是一种移动存储产品，可用于存储任何格式的数据文件和在计算机间方便地交换数据。

U 盘采用闪存存储介质(Flash Memory)和通用串行总线(USB)接口，它与传统的电磁存储技术相比有许多优点。首先，这种存储技术在存储信息的过程中没有机械运动，这使得它的运行非常地稳定，从而提高了它的抗震性能，使它成为所有存储设备中最不怕震动的设备；其次，由于它不存在类似软盘、硬盘、光盘等的高速旋转的盘片，所以它的体积往往可以做得很小，MP3 播放器可以做得很小就是因为采用了这种存储技术。

U 盘最大的特点就是即插即用、小巧便于携带、存储容量大、价格便宜等。一般的 U 盘容量有 128 MB、256 MB、512 MB、1 GB、2 GB、4 GB、8 GB 等，目前 U 盘容量有了很大程度的提高，如 4 GB、8 GB、16 GB 的 U 盘。

4. 光盘

光盘(Optical Disk)是一种电子数据存储介质，可以用低能量的激光束进行数据读写。信息存放在盘片中螺旋状的轨道上。轨道上有许多不连续的凹槽，是在对光盘写入信息时由激光"雕刻"而成的。

目前，在计算机上使用的光盘可分为 CD 和 DVD 两种类型。

CD(Compact Disk)主要包括 CD–ROM、CD–R 和 CD–RW。容量通常为 650 MB。

CD–ROM(CD Read Only Memory)是只读光盘，里面的信息由制造者写于光盘中，用户可反复读，但不能写。VCD(Video-CD)也属于 CD–ROM，是激光视频光盘，在 VCD 影碟机中播放。

CD–R(CD Recordable)是一次性可写光盘，仅允许用户使用刻录机录入一次信息，然后可反复读盘上信息。

CD–RW(CD Rewritable)是可擦写光盘，为一种可以重复写入的光盘。

DVD(Digital Versatile Disk)称为数字万用光盘，DVD 光盘与 CD–ROM 光盘的外观很相似，存储方式主要有单面存储和双面存储两种。DVD 光盘主要分为 DVD–ROM、DVD–R、DVD–RAM 和 DVD–RW。一般的 DVD 光盘存储容量为 4.7 GB，还有一些为 8.5 GB、9.4 GB、17 GB、30 GB 等。

DVD–ROM 是只读光盘，用途类似 CD–ROM。

DVD–Video 是家用的影音光盘，用途类似 LD 或 Video CD。

DVD–Audio 是音乐盘片，用途类似音乐 CD。

DVD–R(或称 DVD–Write–Once)为限写一次的 DVD 光盘，用途类似 CD–R。

DVD–RW(或称 DVD–Rewritable)是可多次读写的光盘。

光盘信息的读取可以通过光盘驱动器来完成，激光头是光驱的中心部件，光驱都是通过它来读取数据的。光驱包括 CD 光驱和 DVD 光驱两种，分别用来读取 CD 光盘和 DVD 光盘，但是 DVD 光驱可以读取 CD 光盘，CD 光驱不能读取 DVD 光盘。

光盘信息的读取和写入可以通过光盘刻录机来完成，也就是我们平常说的刻录机。刻入数据时，利用高功率的激光束反射到盘片，使盘片发生变化，模拟出二进制数据 0 和 1。刻录机可分为 CD 刻录机和 DVD 刻录机两种，其中 DVD 刻录机可以刻录和读取 CD / DVD 光盘，而 CD 刻录机则只能刻录和读取 CD 光盘。

1.5.1.5　常用输入设备

计算机中常用的输入设备有键盘、鼠标和扫描仪等，下面分别进行介绍。

1. 键盘

键盘是计算机中最基本的输入设备。借助于键盘，可将命令、程序和数据等信息输入到计算机中。键盘通过一根五芯电缆连接到主机的键盘插座内，其内部有专门的微处理器和控制电路，当操作者按下任一键时，键盘内部的控制电路产生一个代表这个键的二进制代码，然后将此代码送入主机内部，操作系统就知道用户按下了哪个键。

现在的键盘通常有 101 键键盘和 104 键键盘两种，目前较常用的是 104 键键盘。键盘上各部位的名称及功能见表 1-6。

表 1-6　键盘上各部位的名称及功能

名称	功能
打字机键区	键盘上这部分键的安排，与英文打字机类似。不管键盘其他键的位置如何变化，这部分键的位置总是不会变的
光标键区	包括光标键和 9 个特殊键，一般软件通过这些键来进行菜单选择和光标移动等操作
小键盘	用于快速输入数字等，通过 Num Lock 键，可以在光标功能和数字功能之间进行切换
功能键区	F1~F12 是功能键，一般软件都是用这些键来做软件的功能热键，如 F1 为寻求帮助，F2 为存盘等
指示灯面板	有 Num Lock、Caps Lock、Scroll Lock 3 个指示灯，对应 3 个二态功能键，即数字锁定键、英文大写字母锁定键和滚动锁定键
组合控制键	在计算机键盘上有 3 个键常与其他键一起组合使用，它们是 Ctrl、Shift、Alt，按下其中一个键不放，然后按下另一键，最后同时松开。如 Ctrl+Shift+Alt 组合键即对系统进行热启动

其中，常用键盘打字区有 62 个键，包括字母键、数字键、控制键等。辅助键区有 30 个键。功能键区有 12 个功能键。键盘上键的功能和作用是由软件来定义的，所以在不同的应用程序中各键的作用也不尽相同，特别是功能键和控制键。

2. 鼠标

鼠标的标准称呼应该是"鼠标器"，英文名为 Mouse，因其外形酷似老鼠而得名，是使用比较广泛的一种输入设备。鼠标可以方便准确地移动光标进行定位。

鼠标按其工作原理的不同可以分为机械鼠标和光电鼠标。

机械鼠标底部有一个橡胶小球，当鼠标在水平面上滚动时，小球与平面发生相对转动而控制光标移动。机械鼠标一般采用 PS／2 接口，通过一个 6 针微型接口与计算机相连，它与键盘的接口非常相似，使用时注意区分。

光电鼠标通过检测鼠标的位移，将位移信号转换为电脉冲信号，再通过程序的处理和转换来控制屏幕上的鼠标箭头的移动。光电鼠标用光电传感器代替了滚球。早期的这类传感器需要特制的、带有条纹或点状图案的垫板配合使用，现在的产品一般不需要。光电鼠标一般通过一个 USB 接口，直接插在计算机的 USB 接口上。

新出现的无线鼠标和 3D 振动鼠标都是比较新颖的鼠标。

无线鼠标是为了适应大屏幕显示器而生产的。"无线"，即没有电线连接，而是采用两节七号电池无线摇控，鼠标有自动休眠功能，接收范围在 1.8 m 以内。

3D 振动鼠标是一种新型的鼠标器，外形和普通鼠标不同，一般由一个扇形的底座和一个能够活动的控制器构成。它不仅可以当做普通的鼠标使用，而且具有如下特点：首先，具有全方位立体控制能力，它具有前、后、左、右、上、下 6 个移动方向，而且可以组合出前右、左下等的移动方向。其次，具有振动功能，即触觉回馈功能，玩某些游戏时，当你被敌人击中时，会感觉到你的鼠标也振动了。

3. 扫描仪

扫描仪是一种计算机外部仪器设备，为通过捕获图像并将之转换成计算机可以显示、编辑、存储和输出的数字化输入设备。照片、文本页面、图纸、美术图画、照相底片，甚至纺织品、标牌面板、印制板样品等三维对象都可作为扫描对象，因此扫描仪在计算机领域中的应用很广泛，通常被用来制作照片档案和文字原稿档案。扫描仪最大的优点就是可以像彩色打印机一样，在最大程度上保留原稿的风貌。

常见的扫描仪大致分为两种：一种专门负责扫描图像，称为图像扫描仪，其作用和彩色打印机大致相同。另一种扫描仪称为光学识别器，专用于扫描一些代表数字的光学码。

分辨率是扫描仪最主要的技术指标，它表示扫描仪对图像细节上的表现能力，即决定了扫描仪所记录图像的细致度，其单位为 DPI(Dots Per Inch)。通常用每英寸长度上扫描图像所含有像素点的个数来表示。目前大多数扫描仪的分辨率为 300~2400 DPI。DPI 数值越大，扫描的分辨率越高，扫描出的结果图像文件的大小也越大。

1.5.1.6 常用输出设备

计算机常用的输出设备为显示器和打印机。

1. 显示器

显示器是计算机最基本的输出设备。它能在程序的控制下，动态地以字符、图形或图像的形式显示程序的内容和运行结果。严格说来，显示器由监视器和显示适配卡(显卡)组成，但习惯上将监视器也称为显示器。要充分发挥监视器的性能，必须配备相应的显卡。

显示器的类型很多，根据显像管的不同可分为三种类型：阴极射线管(CRT)、发光二极管(LED)和液晶(LCD)显示器。其中，CRT 显示器一般用于台式机，LED 显示器常用于单板机，LCD 显示器最初用于笔记本电脑，目前其成为主流的显示器用于各种计算机中。

衡量显示器的优劣主要有三个重要指标：屏幕尺寸、分辨率和点距。

屏幕尺寸按照屏幕对角线计算，通常以英寸(inch)为单位，现在一般主流的尺寸有 17 英寸、19 英寸、21 英寸、22 英寸、24 英寸等。常用的显示器又分为标屏与宽屏，标屏显示器的宽高比为 4：3，宽屏显示器的宽高比为 16：10 或 16：9。

分辨率指像素点与点之间的距离，像素数越多，其分辨率就越高。因此，分辨率通常用 $m \times n$ 表示。其中 m 表示荧光屏上每行共有 m 个点，n 表示荧光屏上的光点共有 n 行。这两个数乘积越大，分辨率越高，显示器的图像就越清晰。由于在图形环境中，高分辨率能有效地收缩屏幕图像，因此在屏幕尺寸不变的情况下，其分辨率不能超过它的最大合理限度，否则，就失去了意义。显示器尺寸与对应的最大分辨率分别为 14 英寸 1024×768、15 英寸 1280×1024、17 英寸 1600×1280、21 英寸 1600×1280。

点距是显示器的一个非常重要的硬件指标。点距是指一种给定颜色的一个发光点与离它最近的相邻同色发光点之间的距离，这种距离不能用软件来更改。点距与分辨率是不同的。在任何相同分辨率下，点距越小，图像就越清晰，14 英寸显示器常见的点距有：0.31 mm 和 0.28 mm。

2. 打印机

打印机是一种计算机输出设备，可以将计算机内储存的数据按照文字或图形的方式永久地输出到纸张或透明胶片上。衡量打印机好坏的指标有三项：打印分辨率、打印速度和噪声。分辨率越高，打印机的输出质量就越好。

目前常用的打印机有点阵式打印机、喷墨打印机和激光打印机三种。

点阵式打印机又称为针式打印机，它是依靠一组像素或点的矩阵组合而形成更大的图像，用一组小针来产生精确的点，有 9 针和 24 针两种。针数越多，针距越密，打印出来的字就越美观。针式打印机的主要优点是：价格便宜、维护费用低，可复写打印，适合于打印蜡纸。缺点是：打印速度慢、噪声大、打印质量稍差。目前针式打印机主要应用于银行、税务、商店等的票据打印。

喷墨打印机通过喷墨管将墨水喷射到普通打印纸上而实现字符或图形的输出。对于喷墨打印机来说，墨盒是最贵的易耗品。其主要优点是：打印精度较高、噪声低、价格便宜；缺点是：打印速度慢，由于墨水消耗量大，日常维护费用较高。

激光打印机可以将碳粉印在媒介上，这种打印机具有最佳的成本优势、优秀的输出效果，因而其占有统治地位。由于它具有精度高、打印速度快、噪声低等优点，已渐渐成为办公自动化的主流产品。随着普及性的提高，其价格也将大幅度下降。

1.5.2　微机的性能指标

一台微型计算机功能的强弱或性能的好坏，不是由某项指标来决定的，而是由它的系统结构、指令系统、硬件组成、软件配置等多方面的因素综合决定的。另外，对于不同用途的计算机，由于它们对不同部件的性能指标要求有所不同，评价标准也有所不同。因此，评价计算机的性能是一个复杂的问题，早期只用字长、运算速度和存储容量三大指标进行衡量，实际使用证明，只考虑这三个指标是不够的。

对于大多数普通用户来说，可以从以下几个基本指标来大体评价计算机的性能。

1.5.2.1　运算速度

运算速度是衡量计算机性能的一项重要指标。通常所说的计算机运算速度(平均运算速度)，是指每秒所能执行的指令条数，一般用"百万条指令／秒"(MIPS，Million Instruction Per Second)来描述。

微型计算机一般采用主频描述运算速度，主频即时钟频率，是指计算机的 CPU 在单位时间内发出的脉冲数。它在很大程度上决定了计算机的运行速度。一般说来，主频越高，运算速度就越快。主频的单位是赫兹(Hz)。例如，Pentium4／1.5 G 的主频为 1.5 GHz。对于结构相同的计算机，CPU 主频越高，在相等时间内所能执行的指令数越多。

1.5.2.2　字长

一般来说，计算机在同一时间内处理的一组二进制数的位数就是"字长"。字长的大小关系到计算机的精度和速度，在其他指标相同时，字长越长，精度越高，速度越快，处理能力也就越强。微机的字长已从早期的 8 位和 16 位发展到现在的 32 位和 64 位。

1.5.2.3　内存的容量

内存是 CPU 可以直接访问的存储器，需要执行的程序与需要处理的数据就是存放在内存中的。内存容量的大小反映了计算机即时存储信息的能力。随着操作系统的升级，应用软件的不断丰富及其功能的不断扩展，人们对计算机内存容量的需求也不断提高。目前，安装 Windows XP 操作系统，内存容量最好在 128 MB 以上(最少为 64 MB)，安装 Windows Vista 操作系统，内存容量最好在 1 GB 以上(最少为 512 MB)。

如果低于最低内存要求，系统将不能被正确安装，例如，在 64 MB 下正常安装完 Windows XP 系统后的体现就是运行速度很慢，系统自身的功能不会受到限制。但是在安装完应用程序后，达不到某些软件要求的内存，应用程序可能无法正常运行，或是大量内存被应用程序占用，将导致系统无响应或死机。内存容量越大，系统运行得就越流畅，系统功能就越强大，能处理的数据量就越大。

1.5.2.4　配置的外围设备

计算机允许配置外围设备的种类和数量也是计算机的性能指标之一。例如，外存的容量，外存容量越大，可存储的信息就越多，可安装的应用软件就越丰富。一般来说，外部设备配置一般根据用户的实际需要进行选择。

1.5.2.5　可靠性

可靠性是指在给定时间内，计算机系统能正常运行的概率。可靠性越高，则计算机系统的性能越好。通常用平均无故障时间衡量。

当然，要全面评价一台计算机还需考虑一些其他指标，例如，所配置外围设备的性能指标及所配置系统软件的情况等。另外，各项指标之间也不是彼此孤立的，在实际应用时，应该将它们综合起来进行考虑。

1.5.3　微机的软件配置

微机的软件配置主要是安装系统软件和应用软件，主要包括操作系统的安装、驱动程序的安装和应用程序的安装，下面分别进行介绍。

1.5.3.1　安装操作系统

操作系统是计算机中最重要的软件，它是计算机工作的平台，其他所有的软件都要在这个平台上运行。目前微机上常用的操作系统为 Windows XP、Windows Vista、Linux 等。

安装方式通常为光盘安装，在安装操作系统之前需要对微机系统进行设置，即设置 BIOS(Basic Input/Output System，即基本输入/输出系统)。BIOS 设置程序是被固化到计算机主板上的 ROM 芯片中的一组程序，其主要功能是为计算机提供最底层的、最直接的硬件设置和控制。BIOS 设置程序是储存在 BIOS 芯片中的，只有在开机时才可以进行设置。当开机时按特定键(如 Del 键)进入 BIOS 设置程序对系统进行设置：①在 BIOS 中将系统修改为从光驱启动；②将安装盘放入光驱，用安装盘启动计算机；③安装操作系统；④将 BIOS 改回原来的配置。

安装操作系统之前要对硬盘进行分区和格式化。对于 Windows XP 来说，分区的格式既可以使用 FAT32 格式，又可以使用 NTFS 格式，但这里建议使用 NTFS 分区，这样系统将更加安全，而且磁盘空间浪费最少。对于安装操作系统分区，其大小一定要大于 2 GB，这样才能确保空间够用。对于服务器来说，系统使用的空间会更大，所以分区要更大，建议在 20 GB 左右。分区完毕后即可安装操作系统。

1.5.3.2 安装驱动程序

驱动程序能够使计算机的硬件更好地工作，没有它很多设备都不能正常工作。虽然目前最新的操作系统都内置了大量的驱动程序，但仍然不能很好地支持某些硬件，此时就需要手工安装驱动程序了。

驱动程序的发布可以通过两种方式，一是通过若干文件和一个 INF 文件来发布，二是通过安装程序来发布。购买硬件时一般有配套的驱动程序光盘，如果没有，可以在网上根据硬件型号搜索下载相应的驱动程序。注意：安装系统之前最好先搞清楚硬件的型号，以免安装系统后硬件不能正常工作。

1.5.3.3 安装应用程序

应用软件的发布多种多样，有的是通过光盘发布的 .iso 文件，有的是通过网络以压缩包方式发布的 .rar 文件。虽然发布方式不同，但安装方法基本相同。

通过光盘发布的软件一般都是自动运行的，只要将它插入光驱，就会进入安装界面。如果光驱禁止了自动运行功能，那么可以打开光盘根目录上的 Autorun.inf 文件，查看里面指定了哪个自动运行的程序，手工启动即可。

对于以压缩包发布的软件，传统的做法是先将它解压到磁盘的某一个目录中，然后运行其中的 Setup.exe 程序进行安装。现在大多采用虚拟光驱的方式进行安装。虚拟光驱是一种模拟(CD / DVD–ROM)工作的工具软件，可以生成与光驱功能相同的虚拟光驱。其工作原理是先虚拟出一部或多部虚拟光驱，再将硬盘上存放的 .iso 或 .rar 文件放入虚拟光驱中，不用解压缩这些文件就可以通过虚拟光驱来访问里面的文件。虚拟光驱有很多一般光驱无法达到的功能，例如运行时不用光盘(即使没用光驱也可以)，同时执行多张光盘软件，具有快速的处理能力，容易携带等。目前有多款优秀的虚拟光驱软件，如 Daemon tools 等。

此外，还有一种所谓的绿色软件，只要将它解压，双击其中的可执行文件就能运行，不需要安装。另外，在安装网络下载的软件前，建议先阅读它的说明文件，里面一般都包括安装方法。

系统软件和应用软件的配置都对计算机的硬件有一定的要求，一般表现在计算机主频、内存容量及显卡等硬件要求上。应根据自己对软件的需求配置计算机的硬件，选择能够满足自己使用需求的 CPU 类型、内存容量、外存容量及其他外围设备等。

习题 1

1. 填空

(1)计算机的发展划分为 4 个阶段,分别为_____、_____、_____、_____。

(2)常见的微型计算机的硬件设备包括_____、_____、_____、_____、_____、_____等。

(3)世界上第一台电子数字计算机采用的主要逻辑部件是_____。

(4)1 KB=_____B。

2．选择

(1)计算机的发展经历了四代，以前"代"的划分主要依据计算机的_____。

A.运算速度　　　B.应用范围　　　C.功能　　　　　D.主要物理器件

(2)计算机应用最早的领域是_____。

A.辅助设计　　　B.实时处理　　　C.数值计算　　　D.信息处理

(3)中央处理器主要包括_____。

A.内存储器和控制器　　　　　　　B.内存储器和运算器

C.运算器和控制器　　　　　　　　D.存储器、运算器和控制器

(4)下列四个数中，数值最小的是_____。

A.十进制数 55　　B.二进制数 110101　　C.八进制数 101　　D.十六进制数 42

(5)在计算机中任何形式的信息必须转换成_____形式数据，计算机才能进行处理。

A.十进制　　　　B.八进制　　　　C.二进制　　　　D.十六进制

3．简答

(1)简述计算机的应用领域。

(2)简述计算机系统的组成和作用。

(3)简述二进制、八进制、十六进制之间的数据转换方法。

第 2 章　中文操作系统 Windows XP

　　操作系统是控制其他程序运行，管理系统资源并为用户提供操作界面的系统软件的集合。常见的操作系统有：MS–DOS、Windows XP、Mac OS、UNIX、Linux 等。

　　1. MS–DOS

　　MS–DOS 是 Microsoft Disk Operating System 的简称，是由美国微软公司提供的 DOS 操作系统。在 Windows 95 以前，DOS 是 IBM PC 及兼容机中的最基本配备，而 MS–DOS 则是个人电脑中最普遍使用的 DOS 操作系统之一。

　　2. Windows XP

　　Windows XP 中文全称为视窗操作系统体验版，是微软公司发布的一款视窗操作系统。字母 XP 表示英文单词的"体验"(experience)。它发行于 2001 年 10 月 25 日，原来的名称是 Whistler。

　　Windows XP 拥有一个叫做 Luna(月神)的豪华亮丽的用户图形界面。Windows XP 开机画面的视窗标志是较清晰亮丽的四色视窗标志。它带有用户图形登陆界面和全新的 XP 亮丽桌面，用户若怀念以前桌面可以换成传统桌面。此外，Windows XP 还引入了一个"选择任务"的用户界面，使得工具条可以访问任务的具体细节。

　　3. Mac OS

　　Mac OS 是一套运行于苹果 Macintosh 系列电脑上的操作系统。Mac OS 是首个在商用领域成功的图形用户界面。现行的最新的系统版本是 Mac OS X 10.6.x 版。

　　4. UNIX

　　UNIX 最早由 Ken Thompson、Dennis Ritchie 和 Douglas McIlroy 于 1969 年在 AT&T 的贝尔实验室开发。经过长期的发展和完善，目前已成长为一种主流的操作系统技术和基于这种技术的产品大家族。由于 UNIX 具有技术成熟、结构简单、可靠性高、可移植性好、可操作性强、网络和数据库功能强、伸缩性突出和开放性好等特色，可满足各行各业的实际需要，特别能满足企业重要业务的需要，已经成为主要的工作站平台和重要的企业操作平台。它主要安装在巨型计算机、大型机上作为网络操作系统使用，也可用于个人计算机和嵌入式系统。

　　5. Linux

　　Linux 是一套免费的 32 位和 64 位的多用户多任务操作系统，其最大的特色在于源代码完全公开，在符合 GNU GPL(General Public License，GNU 通用公共许可证)的原则下，任何人皆可自由取得、散布，甚至修改源代码。就 Linux 的本质来说，它只是操作系统的核心，负责控制硬件、管理文件系统、程序进程等。Linux Kernel(内核)并不负责提供用户强大的应用程序，没有编译器、系统管理工具、网络工具、Office 套件、多媒体、绘图软件等，这样的系统也就无法发挥其强大功能，用户也无法利用这个系统工作，因此有人便提出以 Linux Kernel 为核心再集成搭配各式各样的系统程序或应用工具程序组成一套完整的操作系统，经过如此组合的 Linux 套件即称为 Linux 发行版。

2.1　Windows XP 概述及基本操作

2.1.1　中文版 Windows XP 新功能概览

2.1.1.1　Windows XP 简介

Windows XP，是微软公司发布的一款视窗操作系统，其中"XP"是英文 experience(体验)的缩写，用以象征新的版本将以更为智能化的工作方式为广大用户带来新的体验，具有高度客户导向的界面和功能。

根据不同的用户对象，Windows XP 产品系列包含 3 个版本：

Windows XP Professional 版本(面向小型公司)：是为企业用户设计的，提供了高级别的扩展性和可靠性；

Windows XP Home Edition 版本(面向个人家庭)：拥有针对数字媒体的最佳平台，适宜于家庭用户和游戏玩家；

Windows XP 64-Bit Edition 版本(面向大中型企业)：迎合了特殊专业工作站用户的需求。

本书将主要针对 Windows XP Professional(Windows XP 专业版)进行介绍。

2.1.1.2　Windows XP 的新特性

从使用角度来看，Windows XP 具有以下几个主要特点：

(1)图形化的用户界面。Windows XP 采用了一系列形象化的图形符号(如窗口、图标、对话框等)，用户操作界面直观、生动活泼，所有的操作都可以通过鼠标或键盘来实现，操作简单方便。

(2)一致的操作方式。各种应用程序采用风格统一的操作界面和基本一致的操作方式，用户只要学会一种软件系统的操作方法，便可以举一反三，触类旁通。

(3)多任务处理技术。Windows XP 能够同时运行多个程序(正在运行的程序称为任务)，例如，用户可以一边使用 Excel 制作表格，一边使用 PowerPoint 制作幻灯片，与此同时还可以听音乐，并可以实现多个程序之间的快速切换。

(4)方便的信息交流。Windows XP 为其应用程序之间的信息交换提供了 3 种标准机制：剪贴板(Clipboard，静态数据交换)、DDE(动态数据交换)和 OLE(对象链接和嵌入)。利用剪贴板，大多数应用程序的数据可以相互交换。利用 DDE 和 OLE，可以使信息交换自动完成，并且在一个程序中对某项数据的修改立即会在另一个相关的程序中反映出来。

(5)即插即用(Plug and Play 或 PNP)。只要插入的外部设备符合规定的标准，开机时 Windows XP 会自动识别和配置该硬件设备(包括安装驱动程序)。对于用户来说，插好新设备后即可使用，不必具有专业知识。Windows XP 支持很多新硬件，如扫描仪、数码相机、闪存盘等。

(6)网络支持。Windows XP 内置了 Internet Explorer 6.0 浏览器(IE6)，将 Internet 浏览器技术集成到了 Windows 操作系统里面，使得访问 Internet 资源就像访问本地资源一样方便，从而更好地满足了用户越来越多的访问 Internet 资源的需要。此外，它还为远程登录和无线网络，提供了新的实时通信和家庭网络化等功能。

(7)多媒体支持。Windows XP 支持现有的娱乐设备，包括 DVD、扫描仪和数码相机等，它提供了多种多媒体实用程序，可以在计算机上播放高品质的数字电影和音频。

(8)更高的可靠性、安全性和可管理性。Windows XP 是基于 NT 技术构建的，它采用了 Windows NT 内核技术，很好地解决了系统的安全问题，确保系统运行更加可靠，并使计算机管理更为方便、简单。它提供了大量有助于确保数据安全和保护用户隐私的增强特性，包括了 NTFS 文件系统。

2.1.2　安装 Windows XP

2.1.2.1　Windows XP 硬件要求

安装 Windows XP 专业版，微软官方给出的硬件最低配置为：CPU——Pentium Ⅱ 233 MHz 处理器，内存——128 M，硬盘空间——1.5 GB，显卡——4 MB 显存以上的 PCI、AGP 显卡，声卡——最新的 PCI 声卡，CD–ROM——8x 以上的 CD–ROM。

2.1.2.2　操作系统的安装

安装操作系统是指把操作系统软件，从光盘或其他存储介质中安装到计算机硬盘中的过程。操作系统的安装步骤如下：

(1)在系统启动时，按【Del】键，直至出现 BIOS 界面，进行 BIOS 设置。

(2)在其中找到包含 BOOT 文字的项或组，依次设置"first"、"second"、"third"三项，分别代表"第一启动项"、"第二启动项"、"第三启动项"，把第一启动项设置为 CD–ROM(光驱)启动。

(3)按【F10】键，在是否保存对话框中点【Y】，说明需要保存当前设置，系统重新启动。

(4)在重新启动之前将 Windows XP 安装盘放入光驱中，在屏幕底部出现"CD"字样时，按【回车】键，进入光驱启动。

(5)XP 系统盘从光驱启动之后便是蓝色背景的安装界面。

(6)这时首先出现的是 XP 系统的协议，按【F8】键(代表同意此协议)，之后可以见到硬盘所有分区的信息列表，并且有中文的操作说明。选择 C 盘，按【Del】键删除分区(之前记得先将 C 盘的有用文件做好备份)，C 盘的位置变成"未分区"，再在原 C 盘位置(即"未分区"位置)按【C】键创建分区，分区大小不需要调整。之后原 C 盘位置变成了"新的未使用"字样，按【回车】键继续。接下来有可能出现格式化分区选项页面，推荐选择"用 NTFS 格式化分区(快)"。按【回车】键继续。

(7)系统开始格式化 C 盘，速度很快。格式化之后是分析硬盘和以前的 Windows 操作系统，速度同样很快，随后是复制文件，大约需要 8 到 13 分钟不等(根据机器的配置决定)。

(8)复制文件完成(100%)后，系统会自动重新启动，这时当再次见到"CD–ROM…"的时候，不需要按任何键，让系统从硬盘启动，因为安装文件的一部分已经复制到硬盘里了(注：此时光盘不可以取出)。出现蓝色背景的彩色 XP 安装界面，左侧有安装进度条和剩余时间显示，起始值为 39 分钟，具体时间根据机器的配置决定。

(9)此时直到安装结束，计算机自动重启之前，除输入序列号和计算机信息(随意填写)，以及敲 2 到 3 次【回车】键外，不需要做任何其他操作，系统会自动完成安装。

2.1.2.3　操作系统的补丁和升级

正如世界上不存在完美无缺的产品一样，世界上也没有真正十全十美的程序，如目前流行的各种 Windows 操作系统版本都存在着或多或少的缺陷和漏洞。为了修正已知的各种错误同时加强软件其他方面的功能，微软公司在不断地推出各种操作系统版本的补丁程序。补丁程序是对可能出现错误的一种弥补措施。

操作系统升级的含义是指采用最新版本的操作系统更新原有的操作系统，从而使系统的各项功能更为强大。例如，可以从原有的 Windows 98 升级到 Windows XP，从 Windows XP 升级到 Windows 7。

2.1.2.4　驱动程序的安装

系统安装完成之后，重新启动操作系统进入 Windows XP 桌面，右键单击【我的电脑】图标，选择【属性】|【硬件】选项卡，选择【设备管理器】，里面是计算机所有硬件的管理窗口，其中出现黄色问号和叹号的选项代表未安装驱动程序的硬件，双击打开其属性，选择【重新安装驱动程序】，放入相应的驱动光盘，选择【自动安装】，系统会自动识别对应的驱动程序并安装完成。(AUDIO 为声卡，VGA 为显卡，SM 为主板，需要首先安装主板驱动，如没有 SM 项则代表不用安装)。安装好所有驱动之后重新启动计算机。至此驱动程序安装完成。驱动程序安装完成后，计算机才可以正常工作。

2.1.3　启动、退出 Windows XP

2.1.3.1　Windows XP 操作系统的启动

启动操作系统实际上就是启动计算机，目的是进入操作系统可视化界面，对计算机进行相应的操作。操作系统的启动过程相当复杂，但这一切都是计算机自动完成的，无须用户操作，对用户而言，只需要进行开机操作即可。对于 Windows XP 操作系统，启动方法一般有如下 3 种：

(1)冷启动：也称加电启动，用户只需打开计算机电源开关即可。这是计算机处在未通电状态下的启动方式。

(2)重新启动：这是通过"开始"菜单中的"重新启动"命令实现的。

(3)复位启动：用户只需按一下主机箱面板上的【Reset】按钮(又称复位按钮)即可实现，这是在系统完全崩溃，无论按什么键(包括【Ctrl】+【Alt】+【Del】组合键)计算机都没有反应的情况下，对计算机强行复位重新启动操作系统(有的计算机没有这个按钮)。

如果计算机上安装了两个或多个操作系统，在启动操作系统的时候会进入操作系统选择界面，这时用户只需要使用键盘上的上下按键(【↑】、【↓】)选择相应的操作系统，按【回车】键就可以进入相应的操作系统。

通过上述方式启动操作系统后，经过短暂时间的欢迎画面(若设置了用户名和密码，需要输入用户名相对应的密码才能登录)，就可以进入如图 2-1 所示的 Windows XP 桌面。在桌面上，左边整齐地排列着一些图标，下面则是带有【开始】按钮的任务栏。

图 2-1　Windows XP 桌面

2.1.3.2　退出 Windows XP

计算机使用完毕后，正常的退出步骤如下：

(1)关闭所有窗口和正在运行的应用程序，注意保存新的信息。

(2)单击桌面上的【开始】菜单按钮(将鼠标指针移动到【开始】按钮处，单击鼠标左键)，以打开【开始】菜单。

(3)单击【关闭计算机】按钮，系统弹出相应对话框。

(4)在【关闭计算机】对话框中，单击【关闭】按钮。屏幕显示"正在注销"、"正在保存设置"、"Windows 正在关机"等提示信息，之后系统将自动安全地关闭电源。

注意：在 Windows XP 没有正常退出前，切忌直接关机。因为直接关机会使一些需要保存的信息未能及时保存而丢失，也有可能造成某些重要系统文件的损坏。

2.1.3.3　重新启动 Windows XP

重新启动系统可以采用退出系统的操作方法，所不同的是在【关闭计算机】对话框中单击【重新启动】按钮。当计算机不能正常工作，或用户调整系统配置生效时，通常必须重新启动系统。

2.1.3.4　进入待机状态

在【关闭计算机】对话框中单击【待机】按钮，将使计算机进入待机状态。在长时间不使用计算机但又不希望关机时，可以选择这种状态，此时计算机以低能耗方式维持运行。

2.1.3.5　注销用户

Windows XP 是一个支持多用户的操作系统，它允许多个用户登录到计算机系统中，各个用户除拥有公共系统资源外，还可拥有个性化的桌面、菜单、"我的文档"和应用程序等。为了使不同用户快速方便地进行系统登录，Windows XP 提供了注销功能，通过这种注销功能用户可以在不必重新启动系统的情况下登录计算机，系统将恢复用户的一些个人环境设置。

图 2-2　"注销 Windows XP"对话框

要注销当前的用户，只需打开【开始】菜单，单击【注销】按钮，系统弹出如图 2-2 所示的对话框，在对话框中单击【切换用户】按钮可以在不注销当前用户的情况下重新登录另一个用户；单击【注销】按钮则关闭当前用户，并以另一个用户登录进入 Windows XP。

说明：Windows XP 能同时保留多个用户的登录信息。也就是说，当前用户在退出时只要单击【切换用户】按钮，其正在运行的程序不会结束。

2.1.4　Windows XP 的基本知识与基本操作

2.1.4.1　基本概念

在具体学习基本操作之前，先让我们来了解 Windows XP 中的几个基本概念。

1. 应用程序

应用程序是用来完成特定任务的计算机程序，包括一些系统自带的或用户编写的各种各样的程序。例如，记事本程序、QQ 程序等。

2. 文档

文档是 Windows 应用程序创建的对象，Windows XP 中常见的文档有：Word 文档(扩展名为.doc)、文本文档(扩展名为.txt)等。

3. 文件

文件是存储在外存储器(如磁盘)上的相关信息的集合。各种文档和应用程序都是以文件的方式存放在磁盘中的，即它们都是文件。

4. 文件夹

磁盘中可存放很多的文件，为了便于管理，一般将文件分类存放在不同的文件夹中(文件夹在 DOS 中称为目录)。在 Windows XP 中，一个文件夹中可以存放多个文件和多个文件夹。

5. 图标

图标是代表 Windows XP 各种对象的小图形。如文件(文档或应用程序)、文件夹、磁盘驱动器、打印机等，所有这些都用一个形象化的图标表示。图标由图形和文字两部分组成，图形部分表示图标的类型，文字部分是这个图标的名称。

2.1.4.2　鼠标操作

使用鼠标是操作 Windows XP 系统的基本方式，具有简单和直观的特点。当用户手持鼠标在平面上(桌面上或专门的鼠标垫上)移动时,屏幕上的鼠标指针就随之移动。通常,鼠标的左键是主键，右键是副键(对于左手使用鼠标的人，可以通过控制面板进行相反的设置)，一般情况下，鼠标指针呈空心箭头状(即↖)，但它随着位置和操作状态的不同而有所差异。

鼠标的 5 种基本操作：指向、单击、双击、右击和拖动。

(1)指向：将鼠标指针移到某一操作对象(文件、文件夹或命令按钮)上。这种操作一般用来激活对象或显示有关提示信息。

(2)单击：将鼠标指针指到某一操作对象上，然后按一下鼠标左键。通常单击主要用来进行"选定"(又称选择、选中等)某一操作对象、"执行"某一菜单命令或"拖动"操作对象等操作。

(3)双击：将鼠标指针指向某一操作对象，然后快速地连续按两次左键。双击通常用于启动一个应用程序或打开一个窗口。双击时按键要迅速，否则将被认为是两次单击。

(4)右击：将鼠标指针指到某一操作对象上，然后按一下鼠标右键。右击通常用来打开快捷菜单或执行其他特殊的操作。

(5)拖动：将鼠标指针指向某一操作对象后，按住鼠标左键不放并移动鼠标，当鼠标指针移到指定的新位置时，再松开左键。拖动常用于复制、移动对象，改变窗口大小等操作。

2.1.4.3　键盘操作

除鼠标操作外，Windows XP 中另一重要的输入工具是键盘，键盘除了能完成基本的输入操作，还能通过组合键实现一些特殊的功能。为了便于说明，本书中采用"+"表示组合，例如，【Ctrl】+【Esc】组合键表示按住【Ctrl】键的同时按下【Esc】键。

下面列出常用键盘操作命令：

【Ctrl】+【Esc】　打开"开始"菜单，可实现鼠标单击"开始"菜单的功能。

【Ctrl】+【Alt】+【Del】　打开"Windows 任务管理器"窗口，用来管理任务。例如，可以通过选择管理器的"结束任务"命令来强制结束某个应用程序的运行或某个没有响应的程序。

【Alt】+【空格】　打开窗口左上角的控制菜单。

【Alt】+【Tab】　在运行的多个任务(窗口、对话框、程序)之间进行切换。按住【Alt】键，再重复按【Tab】键，直至找到需要的窗口，放开按键，即可打开相应的任务。

【Alt】+【Esc】　切换到上一个任务。

【Alt】+【F4】　关闭当前窗口、对话框。

【Ctrl】+【空格】　中／英文输入法的切换。

【Ctrl】+【Shift】　中文输入法之间的切换。

【Shift】+【空格】　半角／全角状态的切换。

【Ctrl】+【.(小数点)】　中／英文标点符号状态的切换。

【Ctrl】+【C】　将所选的对象(文件、文件夹或文档内容)复制到剪贴板。

【Ctrl】+【X】　将所选的对象(文件、文件夹或文档内容)剪切到剪贴板。

【Ctrl】+【V】　将剪贴板中的对象(文件、文件夹或文档内容)粘贴到当前位置。

掌握这些键盘的快捷操作并灵活使用，可以加快操作速度。

2.1.4.4　Windows 桌面

进入 Windows XP 后，会看到如图 2-1 所示的 Windows XP 桌面，在桌面上可以看到很多图标和桌面下方的任务栏，图标由图形和文字组成，代表某一工具、程序或文件等。双击这些图标可打开相对应的工具、程序或文件。任务栏位于桌面的底部，主要由"开始”菜单、快速启动栏、窗口管理区、语言选项区和托盘区组成，如图 2-3 所示。

图 2-3　任务栏

1. “开始”菜单

“开始”菜单位于任务栏的最左边，单击【开始】按钮可以打开“开始”菜单，它是用户使用和管理计算机的基本工具，通过“开始”菜单可以打开计算机中的应用程序、文档和设置窗口。

2. 快速启动栏

快速启动栏在“开始”菜单右侧，通过单击快速启动栏中的对象可以快速地打开相应的项目，可以在任务栏的属性窗口中设置快速启动栏显示与否。

3. 窗口管理区

窗口管理区处于任务栏的中部，显示当前用户打开的所有对象，用户可以通过点击相应的对象在各个任务之间进行切换。

4. 语言选项区

语言选项区在窗口管理区的右侧，图标显示为 ▦，它显示了当前用户采用哪种语言及输入法进行输入，通过【Ctrl】+【空格】可以进行中/英文输入法的切换，通过【Ctrl】+【Shift】可以进行中文不同输入法之间的切换。

5. 托盘区

托盘区在任务栏的最右边，该区域可以显示一些正在运行的应用程序、网络的连接状态、时间等信息，并可快捷地对系统时间、网络连接、系统声音进行设置。

2.1.4.5　窗口

窗口是 Windows XP 操作系统最基本的交互工具之一，Windows XP 中的所有应用程序都是以“窗口”的形式运行的，这也是 Windows(视窗)操作系统得名的原因。当启动一个应用程序时就会打开一个相应的窗口，关闭窗口也就结束了程序的运行。例如，在 Windows XP 桌面上双击【我的电脑】图标，就会出现如图 2-4 所示的窗口。

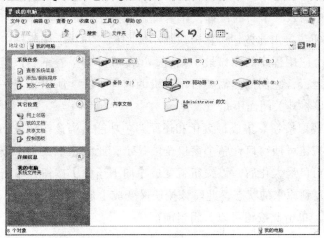

图 2-4　“我的电脑”窗口

1. 窗口的组成

(1)控制菜单按钮。控制菜单按钮位于每个窗口的左上角，单击该按钮或者在键盘上按【Alt】+【空格】组合键，即可打开控制菜单(如图 2-5 所示)。使用它可以对窗口进行还原、移动、(改变)大小、最小化、最大化和关闭等操作。

(2)标题栏。位于窗口的顶部，在该区域的左边用于标识当前窗口或文件的名称；右边是窗口控制按钮组，实现最小化、最大化、关闭功能。如图 2-6 所示。

图 2-5　控制菜单

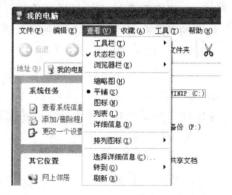

图 2-6　标题栏

(3)菜单栏。菜单栏位于标题栏之下，用来列出所有可选命令项。菜单栏中的每一项称为菜单项。单击菜单项，系统将弹出一个包含有若干个命令项的下拉菜单，如图 2-7 所示。对于一些功能较多的菜单项，会包含黑色的右向箭头【▶】，表示该菜单项还包含有若干子菜单，鼠标移到菜单项之后会出现相应的子菜单项。

(4)工具栏。工具栏一般位于菜单栏的下方，它是为了加快操作而设置的。工具栏上的每一个按钮代表一个常用的命令。例如，单击工具栏上的【搜索】按钮，可以快速地打开搜索栏目进行搜索操作。(注意有的窗口没有设置工具栏和地址栏)

图 2-7　菜单栏

(5)地址栏。表示当前窗口所显示的内容位于计算机或网络上的哪一个位置，可以是本机位置，如"我的电脑"、"C：\"、"D：\java"等，也可以是网络上的某一个位置；还可以在地址栏中输入一个新的位置，让窗口显示新位置的内容。

(6)最小化按钮。单击此按钮可将窗口缩小成图标，并置于任务栏中。

说明：当一个应用程序的窗口最小化后，虽然在屏幕上看不到该窗口，但是该应用程序仍然在后台运行，它们仍然需要占用宝贵的内存资源。所以，当一个应用程序不再需要运行时，应该将其关闭而不是最小化。

(7)最大化／还原按钮。集成最大化和还原两项功能，当该按钮处于【最大化】按钮状态时，单击该按钮可使窗口在整个窗口全屏显示，此时【最大化】按钮会变成【向下还原】按钮；当窗口最大化后，该按钮就变成【向下还原】按钮，单击【向下还原】按钮可以将窗口恢复到原来的状态，此时该按钮又变成【最大化】按钮。

(8)关闭按钮。单击此按钮可以关闭当前窗口。

(9)滚动条。当窗口显示区域容纳不下要显示的信息时，窗口右侧或底部会出现滚动条，分别称为垂直滚动条或水平滚动条。

对于垂直滚动条，单击滚动条上、下端的滚动箭头时，可将显示内容向上、向下移动一行；拖动滚动块(中间活动部分)，可使窗口中内容快速移动；单击滚动块的上、下方空白处，可使窗口中内容向上、向下滚动一屏。水平滚动条的操作方法与垂直滚动条类似。

如果使用键盘进行操作，则可使用【↑】、【↓】、【←】、【→】4 个方向键进行上、下、左、右的移动显示，使用【Page Up】或【Page Down】键可以进行往前或往后翻页显示。

(10)状态栏。状态栏位于窗口最下面一行，用于显示当前窗口的一些基本信息。

(11)边框。边框是窗口的边界，窗口的所有信息都显示在边框围成的矩形区域内。

(12)工作区。工作区是进行操作的中心区域，一般用于显示和处理工作对象的信息。

2. 窗口的基本操作

当窗口不是最大化时，可以按照以下方法来移动窗口的位置和改变其大小。

(1)移动窗口。将鼠标指针指向窗口的标题栏，按下鼠标左键，可将窗口拖动到指定的新位置上，然后释放鼠标左键即可。

(2)改变窗口大小。

①最小化窗口：通过窗口右上角的【最小化】按钮可以将窗口最小化到任务栏；

②最大化窗口：通过窗口右上角的【最大化/还原】按钮可以将窗口在最大化状态和原始状态之间进行切换；

③随机改变窗口大小：当窗口不处于最大化状态时，可以将鼠标指针移动到边框位置，对窗口大小进行拖动来改变窗口的大小。

说明：当鼠标指针移到窗口的上、下边缘时，指针变成"↕"，此时，按住鼠标左键并拖动鼠标，便可以改变窗口的高度；当鼠标指针移到窗口的左、右边缘时，指针变成"↔"，此时，按住鼠标左键并拖动鼠标，便可以改变窗口的宽度；当鼠标指针移到窗口的 4 个边角位置时，鼠标指针会变成对角方向的双箭头，按住鼠标左键不放，拖动鼠标可以同时放大或缩小窗口的宽度和高度。

3. 窗口之间的切换

如果同时打开了若干个窗口，这就需要在窗口之间进行切换(即改变当前窗口)。操作方法是：单击任务栏中指定对象的任务按钮，即可将该对象的窗口确定为当前窗口，继而可对该对象执行相关操作。此外，如果需要切换的窗口在当前桌面上可见，则只要单击该窗口的任意位置，该窗口就被激活成为当前窗口。

4. 关闭窗口

关闭当前显示的窗口，方法有：①双击窗口蓝色标题栏最左端的图标；②单击标题栏右端窗口控制按钮组的【关闭】按钮；③单击【文件】|【关闭】命令；④在标题栏处单击鼠标右键，在弹出的快捷菜单中，单击【关闭】命令；⑤在窗口管理区相应窗口上单击右键，在弹出的快捷菜单中，单击【关闭】命令；⑥使用快捷命令【Alt】+【F4】关闭当前窗口。

2.1.4.6 菜单

菜单提供了一组相关的命令，Windows XP 的大部分工作是通过菜单中的命令来完成的。

1. 菜单分类

按照打开菜单的方式，可将菜单分为以下 4 类：

(1)开始菜单(又称系统菜单)。这是通过单击【开始】按钮所弹出的菜单。

(2)窗口菜单。这是应用程序窗口所包含的菜单，其作用是为用户提供该应用程序中可执行的命令。通常，窗口菜单以菜单栏形式提供。当用户单击其中某一个菜单项或同时按下【Alt】键和相应字母键(如【文件(F)】中的【F】)时，系统就会弹出一个相应的下拉菜单。如在"我的电脑"窗口中，菜单栏包括了【文件】、【编辑】和【查看】等若干个菜单项，当单击【文件】菜单项时，系统就会弹出一个含有若干命令项的下拉菜单，如图 2-8 所示。

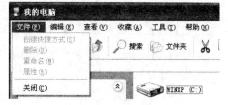

图 2-8　窗口菜单

(3)控制菜单。当单击窗口中控制菜单按钮时，就会弹出一个下拉菜单，称为控制菜单，如图 2-5 所示。

(4)快捷菜单。当右击某个对象时，就会弹出若干个可用于该对象的菜单，这个菜单称为快捷菜单(又称右键菜单)。右击的对象不同，系统所弹出的快捷菜单也不同。例如，图 2-9 所示的就是右击任务栏上空白处所弹出的快捷菜单。用户可以很方便地从快捷菜单中选择所需的命令，这样将大大缩短用户选择命令的时间。因此，快捷菜单已经成为有经验用户的一种常用工具。

2. 选择菜单命令

(1)使用鼠标选择菜单命令。单击窗口菜单栏中的某一菜单项，即可打开该菜单，再单击所需的命令，就可以执行此命令。

(2)使用键盘选择菜单命令。如果想使用键盘选择窗口菜单栏中的菜单命令，可以在窗口中先按下【Alt】键激活菜单栏，然后按下菜单名后带下划线的字母(如【编辑(E)】中的【E】)；或者按下【Alt】键后，使用【←】、【→】方向键把亮条移至所需的菜单项上，再【↑】、【↓】方向键移至所需的命令项后按【回车】键。

(3)使用快捷键。快捷键通常是一个组合键，由【Alt】、【Ctrl】或【Shift】键和一个字母键组成，它可用来执行对应的菜单命令。即使菜单未打开，也可直接执行该命令。快捷键被列于菜单上相应命令的右边，【Alt】+【F4】就是快捷键，按下【Alt】+【F4】组合键就可执行【关闭】命令。

(4)使用热键。热键是指菜单上带下划线字母的字母键。如图 2-10 所示，【T】、【B】、【E】等都是热键，当弹出该下拉菜单时，按下其中一个字母键，就执行它所代表的命令。

3. 命令选项的特殊标记

有些菜单命令选项带有特殊标记，对于这些标记，Windows XP 规定如下：

(1)灰色字体的命令：表示该命令当前暂时不能使用。

(2)命令选项前带符号【√】：表示该命令在当前状态下已起作用。

(3)命令选项后带符号【…】：表示选择该命令后将弹出一个对话框，以供用户输入信息或改变某些设置。

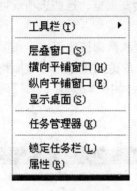

图 2-9　快捷菜单　　　　　　　　图 2-10　热键

(4)命令选项后带符号【▶】：表示选择该命令后将引出一个级联菜单(也称子菜单)，对级联菜单中的命令执行方式与普通菜单一致。

打开级联菜单的方法，除直接单击该命令外，还可以将鼠标指针停留在该命令选项上片刻，其级联菜单将自动打开。

(5)命令选项后带有组合键：表示组合键为该命令的快捷键。

4. 关闭菜单

用户可通过以下两种方法来关闭菜单：

(1)单击该菜单外的任意区域。

(2)按【Esc】键撤消当前菜单。

2.1.4.7　对话框

对话框是窗口的一种特殊形式，它通常用于人机对话的场合，用户在对话框中可以输入一些信息点击确定使该设置生效，也可以直接选择某一个按钮单击，执行相应的操作。

例如，图 2-11 所示的是"我的电脑"中"文件夹选项"对话框，用户可以对文件相关信息进行设置，设置完成后点击【应用】|【确定】，即可实现修改后的设置。

由于完成的功能不同，对话框的形式也各不相同。常用的对话框元素有以下几项：

(1)标题栏。标题栏用来标明当前对话框的名称，拖动标题栏，可以移动对话框。注意，对话框能够移动位置，但一般不能改变对话框的大小。

(2)选项卡。通常位于标题栏的下方。主要用于多个选项卡的切换。如图 2-11 所示的

"文件夹选项"对话框中，【常规】、【查看】、【文件类型】、【脱机文件】就是不同的选项卡。

(3)文本框。由用户输入信息的矩形框，用于接收从键盘输入的文本。

(4)命令按钮。命令按钮用来执行某个命令，如图 2-11 所示的【确定】和【取消】都是命令按钮。命令按钮在屏幕上采用有突出感的图案，当单击该按钮时，图案会改变颜色，表示该按钮已被按下。

(5)单选框。允许用户从一组选项中选择且只能选择一项。例如，"管理网页和文件夹对"所属的三个单选框，必须选择一项，但是只能选择一项。

(6)复选框(又称多选框)。复选框通常用于在多个选项中根据需要选择一项或多项，也可以一个都不选。例如，图 2-11 中所示的"□"即为复选框，这些选项既可以同时选择，也可以全部不选或选择其中的几项。

(7)微调框。微调框用于选择一个数值，它由文本框和微调按钮组成。在微调框中，单击向下箭头的微调按钮，可减少数值；单击向上箭头的微调按钮，可增加数值；也可以在文本框中直接输入需要的数值。如图 2-12 所示对话框中"缩进左、右"两项、"度量值"项均采用了微调框的方式进行相关属性的设置。

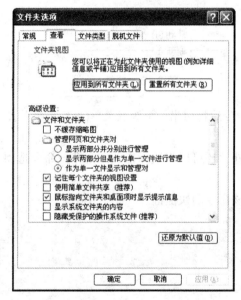
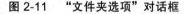

图 2-11　"文件夹选项"对话框

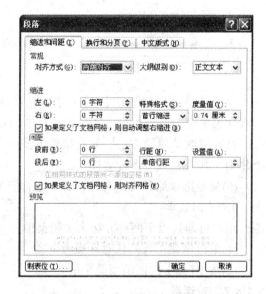

图 2-12　包含"微调框"的对话框

(8)关闭按钮▣。单击此按钮(处于对话框的右上角)可以关闭对话框，如图 2-12 所示。

2.2　桌面管理

桌面(Desktop)是进入 Windows XP 后的第一个界面。在 Windows XP 启动后，出现在用户面前的整个屏幕背景便是桌面(如图 2-1 所示)。Windows XP 的所有操作都是从这里开始的。在桌面上，除安装 Windows XP 系统时自动放置的一些对象图标(我的电脑、回收站等)外，用户还可以安排自己的对象图标(如应用程序、文档、快捷方式等)，以方便操作。在桌面上，最重要的对象是任务栏。用户桌面上的图标可能与图 2-1 所示有所不同，这与计算机的设置有关。

本节介绍 Windows XP 桌面的管理和设置，主要包括任务栏的组成、任务栏设置、使用工具栏和桌面快捷图标管理等内容。

2.2.1　任务栏的组成

默认情况下，任务栏位于桌面的底部，主要由"开始"菜单、快速启动栏、窗口管理区、语言选项区和托盘区组成，如图 2-3 所示。

任务栏的最左侧是【开始】按钮，【开始】按钮右侧是快速启动栏，用户可将最常用程序的快捷图标存放在快速启动工具栏内。

任务栏的最右侧为托盘区，显示一些运行任务的状态。显示的内容与用户执行任务的多少有关，其中最常用的是音量控制、时间显示、QQ 等。

任务栏的中间部分是窗口管理区，用来显示处于打开状态的窗口的最小化图标，当前被操作窗口为凹陷状。用户只需单击窗口，就能实现窗口间的切换。关闭窗口之后，代表窗口的图标也会消失。

2.2.2　任务栏设置

除使用任务栏进行各种操作外，还可以对任务栏本身的属性进行设置，甚至可以改变任务栏放置的位置。

2.2.2.1　设置"开始"菜单

(1)右击【开始】按钮，在弹出的快捷菜单中选择【属性】命令，如图 2-13 所示，弹出【任务栏和『开始』菜单属性】对话框，如图 2-14 所示。选择【『开始』菜单】或【经典『开始』菜单】，可以在两种菜单之间进行切换，使"开始"菜单显示不同的内容。

(2)【『开始』菜单】选项是为了能够快速访问网络服务而设置的，能够较方便地访问 Internet、电子邮件和用户喜欢的程序；【经典『开始』菜单】是 Windows之前版本所使用的模式，适合计算机早期用户的习惯。

图 2-13　"『开始』菜单属性"对话框

2.2.2.2　设置任务栏属性

在默认情况下，任务栏总是在屏幕上并且在屏幕的最前面。用户可以通过任务栏属性设置来将其隐藏。任务栏设置内容如图 2-15 所示。

(1)选中【锁定任务栏】复选框，则任务栏被锁定在桌面的当前位置，同时任务栏上的工具栏位置及大小不能改变。而不选择该项时，用户可以改变任务栏的大小和位置，方法是：将鼠标指针移动到任务栏与桌面交界的边缘处，当鼠标指针变成双向箭头($\updownarrow$)时，直接拖动鼠标左键，就能改变任务栏的大小；单击任务栏空白处并按住鼠标左键不放，拖动鼠标，可看到任务栏的虚框，对虚框位置进行放置，可将任务栏移至想要放置的地方(放置于桌面的某一个边缘)。

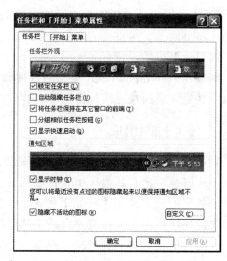

图 2-14　"『开始』菜单"属性　　　图 2-15　"任务栏属性"对话框

(2)选中【自动隐藏任务栏】复选框，可实现任务栏的隐藏；如果需要显示任务栏的内容，可将鼠标指针移至屏幕底部任务栏位置，任务栏就会自动显示出来。

(3)选中【将任务栏保持在其他窗口的前端】复选框，即使用户在运行一个已经最大化窗口的程序时，任务栏仍处于可见状态。

(4)选中【分组相似任务栏按钮】复选框，可以实现合并任务栏的新功能。当使用同一应用程序打开的窗口过多时，任务栏上的按钮将变得拥挤，此时系统会将同一程序的多个任务按钮合并为一个任务按钮。

(5)选中【显示快速启动】复选框，可在任务栏上显示快速启动栏。

(6)选中【显示时钟】复选框，可以在托盘区显示当前时间。

(7)选中【隐藏不活动的图标】复选框，可以在托盘区中不显示最近没有使用的图标。

2.2.3　使用工具栏

Windows XP 提供了一个工具栏，用户可以利用它很方便地对任务栏进行操作。将整个桌面的快捷图标放置到任务栏中，具体方法如下：

(1)将鼠标指针移动到任务栏的空白处并右击，弹出快捷菜单。

(2)选择快捷菜单中的【工具栏(T)】命令，弹出级联菜单，如图 2-16 所示。

(3)选择级联菜单中的相关命令或【新建工具栏】添加新的命令就可以在任务栏右下角托盘区添加新的快捷方式，方便用户操作。如选择【桌面(D)】命令，就可以将桌面快捷方式添加到任务栏中，如图 2-17 所示。

图 2-16　工具栏

图 2-17

如果想取消该快捷方式，重复进行上述操作即可取消任务栏中的【桌面】命令。

2.2.4　桌面快捷图标管理

桌面快捷图标给人以很实用的感觉。用户可以在桌面上放置一些快捷图标，只要双击这些图标，就可以执行相应的命令，启动相应的程序，从而可以很方便地操作程序，在 Windows XP 中更是如此，因为 Windows XP 把大量的操作命令放置在级联菜单中，使得打开菜单的层次更多。用户可将这些菜单中的命令以快捷图标方式放置在桌面上，这样可以加快操作速度。

具体方法如下(以"画图"程序为例)：

(1)打开【开始】菜单，选择【所有程序】命令，弹出【所有程序】子菜单；

(2)在【所有程序】子菜单中找到【附件】菜单，选择【附件】命令，弹出其级联菜单；

(3)将鼠标指针移动到级联菜单中的【画图】命令，点击鼠标右键，在快捷菜单中选择【发送到(N)】|【桌面快捷方式】，即可建立"画图"的桌面快捷方式，使用时只需要双击桌面上的【画图】图标即可打开"画图"程序，方便了用户的操作。

另外，我们还可以直接拖动【画图】命令到桌面上，也可以快速地建立快捷方式，但是移动之后可以看到原本处于菜单中的命令已经没有了，我们只能通过桌面上的快捷方式来打开相关程序；要想实现既保留原本菜单的程序图标，又可以在桌面上建立快捷方式，可以在使用鼠标移动时按住【Ctrl】键。

用户也可以将桌面上的快捷图标拖回到菜单中。具体方法如下(以将桌面上的"画图"快捷方式移动到"程序"菜单中为例)：

(1)将鼠标指针指向桌面上的【画图】图标。

(2)按下鼠标左键不放，拖动鼠标到【开始】菜单处。

(3)打开【开始】菜单后，拖动鼠标到其中的【所有程序(P)】命令处，弹出【所有程序】级联菜单。

(4)拖动鼠标到【所有程序】菜单中的【附件】子菜单，在【附件】子菜单中释放鼠标左键就可以将【画图】命令重新添加到【开始】菜单中。

对于桌面上图标的位置，用户可以按照自己的习惯进行重新整理和排列，主要有以下几项操作：

(1)排列图标。在桌面空白处点击鼠标右键，弹出快捷菜单，在快捷菜单中选择【排列图标】命令，再从级联菜单中选择【名称】、【大小】、【类型】和【修改时间】中的一个命令，如图 2-18 所示。分别可以根据桌面图标的名称、大小、类型、修改时间进行图标顺序的排列。

(2)自动排列。在图 2-18 所示的快捷菜单中，选择【自动排列】命令，则可由系统自动排列图标位置。

(3)对齐图标。在没有选中【自动排列】命令的情况下，从图 2-18 所示的快捷菜单中选择【对齐到网格】

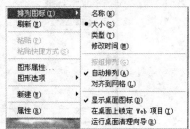

图 2-18　"排列图标"快捷菜单

命令，则可在不改变图标排列次序的情况下，按行列对齐方式排列图标。

(4)移动图标位置。在没有选中【自动排列】的情况下，先将鼠标指针指向要移动的桌面图标，按住鼠标左键不放并将它拖动到桌面的适当位置，释放开鼠标左键，该图标即可放到新的位置。

2.3　定制个性化环境

当前多个人共用一台计算机的现象非常常见。本节将详细介绍如何定制用户环境的具体操作，如何根据用户个人喜好设置用户环境的显示风格，使各自独立的用户使用起来更加方便。

2.3.1　设置用户账户

Windows XP 专业版可以设置多个用户账户，以便多个用户使用同一台计算机时可以对各自使用的环境进行设置，独立拥有个性化的工作和娱乐天地。不需要重新启动计算机，且不需要关闭当前打开的程序和文件，通过前面介绍的 Windows XP 专业版注销功能，即可实现不同用户之间的切换。

2.3.1.1　创建新账户

要使用 Windows XP 专业版的多用户功能，首先需要创建多个用户账户。在安装 Windows XP 专业版时首次进入 Windows XP 专业版桌面之前，就可以创建。当然，也可以在进入 Windows XP 专业版桌面之后再创建新的用户账户。

启动 Windows XP 操作系统后，创建用户账户的具体步骤如下：

(1)右键点击【我的电脑】，在弹出的快捷菜单中单击【管理】项，出现如图 2-19 所示的【计算机管理】窗口。

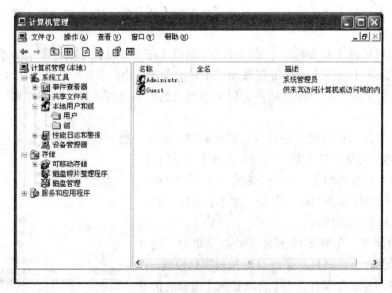

图 2-19　"计算机管理"窗口

(2)在【计算机管理】窗口右键点击【本地用户和组】|【用户】文件夹图标,选择快捷菜单的第一项【新用户】,出现如图 2-20 所示的对话框。"用户名"用来输入新建计算机用户的账户,即用户在登录时显示的名字;"全名"用来输入用户的全名,可以不填;"描述"是对用户信息的进一步描述,可以不填;"密码"用来输入用户登录操作系统时必须输入的密码,只有输入正确的密码才能完成登录;"确认密码"是让用户再次输入密码,此次输入的密码必须与"密码"中所输入的密码一致。在五个文本框下面还有四个复选框供用户选择:①【用户下次登录时须更改密码】选项要求新用户在下次登录操作系统时进行更改密码的操作;②【用户不能更改密

编者注:本书计算机截屏图中,"帐户"均应该为"账户",编者未作修改。

图 2-20　"创建新用户"对话框

码】选项要求新用户自己不能更改自己的密码,即更改密码的操作只有管理员才能完成;③默认情况下,XP 会在一定期限之后,比如 42 天之后就会提示你更改密码,且不能与前面的密码相同,设置了【密码永不过期】之后就不会产生提示,不用频繁更改密码;④【账户已停用】是说明该账户不能继续使用,此时会在停用的账户前加红色 "×" 号进行标识,如图 2-19 所示的 "Guest" 账户已被停用。

(3)输入相应的用户名、密码等信息后,单击【创建】按钮,然后点【关闭】按钮,可以看到新的账户已经出现在了窗口的右侧。如图 2-21 所示为创建了一个用户名为"test"账户后窗口的状态。

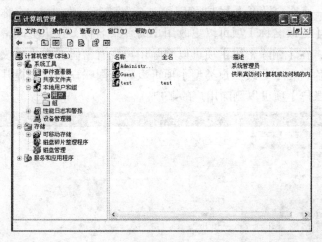

图 2-21

(4)鼠标右键点击新用户,出现如图 2-22 所示快捷菜单,通过该菜单中的【设置密码】命令可以对新用户的密码进行修改,通过【删除】命令可以对该用户进行删除,通过【重命名】命令可以对新用户重新命名,通过【属性】命令可以对新用户的全名、隶属于哪个组以及相关配置文件进行设置。至此,新用户设置完毕。

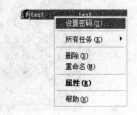

图 2-22　进一步设置"新用户"

2.3.1.2　修改用户信息

新建一个用户后，还可以对用户图片、用户账户类型进行修改，具体步骤如下：

(1)单击【开始】，选择【设置】|【控制面板】命令，打开【控制面板】窗口。

(2)在【控制面板】中选择【用户账户】命令，出现【用户账户】对话框，如图 2-23 所示的【用户账户】主页窗口。

图 2-23　"用户账户"对话框

(3)在【或挑一个账户做更改】选项组中单击需要进行更改的用户名称，打开如图 2-24 所示对话框，在【更改名称】项可以更改用户的登录名称，在【更改密码】项可以更改用户的登录密码，在【删除密码】项可以删除用户现有密码，在【更改图片】项可以更改用户的头像图片，在【更改账户类型】项可以将受限账户的权限提升为计算机管理员权限，在【删除账户】项可以删除用户的账户。

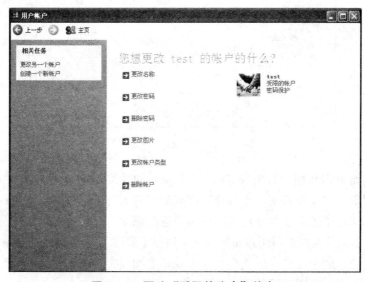

图 2-24　更改"受限的账户"信息

对于具有"计算机管理员"权限的账户，如果需要进行账户信息的更改，具体操作如下：

(1)单击【用户账户】主页窗口【或挑一个账户做更改】选项组中需要更改的账户图标(如图 2-23 所示)，打开如图 2-25 所示的"用户账户——您想更改您的账户的什么?"窗口。

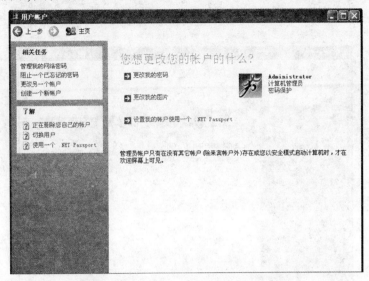

图 2-25　更改"计算机管理员"信息

(2)单击【更改我的密码】超链接，允许用户修改当前的密码。

(3)单击【更改我的图片】超链接，打开如图 2-26 所示"用户账户——为您的账户挑一个新的图像"窗口，可以从系统给出的图像中选择当前账户图像信息，也可以点击浏览图片从自己的图像中选择一项作为账户图像来显示。

图 2-26　"为账户挑选图像"对话框

2.3.1.3　更改登录和注销方式

除可以设置多个用户外，Windows XP 专业版还可以对用户的登录或注销方式进行设置。具体操作如下：

(1)单击【用户账户】主页窗口【挑选一项任务】选项组中的【更改用户登录或注销的方式】超链接(如图 2-23 所示)，打开如图 2-27 所示的"用户账户——选择登录和注销选项"对话框。

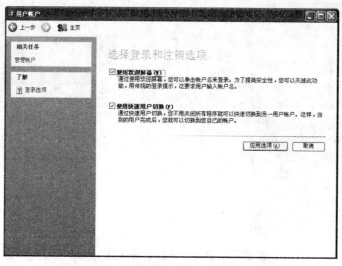

图 2-27　"选择登录和注销选项"对话框

(2)选中【使用欢迎屏幕】复选框，使用 Windows XP 专业版时可以通过使用欢迎屏幕，在登录时通过单击账户名的方式进行登录；取消选择该项，则使用传统的 Windows 登录方式，使用传统登录方式登录时，需要用户同时输入用户名和密码才可以完成操作系统的登录，因而具有较高的安全性，此时，【使用快速用户切换】变成灰色，用户无法对该项进行设置。

(3)在选中【使用欢迎屏幕】复选框之后，还可以对【使用快速用户切换】复选框进行选择：

①选中【使用快速用户切换】复选框，可以启用含有【切换用户】选项的【注销 Windows】对话框，在不关闭打开程序和文件的情况下快速切换到其他用户账户。

②取消选择【使用快速用户切换】复选框，则只能使用传统的注销方式，没有【快速切换】按钮供用户选择。

(4)单击【应用选项】按钮，即可完成对用户注销或登录方式的修改。

2.3.2　自定义显示属性

当设置完多用户账户后，我们就可以对每个账户环境进行更多的设置，从而打造个性化的环境。

首先可以设置账户环境的显示属性，包括选择显示主题，自定义桌面项目，设置屏幕保护程序，设定窗口、按钮外观和设置颜色质量、屏幕分辨率，以及监视器的刷新频率等。

2.3.2.1 【主题】选项卡

此处的"主题"是指一套事先设计好的计算机显示和声效元素，包括桌面背景和图标、屏幕保护程序、窗口和按钮外观、鼠标指针及声音事件等。

选择显示主题的具体操作步骤如下：

(1)右击桌面空白区域，在弹出的快捷菜单中选择【属性】命令，弹出如图 2-28 所示的"显示属性"对话框。

(2)在【主题】选项卡中的【主题】下拉列表框中，可以选择一个 Windows 内置的主题，也可以通过点击下拉列表中的【浏览】命令打开【打开主题】对话框，在本地计算机上指定所需主题，还可以通过单击其中的【其他联机主题】按钮登录 Microsoft 网站查找其他主题。

(3)一旦选定了某个主题，即可以在下面的【示例】显示框中预览所选主题的显示效果。

(4)在更改了主题中的某项设置后，【主题】下拉列表框中将显示为【更改的主题】，此时可以单击【另存为】按钮保存自定义的主题，也可以单击【删除】按钮删除当前主题。

(5)为方便其他选项卡的设置，可单击【应用】按钮先应用当前设置而不退出【显示属性】对话框。也可以直接进入下一个选项卡进行设置，待设置完全部项目之后，再单击【确定】按钮，一并确认设置并退出【显示属性】对话框。

2.3.2.2 【桌面】选项卡

选择完显示主题后，还可以定制其中的各个项目，然后保存自定义的主题，从而实现修改后的用户环境。首先可以从自定义桌面入手。操作步骤如下：

(1)单击【显示属性】对话框的【桌面】标签，打开如图 2-29 所示的【桌面】选项卡。

图 2-28　"显示属性——主题"选项卡　　　图 2-29　"显示属性——桌面"选项卡

(2)在【背景】列表框中选择某一图片或 HTML 文件，列表框上方便会显示出所选项目的预览效果。

(3)单击【浏览】按钮，可以从计算机或网络中选取需要的图片。在【位置】下拉列表中可以选择【拉伸】、【平铺】或【居中】三种图片显示方式。如不需要背景图片则选择【无】选项。若选择【无】或 HTML 文件作为桌面背景，【位置】下拉列表将不可用。

(4)在【颜色】下拉列表框中，可选择要用于桌面背景的颜色：

①如果在【背景】列表框中选择【无】选项，那么所选颜色将充满整个桌面。

②如果在【背景】列表框中选择了背景图片，并在【位置】下拉列表中选择【居中】选项，则所选颜色将用于填充背景图片周围的空白区域。

③如果在【背景】列表框中选择了背景图片，并在【位置】下拉列表中选择【平铺】或【拉伸】选项，则所选颜色将只用于作为桌面图标文本的背景。

(5)单击【自定义桌面】按钮，打开如图 2-30 所示的【桌面项目】对话框，在此对话框的【常规】选项卡中可进行如下设置：

①在【桌面图标】选项组中，可以通过【我的文档】、【我的电脑】、【网上邻居】3 个复选框选择要在桌面上显示的图标。

②在桌面图标显示框中选择某个图标，然后单击【更改图标】按钮，可打开【更改图标】对话框更改 Windows XP 默认设置下的桌面图标；而单击【还原默认图标】按钮，则可还原使用 Windows XP 默认设置的桌面图标。

③选中【桌面清理】选项组中的【每 60 天运行桌面清理向导】复选框，可以每 60 天运行一次桌面清理向导，将这 60 天内没有使用的桌面快捷方式移动到一个叫做【未使用的桌面快捷方式】的桌面文件夹中，也可以单击【现在清理桌面】按钮立即运行桌面清理向导。

(6)单击【桌面项目】对话框中的【Web】标签，打开如图 2-31 所示的【Web】选项卡，可在【网页】列表框中选择要在桌面上显示的 Web 页面。

图 2-30 "自定义桌面项目"对话框

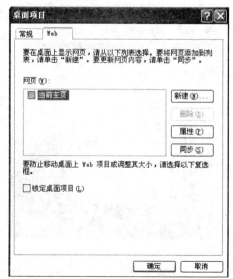

图 2-31 "Web"选项卡

(7)单击【新建】按钮,可打开如图 2-32 所示的【新建桌面项目】对话框。在该对话框中,可进行如下设置:

①单击【访问画廊】按钮,可以连接到 Internet,访问微软的 Active Desktop 画廊,添加所需的桌面项目。

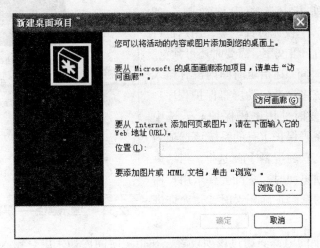

图 2-32　"新建桌面项目"对话框

②在【位置】文本框中直接输入网址,然后单击【确定】按钮,可打开【在 Active Desktop(TM)上添加项目】对话框。单击【自定义】按钮,可启用脱机收藏夹向导,确定脱机浏览内容的数量,用网络上的最新网页同步脱机网页。单击【确定】按钮,即可开始下载指定的【Web】页面。下载结束后,将自动返回【桌面项目】对话框的【Web】选项卡,可以看到【网页】列表框中已添加并选中了新建的桌面项目。

③单击【浏览】按钮可以在本地计算机系统中查找图片或 HTML 文档。

(8)在【网页】列表框中选中某个 Web 页面,还可以进行如下设置:

①单击右侧的【删除】按钮,可从【网页】列表框中删除该 Web 页面(除【当前主页】外)。

②单击右侧的【属性】按钮,可打开所选 Web 页面的【属性】对话框,决定是否允许该页面脱机浏览、如何同步该页面以及该 Web 页面的下载内容等。

③单击右侧的【同步】按钮,可立即更新所选 Web 页面的内容。

(9)若要防止移动桌面上的 Web 项目或调整其大小,可选中【锁定桌面项目】复选框进行设定。

(10)单击【确定】按钮,返回【显示属性】对话框的【桌面】选项卡。

(11)单击【应用】按钮,应用所修改的桌面设置,准备进行下一选项卡的设置。

2.3.2.3　【屏幕保护程序】选项卡

屏幕保护的作用是当用户暂时离开计算机时,屏幕上显示活动的画面,这样既可以防止长时间静止的画面灼伤屏幕,又掩盖了当前的工作画面(可防止他人偷看)。

在"显示属性"对话框中单击【屏幕保护
程序】标签，打开如图 2-33 所示的【屏幕保护
程序】选项卡，可以进行如下设置。

(1)设置动画图形。从系统提供的【屏幕保
护程序】下拉列表中选择一种动画，如
"Windows XP"、"夜光时钟"等，用户也可
以输入用来显示的三维文字，需要时还可预览。

(2)设置等待时间。在指定时间内没有输入
操作动作时，系统将自动启动屏幕保护程序。

(3)设置在恢复时使用密码保护。若选中
【在恢复时使用密码保护】(有的系统该选项为
【在恢复时返回到欢迎屏幕】)复选框，当结束
屏幕保护程序返回桌面时，系统会要求用户输
入密码，当给定的密码正确无误时，才允许进
行进一步的操作。

图 2-33 　"显示属性——屏幕保护程序"选项卡

(4)设置监视器的电源。通过该项设置，在指定时间内如果没有输入操作，可由系统
自动关闭显示器(具有节能效果)。

2.3.2.4 　【外观】选项卡

系统启动时，其桌面外观(包括屏幕各组成元素的颜色、大小和字体等)将以系统默认
的形式出现。如有需要，可按如下方法改变桌面外观。

在"显示属性"对话框中(如图 2-28 所示)选择【外观】标签，打开如图 2-34 所示的
【外观】选项卡，然后可以进行如下设置：

(1)在【窗口和按钮】下拉列表中选择一种方案。默认情况下，Windows XP 使用
【Windows XP 样式】方案；对于喜欢以前版本的用户，可以选择【Windows XP 经典样
式】方案。通过这里的选择，可以设置系统使用过程中窗口和按钮的外观样式。

(2)在【色彩方案】下拉列表中选择在 Windows XP 中预置的各种色彩方案。默认情
况下使用"默认(蓝)"方案，选择其他色彩后，可对窗口和按钮的标题栏和外框进行相应
的设置。

(3)在【字体大小】下拉列表中可以对窗口和按钮标题栏的文字大小进行设置，默认
情况下有正常、大字体、特大字体三个选项可供选择。

2.3.2.5 　【设置】选项卡

选择"显示属性"对话框中的【设置】标签，可打开如图 2-35 所示的【设置】选项
卡，对监视器(即显示器)和适配器(即显卡)的显示进行设置。

具体操作步骤如下：

(1)要改变屏幕分辨率，可在【屏幕分辨率】选项组中，拖动滑块，以便设置屏幕分
辨率。滑块越靠左，屏幕分辨率越小，屏幕上可显示的内容也就越小，但文字显示比较
大；相对应的，滑块越靠右，屏幕分辨率越大，屏幕上可显示的内容也就越多，但文字
显示将变小。

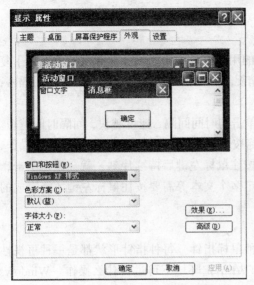

图 2-34 "显示属性——外观"选项卡   图 2-35 "显示属性——设置"选项卡

说明： 在更改屏幕分辨率时，一定要考虑到显示器及显卡的性能匹配问题，如果用户的设置要求超过显示器和显卡所能达到的性能，那么新设置将会导致系统无法正常工作。通常情况下，不同型号的显示器有相对应的最佳分辨率，建议在设置时使用显示器的最佳分辨率进行调节。

(2)在【颜色质量】下拉列表框中，可设置监视器显示的颜色质量。颜色质量越高，屏幕显示就越逼真，但系统的显示速度将放慢。

(3)单击【高级】按钮，可对监视器和适配器进行进一步设置(如图 2-36 所示)，如选择【监视器】选项卡可对显示器的屏幕刷新频率进行设置，设置完成后单击【确定】按钮，返回【显示属性】对话框的【设置】选项卡。

(4)确定对【显示属性】对话框中各个选项卡的设置后，单击【确定】按钮，完成当前用户账户的显示设置。至此，个性化的显示环境设置完成。

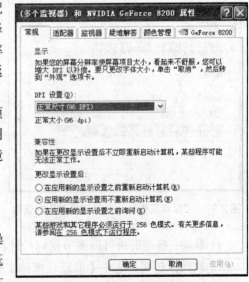

图 2-36 设置高级选项

2.3.3 鼠标和键盘设置

鼠标和键盘作为最主要的输入设备，在操作系统中也可以进行相应的设置，通过设置既可以让用户更方便地完成输入操作，又可以达到美观的效果。

2.3.3.1 鼠标设置

单击【开始】按钮，选择【控制面板】命令打开【控制面板】窗口。双击【鼠标】

命令可以打开如图 2-37 所示的【鼠标属性】对话框，该对话框由 5 个选项卡组成。

1. 鼠标键

(1)鼠标键配置，主要用于照顾左手习惯的用户，选中【切换主要和次要的按钮】复选框，可以实现左右键功能的互换。在通常情况下，双击鼠标左键可以打开某应用程序，设置后，双击鼠标右键来完成这一功能。

(2)双击速度，用于调节双击操作时两次单击的时间间隔，速度越快，间隔时间越短。

(3)单击锁定，指的是一次单击后锁定鼠标按钮，使用户能够进行选定或者拖动操作，而不需要继续按住鼠标按钮。具体操作时，按住鼠标左键后持续片刻，就会锁定单击，这时放开鼠标左键就可以完成拖动对象、选定多个文本等需要按住鼠标左键才能完成的工作。再次单击可以停止单击锁定命令。

2. 指针

【指针】选项卡主要列出可以使用的各种鼠标指针。每种指针形状都是一种可视性暗示，指明操作系统正在进行什么操作或用户在给定环境下可进行什么操作。Windows XP 允许用户自定义鼠标指针形状，并将对鼠标指针形状的改变以方案的形式进行存储供用户下次直接使用。

3. 指针选项

该选项卡用于设置鼠标指针的显示属性，如图 2-38 所示。

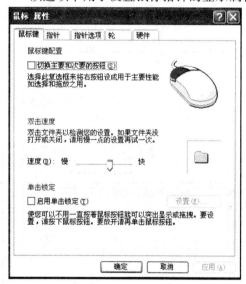

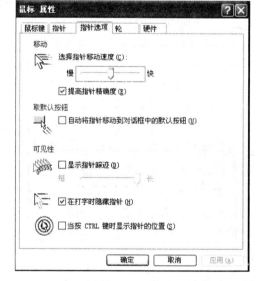

图 2-37　"鼠标属性——鼠标键设置"对话框　　图 2-38　"鼠标属性——指针选项设置"对话框

(1)移动：拖动滑块可以调节鼠标指针移动的速度，用户可以根据个人需要进行调整。

(2)取默认按钮：选中【取默认按钮】复选框，则鼠标指针会自动定位到对话框的默认按钮。

(3)可见性：选中【显示指针踪迹】复选框，移动鼠标时，会显示鼠标移动的轨迹；选中【在打字时隐藏指针】复选框，可以在用户进行键盘输入操作时隐藏鼠标指针；选中【当按 CTRL 键时显示指针的位置】复选框，当用户暂时无法找到鼠标指针时，按下

【Ctrl】键，鼠标将以动画形式显示以提醒用户。

　　4. 轮

　　通过对【轮】选项卡的设置，可以设置在滚动鼠标齿轮一个齿格时，文本内容向上或向下翻动的幅度，如图 2-39 所示。有两个选项可供选择：①【一次滚动下列行数】可以对行数进行设置，设置后，当在文本中滚动齿轮时，每向后滚动一个齿轮，可以使文本向后滚动相应的行数。如图 2-39 中所示，设置为 3，则每向后滚动鼠标的一个齿轮，文本内容会向下滚动 3 行。②【一次滚动一个屏幕】，选中该项后，当在文本中进行操作时，每向后滚动一个齿轮，文本会向后显示一个屏幕。

　　5. 硬件

　　该标签用来显示计算机上所安装的鼠标或轨迹球等指点输入设备的种类、接口类型。

　　用户可以通过单击【疑难解答】按钮解决指点输入设备出现的故障，也可以通过单击【属性】按钮查看某一指点输入设备的工作状态及改变该指点设备的驱动程序。

2.3.3.2　键盘设置

　　单击【开始】按钮，选择【控制面板】命令打开【控制面板】窗口。双击【键盘】命令可以打开如图 2-40 所示的【键盘属性】对话框。该对话框包含有两个选项卡。

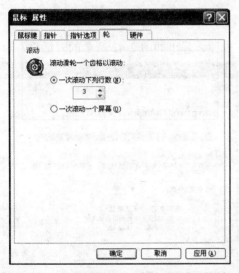

图 2-39　"鼠标属性——齿轮设置"对话框　　图 2-40　"键盘属性——速度设置"对话框

　　1. 速度

　　1)设置重复延迟

　　当按住键盘同一个键持续一段时间后，系统认为是要重复该键，用户可以根据个人习惯，调整重复延迟。

　　2)设置重复率

　　重复率用来控制重复一个键时重复的速度，设置的值越快，按住一个键时显示该字母的速度也就越快。

3)光标闪烁频率

拖动该滑块可以设置光标闪烁的速度，设置的速度越快，光标闪烁越快。

2. 硬件

【硬件】选项卡用来显示计算机上所安装的字符输入设备的种类、接口类型。用户可以通过单击【疑难解答】按钮解决字符输入设备出现的故障，也可以通过单击【属性】按钮查看某一字符输入设备的工作状态及改变该输入设备的驱动程序。

2.3.4　更改区域和语言设置

为了使计算机更加准确地运行，应该正确设置计算机的时间、语言和区域。特别是非英语国家要设置本土语言的输入法。

打开【控制面板】，双击【区域和语言】命令，出现【区域和语言选项】对话框，如图 2-41 所示。

2.3.4.1　区域选项

在【区域选项】选项卡的【标准和格式】下拉列表中选择符合用户所在区域的文字格式，该下拉列表中有众多国家和区域的文字格式供用户选择。选择好后，用户可以在【示例】选项组中查看文字格式效果。如果都不符合用户要求，可单击【自定义】按钮，根据需要自定义各种格式的文字。

2.3.4.2　语言

(1)在【语言】选项卡中单击【详细信息】按钮，弹出如图 2-42 所示的对话框。

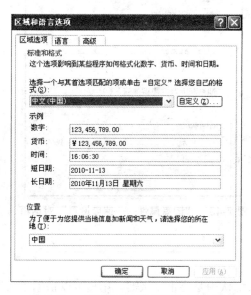

图 2-41　"区域和语言选项"对话框

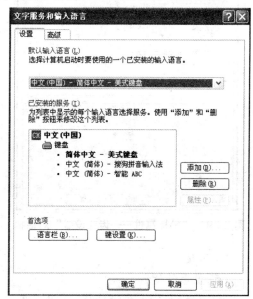

图 2-42　"文字服务和输入语言"对话框

(2)在【默认输入语言】下拉列表中，用户可以选择计算机的默认输入语言。

(3)在【已安装的服务】各项中，可以通过单击【添加】或【删除】按钮来添加或删除系统的输入法。

(4)选中一种输入法，单击【属性】按钮，可以对输入法的属性进行设置。

(5)单击【语言栏】按钮，弹出如图 2-43 所示的对话框，可以设置语言栏的显示属性。

(6)单击【键设置】按钮，可以设置切换输入法的快捷键和顺序。

2.3.5　辅助功能设置

Windows XP 为方便特殊人士使用计算机，还专门设计了一些辅助功能。打开【控制面板】窗口，双击【辅助功能选项】命令，弹出【辅助功能选项】对话框，如图 2-44 所示。该对话框包含了【键盘】、【声音】、【显示】、【鼠标】、【常规】5 个选项卡可供用户进行相应的设置，通过这些设置能够帮助有移动障碍、视觉或听力障碍的用户使用计算机。因为这样的用户不多，且设置过程也不复杂，这里就不再详述了。有兴趣的用户可以在闲暇之时练习设置，查看各个设置的实现效果。

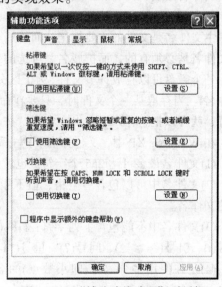

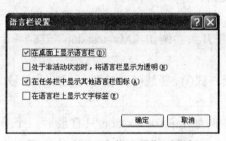

图 2-43　"语言栏设置"对话框　　　　图 2-44　"辅助功能选项"对话框

2.4　Windows XP 的文件管理

用户在使用计算机时会遇到各种信息，像用户编写的文档、应用程序、图像、音乐等，我们统统称为文件。为了便于存储和使用这些文件，Windows XP 引入了文件系统。

2.4.1　文件系统简介

2.4.1.1　文件

文件是 Windows XP 中最基本的存储单位。文件可以用来保存各种信息，这些信息既可以是平常所说的文档(如用户编辑的文章、信件和图形等)，也可以是可执行的应用程序。这些信息最初是在内存中建立的，然后以用户给予的相应文件名存储到磁盘上。文件的物理存储介质通常是磁盘，光盘也在逐步成为常规的存储介质。文件具有以下特性：

(1)在同一磁盘的同一目录区域内不允许有名称相同的文件，即文件名具有唯一性。

(2)文件中可存放字符、数字、图片和声音等各种信息。

(3)文件可以从一张磁盘上复制到另一张磁盘上，或从一台计算机上复制到另一台计算机上，即文件的可携带性。

(4)文件并非固定不变的。文件可以缩小、扩大、修改、减少或增加，也可以完全删除，即文件具有可修改性。

(5)文件在软盘或硬盘中有其固定的位置。文件的位置是很重要的。在一些情况下，需要给出路径以告诉程序或者用户文件的位置。路径由存储文件的磁盘、文件夹或子文件夹组成。

2.4.1.2 文件的命名

文件名由主文件名和扩展名两部分组成。它们之间以小数点分隔。格式为：(主文件名)[. <扩展名>]。

主文件名是文件的主要标记，而扩展名则用于表示文件的类型。Windows XP 规定，主文件名是必须有的，而扩展名是可选的，不是必须有的。

一个磁盘可以存放许多文件，为了区分它们，对于每一个文件，都必须为它们命名(即文件名)。当存取某一个文件时，只要在命令中指定其文件名，而不必记住它存储的物理位置，就可以把它存入或取出，实现"按名字存取"。

在 Windows XP 中，文件命名要遵守如下规则：

(1)文件名最多可达 255 个字符。也就是说，在 Windows XP 中，可以使用长文件名。

(2)文件名中可以包含有空格，但不能以空格开头。例如"My test.doc"这是一个合法的文件名。

(3)文件名中不能包含下列字符：斜线(/)、反斜线(\)、竖线(│)、小于号(<)、大于号(>)、冒号(:)、引号("、')、问号(?)、星号(*)。

(4)允许使用多分隔符(即小数点)的名字，例如 fap.file.yx.doc 只有最后一个分隔符的后面部分(即"doc")才是扩展名。其中点(.)一般是用来代替空格的。通过点(.)可将文件名分成不同的部分，以帮助用户创建适合自己需要的或符合用户组织规定的文件。

(5)系统保留用户指定的文件名的大、小写格式，但大、小写没有区别，例如 LIST.DOC 与 list.doc 是等价的。

(6)可以使用汉字。例如，可以将一个试题文件命名为"2010 年计算机应用基础试题.doc"。一个汉字占两个字符，即如果文件名全部是汉字，则文件名最多只能包含 128 个汉字。

说明：虽然文件名可以由用户任意指定，但最好选用能反映文件含义且便于记忆的名字。

2.4.1.3 文件类型

在 Windows XP 中，根据文件存储内容的不同，将文件分为许多不同的类型。文件类型不同时，其显示的图标及描述也不同。常用的文件类型及对应的扩展名见表 2-1。

表 2-1 常用文件类型及扩展名

扩展名	文件类型
.BMP	位图文件
.JPG、.GIF	图像文件
.TXT	文本文件
.DOC	Word 文档文件
.XLS	Excel 表格文件
.PPT	PowerPoint 演示文稿文件
.RAR、.ZIP	压缩文件
.MP3、.WMA	音频文件
.RMVB	视频文件
.EXE	可执行文件，一般用于安装程序
.BAK	备份文件
.HLP	帮助文件

2.4.1.4 文件夹

磁盘中存放了成千上万个文件，为了便于对这些文件进行管理，可以把文件根据一定分类方式进行分类，同类型的文件放入同一个文件夹中。Windows 文件系统采用一种分层的树形结构，文件夹下还可以包含多层文件夹。

2.4.1.5 路径

为了便于访问(找到)某一个文件，需要知道这个文件的位置，即它处在哪个磁盘的哪个文件夹中。我们将这个从磁盘根目录开始直至文件所在的目录构成的字符串称为文件的路径。一个完整的路径包括盘符(即驱动器号)，后面是要找到该文件所顺序经过的全部文件夹。文件夹之间用"\"隔开。

盘符用一个英文字母和其后跟随的一个冒号"："来表示。软盘一般表示为【A：】，硬盘表示为【C：】，如果硬盘中又有多个分区(由软件划分)，则依次表示为【D：】，【E：】等，光盘编号一般编排在硬盘盘符的后面。当有新的移动存储设备接入计算机时，也会给该设备分配一个新的盘符，一般是按照英文字母的顺序依次往后排列。例如，一台计算机上有四个盘符，分别为：【C:\、D:\、E:\、F:\】，光盘盘符为：【G:\】，现在将一个 U 盘接入计算机，系统会自动给该 U 盘分配盘符为【H:\】。

2.4.2 认识"我的电脑"

从【开始】菜单中选择【我的电脑】命令或双击桌面上【我的电脑】图标，即可打开【我的电脑】窗口，窗口中列出了计算机上所有磁盘驱动器、【我的文档】、【控制面板】等，如图 2-45 所示。

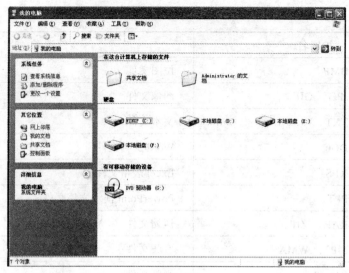

图 2-45

2.4.2.1 【我的电脑】和资源管理器

　　【我的电脑】窗口的工具栏上有一个【文件夹】按钮，通过它可以在工作区左侧设置两种不同的窗格。默认情况下，【文件夹】子按钮是弹出状态，此时左侧显示的是一个浏览器栏，其中包括【系统任务】、【其他位置】和【详细信息】等分类动态菜单。各分类菜单中的操作命令都是以超链接形式提供的，如【其他位置】菜单包含了【网上邻居】、【我的文档】、【共享文档】和【控制面板】4 个超链接，当鼠标指针移动到某个超链接时，指针变成手形，单击即可打开对应项目和查看所需内容，这样就可以方便地在不同窗口之间进行切换。

　　当单击工具栏上的【文件夹】按钮时，则在左侧会显示出文件夹树形结构，其显示方式与资源管理器相同，也就是说，只要单击【文件夹】按钮，即可由【我的电脑】直接切换到资源管理器(如图 2-46 所示)。这种方便的转换大大提高了可用性，并且在一定程度上统一了操作界面。

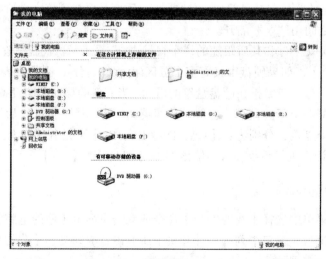

图 2-46

2.4.2.2　查看文件

在"我的电脑"中浏览文件时,需要从【我的电脑】开始,按照层次关系,逐层打开各个文件夹。查看某个驱动器或文件夹的内容时,只需双击该对象图标,此时系统会打开相应的文件夹窗口,并在窗口中显示该文件夹中包括的文件和子文件夹。

【我的电脑】窗口的工具栏中还包括一些操作按钮。单击【后退】按钮,将返回至上次在【我的电脑】窗口的操作状态;单击【前进】按钮,将撤消最新的后退操作;单击【向上】按钮,可返回上一级文件夹。

2.4.2.3　浏览方式

单击工具栏中的【查看】按钮,会显示一个下拉式列表框,如图 2-47 所示,包含了"缩略图"、"平铺"、"图标"、"列表"和"详细信息"五种对文件的浏览方式:

(1)"缩略图"方式。选中下拉式列表框中的【缩略图】,窗口工作区中的内容会以缩略图的形式显示。这种方式对浏览图片文件特别方便,因为它可以把图片直接以缩小的形式显示出来供用户查看。

(2)"平铺"方式。选中下拉式列表框中的【平铺】,窗口工作区中的内容会以平铺方式显示,这种浏览方式是 Windows XP 的默认浏览方式。在该浏览方式下,文件和文件夹对象的图标显示较大,同时会显示文件的名称、文件类型和文件大小等信息。

(3)"图标"方式。选中下拉式列表框中的【图标】,窗口工作区中的内容会以图标方式显示。在这种浏览方式下,文件和文件夹对象的图标显示较小,而且仅仅显示文件的文件名。

(4)"列表"方式。选中下拉式列表框中的【列表】,窗口工作区中的内容会以列表方式显示。在这种浏览方式下,文件夹被固定排在前列,文件按照字母顺序排在文件夹之后,文件的排列顺序是从上往下,再从左到右。

(5)"详细信息"方式。选中下拉式列表框中的【详细信息】,窗口工作区中的内容会显示较详尽的信息(名称、大小、类型、修改日期),通过单击名称、大小、类型、修改日期,可以改变资料的排列顺序,用鼠标移动两个列标题间的分割线,可以改变它们的区域大小。

2.4.2.4　自定义工具栏

窗口中的工具栏按钮能够帮助用户很方便地完成一些操作,如对文件进行复制、粘贴、删除等,但是默认情况下,有些工具按钮是不在工具栏中显示的,这就需要用户去手动进行添加。具体操作步骤如下:

(1)单击【查看】菜单中工具栏子菜单下的【自定义】命令,弹出如图 2-48 所示的"自定义工具栏"对话框。

(2)选择【可用工具栏按钮】列表框中要添加的按钮选项,如【刷新】。

(3)单击【添加】按钮,可以看到在【当前工具栏按钮】中增加了该选项,如图 2-48 所示;同时可以看到在窗口的工具栏中也出现了该项。

(4)如果需要添加其他项,可重复(2)、(3)的操作。

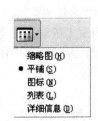

图 2-47　文件/文件夹的浏览方式　　　　　图 2-48　"自定义工具栏"对话框示例 1

当然，也可以将工具栏中不需要的按钮隐藏起来，操作方法是：在【当前工具栏按钮】列表框中选择要隐藏的项，点击【删除】按钮即可，如图 2-49 所示。

图 2-49　"自定义工具栏"对话框示例 2

2.4.2.5　资源管理器

使用【我的电脑】进行单个文件或文件夹操作比较方便，但当文件或文件夹较多且层次较深时，将需要打开多层文件夹，这时再使用【我的电脑】进行查看就显得有些杂乱。为了方便用户操作，可以使用资源管理器来进行文件的浏览、查看、移动和复制等操作。

1. 资源管理器的启动

启动资源管理器的方法很多，常用的有以下几种：

(1)使用前文所述的方式通过工具栏中【文件夹】按钮进行切换。

(2)单击【开始】按钮，选择【所有程序】选项，从级联菜单中选择【附件】中的【Windows 资源管理器】。

(3)右击【开始】按钮或【我的电脑】图标，从弹出的快捷菜单中选择【资源管理器】。

(4)右击任意驱动器或文件夹图标，从弹出的快捷菜单中选择【资源管理器】。启动后就可以进入资源管理器窗口，如图 2-50 所示。

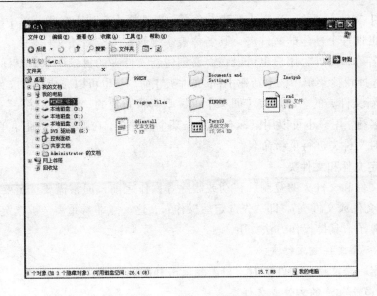

图 2-50 资源管理器窗口

2. 资源管理器窗口

资源管理器在工作区中设置了双窗格，左窗格也称为结构窗格，用于显示文件夹树形结构，其中桌面是树的根；右窗格也称为内容窗格，用于显示左窗格所选中的文件夹的内容。因此，资源管理器可以在一个窗口内同时显示出当前文件夹所处的层次及其存放的内容，结构清晰。

通过拖动工作区中间的分隔线可以改变两个窗格的显示大小比例。在左窗格的右上角有一个关闭按钮，单击该按钮可以关闭左窗格。这样，窗口就变成单窗格方式(与【我的电脑】窗口相同)。

3. 展开和折叠文件夹

在资源管理器窗口的左窗格中，文件夹中可能包含子文件夹，用户可以展开文件夹，显示其中的子文件夹，也可以折叠文件夹列表，不显示子文件夹。为了表明某个文件夹中是否含有子文件夹，Windows 使用"+"、"−"符号进行标记。

当某个文件夹图标前有"+"号时，表示该文件夹包含有子文件夹。单击"+"号，可以将此文件夹展开，显示其所属的子文件夹，展开后文件夹图标前显示出"−"号。文件夹图标前有"−"号时，表示该文件夹已显示子文件夹。单击"−"号，可以将已经展开的内容折叠起来，返回"+"的状态。

文件夹图标前没有"+"号或"−"号，则表示该文件夹没有子文件夹，其下一层均为文件。

2.4.3 文件及文件夹的相关操作

2.4.3.1 创建文件夹

用户可以创建新的文件夹用来存放相关的一些文件，以下是创建文件夹的过程：

(1)打开要新建子文件夹的磁盘或文件夹。

(2)单击【文件】菜单，选择【新建】命令，再选择【新建】级联菜单中的【文件夹】命令，即会出现一个新建的文件夹，其名称被系统暂定为"新建文件夹"，并等待用户输入正式的名称；另外，用户也可以在需要创建新文件夹的目录中点击鼠标右键，出现快捷菜单，选择快捷菜单中的【新建】|【文件夹】命令，也可以完成创建文件夹的操作。

(3)输入新文件夹的名称后按【回车】键，则可将新建的"新建文件夹"更名为用户自己需要的名称。用户也可以用鼠标右键点击某个文件夹，在弹出的快捷菜单中选择【重命名】命令对文件夹进行重新命名。

2.4.3.2　选定文件和文件夹

在进行文件和文件夹的复制、移动或删除等操作之前，通常需要选定要操作的对象(一个或多个文件或文件夹)，即"先选定后操作"，这一点非常重要。被选定的对象将以反白的形式显示。具体操作方法如下。

1. 选定一个文件或文件夹

当要选定一个文件或文件夹时，只需要单击其图标即可。

2. 选定多个相连的文件或文件夹

选定多个相连的文件或文件夹时，只要先选定第一个文件或文件夹，再将鼠标指针指向最后一个文件或文件夹，然后按住【Shift】键的同时单击鼠标左键，即可对多个相连的文件或文件夹进行选定。如果需要选定的是当前文件夹下的所有文件及文件夹，可以使用【Ctrl】+【A】组合键进行全部选择(即全选)。

3. 选定多个不连续的文件和文件夹

选定多个不连续的文件或文件夹时，按住【Ctrl】键不放，用鼠标选择所有需要选定的文件，全部选定后松开【Ctrl】键。

4. 取消选定的内容

即将已经选定的内容取消选择，操作方法是：

(1)全部取消选定：将鼠标指针指向窗口工作区的空白处单击。

(2)多个文件及文件夹选定后取消部分选定：按住【Ctrl】键，对不需要选定的文件一一单击。

2.4.3.3　复制、移动文件和文件夹

1. 复制文件和文件夹

在【我的电脑】或【资源管理器】中，可以通过窗口菜单命令、工具栏按钮、快捷菜单命令及鼠标拖放等方法复制文件和文件夹。以下介绍后 3 种方法。

1)利用工具栏按钮复制文件和文件夹

(1)选定要复制的文件和文件夹。

(2)单击工具栏上的【复制】按钮。

(3)打开目标文件夹(即文件或文件夹要存放的新位置)。

(4)单击工具栏上的【粘贴】按钮，可以看到文件会在目标文件夹中也存放了一份。

2)利用快捷菜单命令复制文件和文件夹

(1)鼠标右击要复制的文件和文件夹，选择快捷菜单的【复制】命令(或选择后按【Ctrl】+【C】组合键)；

(2)打开目标文件夹，在空白处点击鼠标右键，在快捷菜单中选择【粘贴】命令(或按【Ctrl】+【V】组合键)。

3)拖放式复制文件和文件夹

将选定的文件和文件夹拖放到目标位置，可以快速地完成文件的复制或移动，这种方法既简单又直观，通过这种方式进行复制时需要同时打开源文件夹和目标文件夹。

2. 移动文件和文件夹

移动与复制的不同之处在于把选定的内容移到另一个位置，而在原位置处不再保留原有内容。移动操作方法与复制操作方法相似。以下仅介绍一种常用操作方法。

利用工具栏按钮移动文件和文件夹，操作步骤如下：

(1)选定要移动的文件和文件夹。

(2)单击工具栏上的【剪切】按钮(或按【Ctrl】+【X】组合键)。

(3)打开目标文件夹。

(4)单击工具栏上的【粘贴】按钮(或按【Ctrl】+【V】组合键)。

2.4.3.4　重命名文件和文件夹

为文件或文件夹改名，常用的操作方法有以下两种。

1. 利用快捷菜单为文件或文件夹改名

(1)在要改名的文件或文件夹上点击鼠标右键。

(2)在弹出的快捷菜单中选择【重命名】命令，这时文件或文件夹名称呈反白显示状态，等待用户输入新的名称。

(3)输入新的名称，按【回车】键。

2. 直接改名

(1)选定要改名的文件或文件夹。

(2)单击已选定的文件或文件夹的名称，这时文件或文件夹名称呈反白显示状态，等待用户输入新的名称。

(3)输入新的名称，按【回车】键。

2.4.3.5　删除文件和文件夹

对于不再需要的文件和文件夹，为了节省磁盘空间和查找有用文件的方便，可以通过以下几种操作方式将它们删除掉。

1. 利用工具栏按钮删除文件和文件夹

(1)选定要删除的文件和文件夹。

(2)单击工具栏上的【删除】按钮。

(3)在【确认文件(文件夹)删除】对话框中单击【是】按钮。

2. 利用快捷菜单命令删除文件和文件夹

(1)右键单击需要删除的文件和文件夹。

(2)在快捷菜单命令中选择【删除】。

(3)在【确认文件(文件夹)删除】对话框中单击【是】按钮。

3. 按【Delete】键删除文件和文件夹

(1)选定要删除的文件和文件夹。

(2)直接按下【Delete】键。

(3)在【确认文件(文件夹)删除】对话框中单击【是】按钮。

说明： 以上三种方式对文件和文件夹进行删除后，都是先把文件或文件夹存放在回收站中，这样，如果用户发生了误操作，还可以从回收站中对所需文件进行还原。如果需要直接删除某个文件或文件夹，而不让其存放到回收站中，可以选中该文件或文件夹，按【Shift】+【Delete】组合键，这样，该文件会从磁盘中直接删除，只有通过一些专门的数据恢复软件才有可能找回，所以通常情况下不建议采用。

2.4.4　回收站

回收站的主要作用是为删除的文件提供一个缓冲区——用户删除的文件，一般不会直接从硬盘上删除，而仅仅是先放到回收站中，称为逻辑删除。这样能够保证文件的安全，如果用户误操作，将文件误删除，还可以到回收站中还原文件。

2.4.4.1　还原文件

若文件被意外删除，可以使用回收站把它还原回来。操作步骤是：

(1)双击桌面上的【回收站】图标，打开如图 2-51 所示的【回收站】窗口。

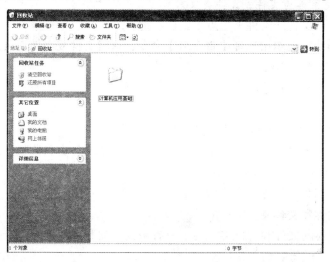

图 2-51　回收站

(2)选定需要还原的文件和文件夹；

(3)在【回收站任务】选项卡中选择【还原所选项目】命令即可将选择的文件或文件夹还原到删除前的位置。

2.4.4.2　永久删除文件

若回收站中的文件和文件夹确实可以删除了，可以选定该文件，在回收站的【文件】菜单项中点击【删除】命令，可把所选中的文件永久地删除；如果想把回收站中的所有文件都永久删除，直接点击【回收站任务】选项卡中的【清空回收站】命令，在弹出的对话框中点【确定】即可。

2.4.4.3　回收站属性

右击桌面【回收站】图标，从弹出的快捷菜单中选择【属性】命令，弹出如图 2-52 所示的【回收站属性】对话框。对回收站属性的设置主要有以下几项：

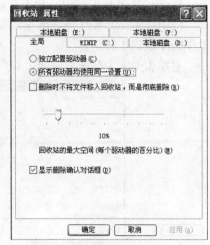

(1)独立配置驱动器。如果选中此项，则其他磁盘标签可用，这时可以分别设置各个驱动器的参数。

(2)所有驱动器均使用同一设置。选中此项，其他磁盘标签不可用，在【全局】选项卡中对各个驱动器参数进行统一设置。

(3)删除时不将文件移入回收站，而是彻底删除。若选中此项，则在执行文件删除操作时会直接将文件从硬盘上永久删除，不再存储于回收站，慎用！

图 2-52　"回收站属性设置"对话框

(4)回收站的最大空间(每个驱动器的百分比)。系统默认为 10%，也就是说系统会提供 10%的磁盘空间来暂时存放删除的文件，如果删除文件的总量大于回收站的总容量，那么在执行删除操作时文件会被直接删除而不经过回收站。

(5)显示删除确认对话框。每次删除文件时系统会弹出对话框询问用户是否永久删除文件和文件夹，防止用户误删除文件。如果取消选择则在删除回收站内的文件和文件夹时将不再提示，建议用户选择该项。

2.4.5　文件和文件夹属性

在 Windows XP 中，每个文件和文件夹都有各自的属性，属性信息包括文件或文件夹的名称、位置、大小、创建时间、只读、隐藏和存档等。

要查看文件或文件夹的属性，操作步骤如下：

(1)选定要查看文件属性的文件或文件夹。

(2)右键点击文件或文件夹，在快捷菜单中选择【属性】命令，弹出【属性】对话框。

对于文件和文件夹有三个基本属性：只读、隐藏和存档。其含义如下："只读"表示可以读取，但不允许对其进行修改和删除操作；"隐藏"表示一般情况下不能看到和使用此文件；一般文件和文件夹的属性均被默认设置为"存档"，通常不需要用户设置。

(3)对于文件夹而言，有【共享】和【自定义】两个选项卡供用户设置。通过【共享】选项卡，用户可以设置使局域网中的其他用户共享该文件夹中的内容；通过【自定义】选项卡，用户可以改变文件夹的图标、把文件夹设置成专用文件夹(如图片文件夹、音乐文件夹等)。

(4)单击【确定】按钮，使修改的属性生效并关闭【属性】对话框。

2.4.6　搜索文件和文件夹

在实际的操作中往往会遇到这样的情况，用户想使用某个文件或文件夹，但不知道该文件或文件夹的存放位置，此时可以利用【搜索】命令进行查找。

要启动【搜索】命令，有以下两种常用方法：

(1)单击【开始】按钮，从【开始】菜单中选择【搜索】命令。

(2)在【我的电脑】或我的电脑某一磁盘(C:/D:/E:/…)或【资源管理器】窗口的工具栏上单击【搜索】按钮。

启动【搜索】命令后，弹出如图 2-53 所示的对话框。

图 2-53   "搜索结果"对话框

此窗口中，Windows XP 提供了一个搜索向导，指引用户进一步完成对文件和文件夹的搜索。搜索文件和文件夹的操作步骤如下：

(1)在【要搜索的文件或文件夹名为】文本框中填写需要搜索的文件或文件夹中包含的文字。

(2)在【包含文字】文本框中输入要搜索的文件中所包含的文字内容(如查找 Word 文档正文中含有"计算机"的文档文件)。

(3)在【搜索范围】下拉列表框中确定搜索的范围。

(4)点击【立即搜索】按钮，系统将在指定范围内搜索符合条件的文件和文件夹，并在右窗格中列出搜索结果。在搜索过程中，单击【停止搜索】按钮，则停止当前搜索任务。

2.5 Windows XP 的磁盘管理

磁盘是计算机用于存储数据的硬件设备，用户的文件全部存储于磁盘中，要保证用户数据的安全和完整，对磁盘的管理和维护工作显得日益重要。

2.5.1 磁盘基本操作

2.5.1.1 查看磁盘空间

在使用计算机的过程中，掌握计算机的磁盘空间信息是非常必要的。如在安装比较大的软件时，首先要检查有没有足够的磁盘空间。查看磁盘空间具体操作如下：打开【我的电脑】窗口，选择【查看】菜单下的【详细信息】显示方式，可以显示各磁盘驱动器的总存储容量(总大小)及可用空间。

另一种查看方法是：在【我的电脑】或【资源管理器】窗口中，右键点击要查看的驱动器，从弹出的快捷菜单中选择【属性】命令，打开【属性】对话框，从对话框中也可以查看到磁盘的容量和可用空间等信息，也可以对磁盘进行查错、碎片整理、备份等操作。

2.5.1.2　格式化磁盘

利用【我的电脑】或【资源管理器】可以对磁盘分区(或其他移动设备，如 U 盘等)进行格式化操作。具体方法是：

(1)右键点击需要格式化的磁盘分区(或其他移动设备)，在弹出的快捷菜单中选择【格式化】命令。

(2)点击【格式化】命令后，弹出"格式化磁盘"对话框，如图 2-54 所示。

(3)该对话框包含了容量、文件系统、分配单元大小、卷标及格式化选项供用户设置。

①容量显示了当前磁盘的总容量，由分区时确定，不可修改。

②文件系统用于设置格式化之后文件系统的形式，

图 2-54　"格式化磁盘"对话框

主要有两种：FAT32 和 NTFS。其中，FAT32 格式用于早期的 Windows 系列操作系统中，或者是在需要同时安装多个操作系统时才使用；NTFS 格式提供性能优、安全性强、可靠性高和所有 FAT 版本中都没有的高级功能的高级文件系统，在 Windows XP 中它可以提供诸如文件和文件夹权限、加密、磁盘配额和压缩等高级功能。

③分配单元大小：一般有 512 字节、1024 字节、2048 字节和 4096 字节可供选择，分配单元越小越节约空间，分配单元越大越节约时间，设置时采用默认大小即可，也可由用户自己设定。

④卷标：卷标是为磁盘起的一个名称，最多由 11 个字符组成(也可以是汉字)，用来区分各个磁盘，文本框为空时表示不需要卷标。

⑤格式化选项：有三个选项可供选择，"快速格式化"选项选择后，格式化过程中只删除原盘中存储的所有内容，不检查磁盘是否存在坏的扇区，所以格式化速度较快；"启用压缩"选项选择后，在 NTFS 格式文件系统下可以将磁盘压缩以节省空间，如果启用压缩，以后往硬盘里存放或者删除东西都变慢，原因是文件的存放和删除都需要压缩和解压的过程；"创建一个 MS–DOS 启动盘"只有在对软盘进行格式化时才可以选择。

(4)单击【开始】按钮，进行格式化操作。

2.5.2　磁盘管理工具

右键点击【我的电脑】图标，在快捷菜单中选择【管理】命令，弹出【计算机管理】对话框，单击【计算机管理】窗口左边窗格中的【磁盘管理】命令，对话框显示如图 2-55 所示。此时窗口右侧的磁盘管理工作区分为上、下两个窗格，上方窗格列出了计算机中所有磁盘及其基本信息，包括卷标、布局、类型、文件系统、状态、容量、空闲空间等信息；而下方的窗格则按照磁盘的物理位置给出了它们的简略示意图。

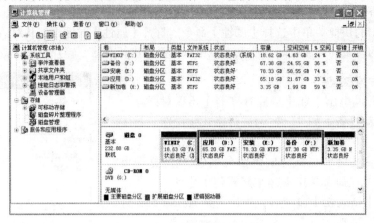

图 2-55　　"磁盘管理"窗口

通过该窗口，用户可以对计算机上的所有磁盘进行综合管理。如打开磁盘、管理磁盘资源、更改驱动器名和路径、格式化或删除磁盘分区、设置磁盘属性等。

2.5.3　管理和维护磁盘

2.5.3.1　逻辑磁盘的属性

选择某个磁盘分区，点击鼠标右键，弹出"磁盘属性"对话框，该对话框包括【常规】、【工具】、【硬件】、【共享】、【配额】5 个选项卡(仅对 NTFS 文件系统而言。如果是 FAT32 文件系统，则没有【配额】选项卡)，如图 2-56 所示。

1. 常规

在【常规】选项卡中列出了磁盘的常规信息，如类型、文件系统、已用空间、可用空间等信息供用户查看，而最上方的文本框，允许用户输入逻辑磁盘的卷标。

2. 工具

【工具】选项卡列出了磁盘检测工具、磁盘碎片整理工具和备份工具按钮供用户使用。单击这些按钮，可以直接对当前的磁盘进行相应的操作。

3. 硬件

【硬件】选项卡中的【所有磁盘驱动器】列表框列出了计算机中所有的磁盘驱动器，选择某一驱动器，可查看该驱动器的属性。

图 2-56　　"磁盘属性"对话框

4. 共享

可以对磁盘进行共享，让局域网内的授权用户都能够访问该磁盘。

5．配额

在【配额】选项卡中，可用对磁盘配额的相关内容进行设置。默认情况下，磁盘配额管理被禁用。

2.5.3.2　磁盘清理

在 Windows 系统使用一段时间后往往会产生许多无用的文件，时间一长，这些临时文件会占据大量的磁盘空间，造成空间浪费。这些文件包括系统生成的临时文件、回收站内的文件和从 Internet 上下载的文件等。为此 Windows XP 提供了"磁盘清理"程序，专门用来清理无用的文件，回收硬盘空间。具体操作步骤如下：

(1)打开【开始】|【所有程序】|【附件】|【系统工具】|【磁盘清理】命令，弹出【选择驱动器】对话框，如图 2-57 所示。

(2)在【驱动器】下拉列表中选择需要进行磁盘清理的驱动器的磁盘驱动器，点击【确定】弹出如图 2-58 所示的【磁盘清理】对话框。

图 2-57　"选择驱动器"对话框

(3)选择需要清理的文件类型，点击【确定】进行清理操作。

2.5.3.3　磁盘碎片整理

一般来说，在一个新磁盘中保存文件时，系统会使用连续的磁盘区域保存文件内容。但是当用户修改文件内容时，由于删除内容所产生的空白区域可能放不下新增加的内容，所以系统只好将多出来的内容放到磁盘的其他区域中，当修改次数增多时，就会使文件的簇位置不连续，这样的磁盘空间称为磁盘碎片。

大量的磁盘碎片会降低系统读写的速度。因为当系统读取位置可能相隔很远的不同簇时，必然改变磁头的位置，而磁头移动属于机械动作，速度相对比较慢，这就严重地影响了系统的总体性能。除此之外，大量的磁盘碎片还有可能导致文件链接错误、程序运行出错等。为了保证系统的稳定和高效运行，用户需要定期对磁盘碎片进行整理。操作步骤如下：

(1)打开【开始】|【所有程序】|【附件】|【系统工具】|【磁盘碎片整理程序】命令，弹出【磁盘碎片整理程序】对话框，如图 2-59 所示。

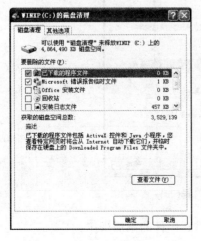

图 2-58　"磁盘清理"对话框

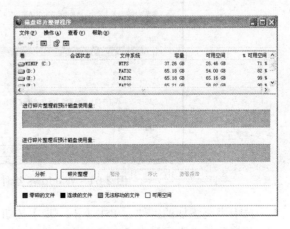

图 2-59　"磁盘碎片整理程序"对话框

(2)选择需要进行碎片整理的磁盘，点击【分析】按钮可对磁盘是否需要进行碎片整理进行分析，也可以直接点击【碎片整理】按钮进行碎片整理工作。

(3)整理完成后，会弹出如图 2-60 所示提示框，可直接点击关闭回到图 2-59 所示的【磁盘碎片整理程序】对话框，也可以点击【查看报告】按钮查看整理之后的结果。

图 2-60　　"磁盘碎片整理程序"提示框

(4)如需对其他磁盘进行碎片整理，可选择相应的磁盘重复(2)的操作。

2.6　Windows XP 的程序管理

用户在与计算机进行沟通的过程中，主要是使用 Windows XP 操作系统所提供和支持的程序来完成相应的任务，这就需要用户能够很好地去管理这些程序。例如，可以设置程序的桌面快捷方式，安排和组织【开始】菜单中的程序，重新组织【开始】菜单的结构；设置和创建工具栏，确定在系统启动时加载哪些程序，利用托盘区进行提示和管理等。

2.6.1　添加和删除应用程序及系统组件

2.6.1.1　添加／删除 Windows XP 组件

(1)在【控制面板】窗口中双击【添加或删除程序】图标，弹出【添加或删除程序】窗口，单击左侧的【添加/删除 Windows 组件】图标，弹出【Windows 组件向导】对话框，如图 2-61 所示。

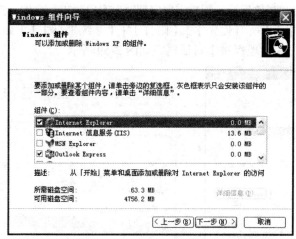

图 2-61　Windows 组件向导(一)

(2)选中需要添加的组件，单击【下一步】按钮进行组件的添加操作。

(3)组件添加结束后单击【完成】按钮即可。

删除组件与添加组件过程类似，只是取消选择删除的组件前的复选框即可。

下面以安装 Internet 信息服务(IIS)为例，来说明组件的安装过程：

(1)打开【开始】菜单，选择【控制面板】选项。

(2)双击【控制面板】中的【添加或删除程序】图标，单击【添加/删除 Windows 组件】按钮，出现如图 2-61 所示的【Windows 组件向导】对话框。

(3)选择【Internet 信息服务(IIS)】选项，单击【下一步】按钮，安装时需要一些系统文件，因此需要把安装光盘放入光驱中或者下载 IIS 5.0 组件来获得这些文件，获得过程如图 2-62 所示，点击【浏览】，将需要的文件添加进来，点击【确定】即可。

(4)添加完所需文件后，出现如图 2-63 所示的配置界面，配置完成后，点击【完成】按钮，Internet 信息服务(IIS)安装完成。

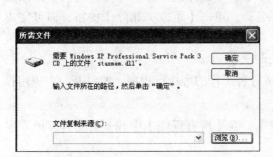

图 2-62 Windows 组件向导(二)

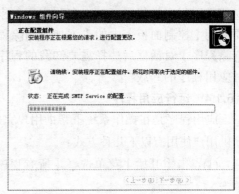

图 2-63 Windows 组件向导(三)

(5)添加完成后，可以在【管理工具】窗口查看到【Internet 信息服务快捷方式】，如图 2-64 所示。

图 2-64 Windows 组件向导(四)

2.6.1.2　添加应用程序

在【添加或删除程序】窗口中，单击左侧的【添加新程序】图标。在这个功能窗口中，用户可以从安装盘上安装应用程序或从微软更新网站上安装应用程序。

一般而言，添加应用程序时，直接在应用程序的所在位置执行安装程序即可，而这个组件的主要功能是自动查找光盘或软盘的安装程序，然后执行该程序。

2.6.1.3　卸载应用程序

程序在安装时不仅仅在硬盘安装目录下保留文件，还在系统文件夹、注册表中留下了相应的信息，所以在删除文件时不能仅仅把程序所在的目录删除，而是要删除所有相关的信息。这样就必须依靠反安装程序。一般而言，安装程序完成后会产生相应的卸载文件(即反安装程序)，当需要执行卸载操作时，只需要双击卸载文件，方法同安装应用程序类似。而对于有些应用程序，是没有提供相应的卸载文件的，这时就需要使用【控制面板】中的【添加或删除程序】来完成卸载任务。方法是进入【添加或删除程序】对话框后选择需要卸载的程序名称，单击【更改／删除】按钮，即可完成对应用程序的卸载。

2.6.1.4　运行应用程序

应用程序是在操作系统下帮助用户完成各种工作的可执行程序。要打开一个应用程序供用户使用有以下几种方式：

(1)点击【开始】菜单选择【所有程序】，在【所有程序】中找到需要打开的程序单击。

(2)如果该程序建立了桌面快捷方式，可双击桌面上的快捷方式来打开。

(3)如果在"快速启动栏"建立了"快速启动图标"，可单击快速启动栏中的相应图标来打开。

2.6.1.5　任务管理器

一般情况下，用户不会在 Windows XP 中遇到真正的死机情况，因为如果是某个程序出现问题，用户任何时候总能通过按【Ctrl】＋【Alt】＋【Del】组合键打开任务管理器，直接找到出现问题的程序，强行将其关闭。这样就能解决普通问题。因此，使用任务管理器进程程序的管理，也是实际使用过程中经常用到的一种方式。

打开任务管理器的方法是：右键点击"任务栏"，从弹出的快捷菜单中选择【任务管理器】命令，显示如图 2-65 所示的【Windows任务管理器】窗口。在此窗口中可以进行很多系统操作，也可以监视系统性能。

下面简单介绍各个选项卡。

(1)【应用程序】：此选项卡列出了当前正

图 2-65　"Windows 任务管理器"窗口

在执行的任务和状态。无响应的任务，可能就是造成系统不正常的任务。因此，可以选中该任务后单击窗口底部的【结束任务】按钮，将其强行关闭。

(2)【进程】：此选项卡列出了系统中正在运行的进程的映像，用户可以观察这些进程的变化，但是千万不要随意进行修改，否则可能造成系统无法正常运行。对于熟悉计算机运行的用户，可以通过查看这些进程的方式来关闭一些进程，达到提高系统运行速度的目的。

(3)【性能】：此选项卡以图形方式列出了各种系统指标，用户可以观察到自己计算机的 CPU、内存等的利用情况。

(4)【联网】：对于处于网络中的用户，此选项卡中显示了一系列的网络连接信息。

(5)【用户】：此选项卡显示了当前各个用户的有关情况。

2.6.2　Windows XP 的附件程序

Windows XP 中包含了很多附件应用程序，应用范围包括方方面面。虽然附件中的程序没有专业应用程序功能强大，但由于它使用起来较为方便，占用的内存和硬盘空间都比较小，可以节约大量的系统资源，因此比较适合于处理简单的日常工作。附件程序的打开方式都是一致的，单击【开始】|【所有程序】|【附件】，再选择相应的附件程序即可。以下介绍几种常用的附件程序。

2.6.2.1　写字板和记事本

写字板和记事本都是 Windows XP 提供的文字编辑软件，虽然它们在功能上没有 Word 或 WPS 等专业文字处理软件强大，但是使用简单、方便，对于一般的文字录入工作，其使用起来是非常简便快捷的。

1. 写字板

写字板提供了简单的文字编辑功能，是 Word 的雏形，能够编辑较大的文本，如图 2-66 所示。可以通过写字板录入一些文字，并对这些文字进行简单的排版。

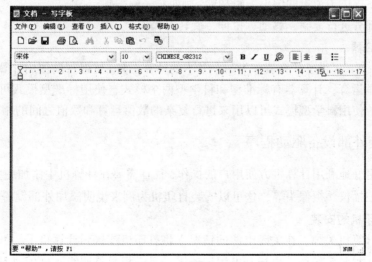

图 2-66　写字板程序

(1)通过"字体"选择列表，可以对文字的字体进行设置；

(2)通过"字体大小"选择列表，可以对文字的大小进行设置；

(3)通过"字体脚本"选择列表，可以对输入的字符集进行设置；

(4)使用写字板还可以对输入的文字进行加粗显示、倾斜显示、给文字加下划线、对文字的颜色进行设置；

(5)设置文本的对齐方式，进行"添加项目编号"等操作。

2. 记事本

记事本主要用来编辑小型文本，功能比写字板少得多，由标题栏、菜单栏、编辑区、状态栏组成，操作类似于写字板。

2.6.2.2　画图

画图程序是一个简单的绘画作图程序，由标题栏、菜单栏、工具箱、工具样式、颜料盒、状态栏组成，如图 2-67 所示。

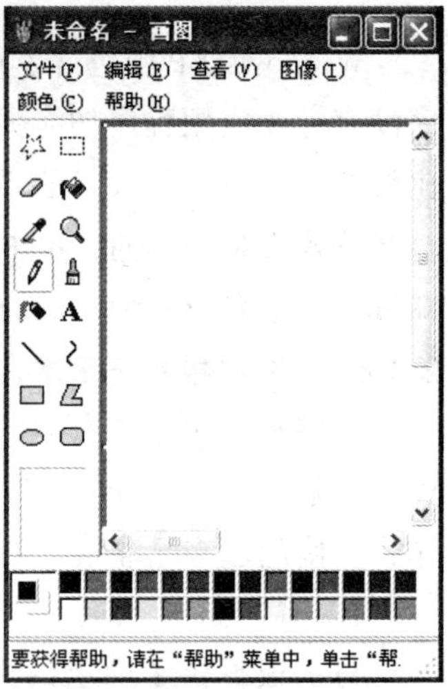

画图程序主要提供了如下两个功能。

1. 画图功能

单击【文件】|【新建】，创建新文档；单击【图像】|【属性】，确定画布的大小和颜色；使用鼠标左键单击选择颜料盒中某一个颜色作为画笔的颜色，鼠标右键单击选择颜料盒中某一个颜色作为画布的颜色；根据需要在工具箱里单击鼠标左键选取画图工具，移动鼠标至绘图区，按住鼠标左键开始画图；画图完成后，选择【文件】|【保存】可以将画好的图进行保存，保存时默认图片的扩展名为.bmp，文件扩展名可以在保存时进行选择。

图 2-67　画图程序

2. 图形编辑功能

画图程序提供了简单的图形编辑功能，例如对一幅图画或图画的一部分进行复制、移动、拉伸、旋转等操作。

2.6.2.3　计算器

Windows XP 提供了计算器作为一个基本的计算工具，可以帮助使用计算机的用户进行简单的数学运算，计算器有标准型和科学型两个模式，使用标准型模式可以进行普通的数学运算，使用科学型模式可以用来进行复杂的数值运算和数值之间的相互转换。

2.6.3　安装外部设备驱动程序

为了能更好地利用计算机方便用户的操作，往往需要在计算机中添加一些新的设备，如打印机、扫描仪、摄像头等，这里以安装打印机为例来说明添加外部设备的过程。

2.6.3.1　打印机的安装

首先把计算机关掉，在关闭电源的情况下将打印机连接到计算机上。一般打印机都有两根线，一根是电源线，要插到电源插座上；另一根是打印线，这根要与计算机相连的线，插在计算机后面相应的插孔中。

连接完成后，打印机仍不能执行打印操作，还需要在计算机中安装打印机的驱动程序，具体操作如下：

(1)打开计算机，从【开始】菜单中，选择【打印机和传真】项，打开【打印机和传真】窗口，如图 2-68 所示。

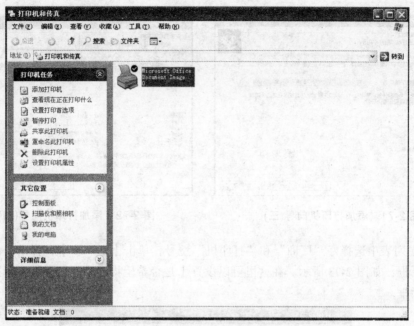

图 2-68　"打印机和传真"窗口

(2)单击左侧栏中的【添加打印机】项，弹出【添加打印机向导】对话框，如图 2-69 所示。在该对话框中提示了用户应注意的事项。

(3)单击【下一步】，打开如图 2-70 所示的【本地或网络打印机】对话框，在该对话框中选择【连接到此计算机的本地打印机】。

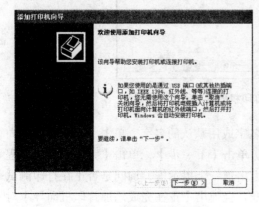

图 2-69　添加打印机向导(一)

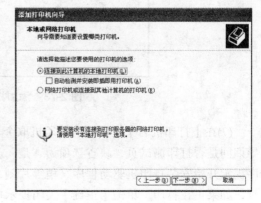

图 2-70　添加打印机向导(二)

(4)单击【下一步】，打开【选择打印机端口】对话框，在【使用以下端口】栏中选择【LPT1】，如图 2-71 所示。

(5)单击【下一步】，将弹出【安装打印机软件】对话框，在此对话框中选择连接到计算机上的打印机型号。如果列表中没有该打印机型号，那么需要将随打印机附带的驱动光盘放到光驱中，单击从磁盘安装，如图 2-72 所示。

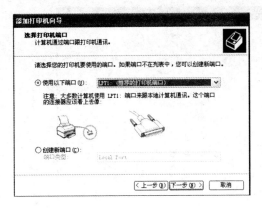

图 2-71　添加打印机向导(三)　　　　图 2-72　添加打印机向导(四)

(6)在列表中选择好"厂商"和"打印机"型号，单击【下一步】，弹出【命名打印机】对话框，如图 2-73 所示。在这里可以设置【是否希望将这台打印机设置为默认打印机】对话框。

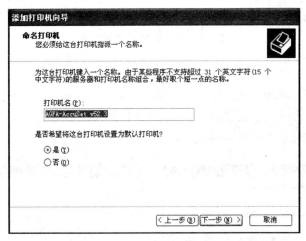

图 2-73　添加打印机向导(五)

(7)在【打印机名】栏中，为打印机取个名字或用默认的名字。单击【下一步】，向导询问是否打印测试页，缺省选项为"是"。单击【下一步】，单击【完成】。向导程序提示开始安装打印机驱动程序，稍等片刻，出现一个提示框，询问是否正在打印测试页，如果正在打印，单击【正确】关闭提示框，会弹出【正在完成添加打印机向导】对话框。

(8)单击【完成】，就完成了打印机的安装工作。此时在【打印机和传真】窗口中就添加了打印机图标。

2.6.3.2　打印机的使用

打印机连接完成后，使用方法很简单。打开要打印的文件，单击工具栏上的【打印】图标或在【文件】菜单中选择【打印】命令就可以完成打印任务。

习题 2

1. 填空

(1)在 Windows XP 中，为了弹出【显示属性】对话框，应该右击桌面空白处，然后在弹出的快捷菜单中选择＿＿＿＿＿＿＿＿项。

(2)在 Windows XP 默认环境中，要改变"屏幕保护程序"的设置，应首先双击＿＿＿＿＿＿窗口中的"显示"工具项。

(3)在 Windows XP 的【回收站】窗口中，要想恢复选定的文件或文件夹，可以使用【文件】菜单中的＿＿＿＿＿＿＿命令。

(4)在 Windows XP 中，选定多个不相邻文件的操作是：单击第一个文件，然后按住＿＿＿＿＿＿＿＿＿＿键的同时，单击其他待选定的文件。

(5)在 Windows XP 中，若要删除选定的文件，可直接按＿＿＿＿＿＿＿键。

(6)用 Windows XP 的"记事本"所创建文件的默认扩展名是＿＿＿＿＿＿＿。

(7)在 Windows XP 中按下【Ctrl】+【Alt】+【Del】键，将＿＿＿＿＿＿＿。

(8)中文输入法之间循环切换的快捷键是＿＿＿＿＿＿＿。

(9)Windows XP 为每一个用户建立用户配置文件，保存用户数据、应用程序等各种资料，只有＿＿＿＿＿＿＿或者具有管理权的用户才可以浏览这些资料。

(10)左下角带有一个小箭头的图标是指向实际对象的＿＿＿＿＿＿＿。

2. 选择

(1)Windows XP 属于＿＿＿＿＿＿。

A.系统软件　　　　　B.管理软件　　　　　C.数据库软件　　　　D.应用软件

(2)在 Windows XP 中，操作具有＿＿＿＿＿＿特点。

A.先选择操作命令，再选择操作对象　　　B.先选择操作对象，再选择操作命令

C.需同时选择操作命令和操作对象　　　　D.允许用户任意选择

(3)鼠标的拖动操作不可用来＿＿＿＿＿＿。

A.移动或复制选中的对象　　　　　　　　B.删除文件

C.调整窗口大小尺寸　　　　　　　　　　D.打开或关闭一个窗口

(4)当文件属于＿＿＿＿＿＿属性时，通常情况下是无法显示的。

A.只读　　　　　　　B.隐藏　　　　　　　C.存档　　　　　　　D.常规

(5)卸载软件时，应该＿＿＿＿＿＿。

A.直接删除　　　　　　　　　　　　　　B.使用【添加或删除程序】

C.将软件放入回收站　　　　　　　　　　D.以上说法都不正确

(6)双击一个窗口的标题栏，可以使窗口＿＿＿＿＿＿。

A.最大化　　　　　　B.最小化　　　　　　C.关闭　　　　　　　D.还原或最大化

(7)在文件夹窗口中查看文件，可以选择的方式有＿＿＿＿＿＿。

A.缩略图　　　　　　　　　　　　　B.列表、详细信息

C.缩略图、图标、详细信息　　　　　D.缩略图、平铺、图标、列表、详细信息

(8)如果用户想看看各种文件的扩展名，应该打开＿＿＿＿＿＿＿对话框进行设置。

A.自定义文件夹　　B.文件夹选项　　C.选择详细信息　　D.自定义工具栏

(9)在 Windows XP 的菜单中，命令右边的括号里有带下划线的字母表示＿＿＿＿＿＿。

A.该命令的快捷操作　　　　　　B.该命令正在起作用

C.该命令当前不可选择　　　　　D.打开菜单后选择该命令的快捷键

(10)当屏幕上显示多个窗口时，可以通过窗口＿＿＿＿＿栏的颜色来判断谁是当前窗口。

A.菜单　　　　　　B.状态　　　　　　C.标题　　　　　　D.符号

3．简答

(1)直接切断电源，关闭 Windows XP 的方法对吗？为什么？

(2)中文 Windows XP 的桌面由哪些部分组成？

(3)如何定制桌面？

(4)请列举两种在不同的应用程序间切换的方法。

(5)请列举出两种退出 Windows XP 的方法。

4．实际操作

(1)为计算机创建名为"user"的新用户，初始密码设为"123456"，并让用户在下一次登录 Windows 系统时更改密码。

(2)打开"我的电脑"窗口并进行下述操作：

①改变文件和文件夹图标的显示方式；

②按不同方法排列文件和文件夹；

③在 E 盘新建文件夹，起名为"测试"；

④把一个文件从 D 盘复制到 E 盘"测试"文件夹；

⑤删除"测试"文件夹，然后把它从回收站中还原。

(3)试从 C 盘中查找出扩展名为".exe"的所有文件。

(4)下载"千千静听"软件，将该软件存放在 E 盘"测试"文件夹中，然后将该软件安装在自己的电脑上，要求：

①创建"千千静听"的桌面快捷方式(安装过程中可能自动创建了桌面快捷方式，可删除后再重新建立)；

②卸载"千千静听"软件，可选择自带的卸载程序进行卸载，这里建议使用【添加或删除程序】的方式进行删除操作。

(5)对自己的系统盘进行整理，要求：

①进行一次磁盘清理；

②进行一次碎片整理。

第 3 章　文字处理软件 Word 2003

　　Word 2003 是美国 Microsoft 公司推出的文字处理软件，是 Office 2003 办公自动化套件中最常用的软件之一。它提供的多种字样和表格，均能在显示屏上精确地显示和打印出来，即通常所说的"所见即所得"。另外，它还能将文字、图片等信息进行混合编排，真正实现了"图文并茂"。因此，它适合众多普通用户、办公室人员和专业排版人员使用。

3.1　Word 2003 基础知识

3.1.1　Word 2003 的启动

　　Word 2003 的启动方法，如图 3-1 所示。

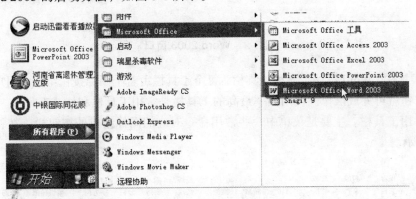

图 3-1　启动方法

　　单击【开始】按钮，将鼠标指向【所有程序】，然后指向弹出子菜单中的【Microsoft Office】，在弹出的子菜单中单击【Microsoft Office Word 2003】，即可以启动文字处理软件 Word 2003。

3.1.2　Word 2003 的窗口组成

　　Word 2003 启动后，就会出现 Word 2003 的工作窗口，如图 3-2 所示。

　　Word 2003 的窗口主要由以下几个部分组成：

　　(1)标题栏。Word 应用程序主窗口标题名为【Microsoft Word】，文档窗口标题名为【文档 1】。【文档 1】为自动赋予的一个新文档的名称。

　　(2)菜单栏。菜单栏包含 9 个下拉式菜单，即【文件】、【编辑】、【视图】、【插入】、【格式】、【工具】、【表格】、【窗口】和【帮助】。菜单中各选项为 Word 提供各种功能，每个菜单中包含若干命令，并且部分常用命令前面有小图标，这些小图标和工具栏中的图标有对应关系。Word 2003 的菜单具有折叠功能，可以单击下拉菜单下的 ⌄ 打开整个菜单。

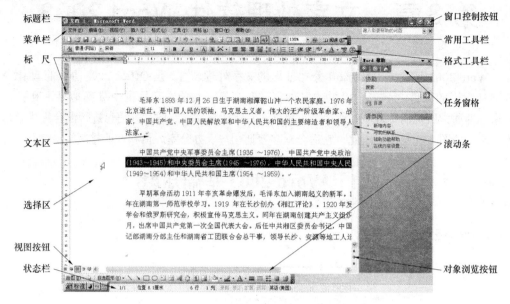

图 3-2　Word 2003 窗口

(3)工具栏。Word 设计了多种工具栏，每个工具栏由若干图标按钮组成，用户只需单击图标按钮就可完成操作。使用频率最高的工具栏是常用工具栏和格式工具栏。

①常用工具栏。主要是菜单中一些常用命令对应的图标组成的按钮栏。按钮组成如图 3-3 所示。

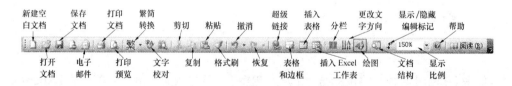

图 3-3　常用工具栏

②格式工具栏。主要由【格式】中的一些命令对应按钮组成，如图 3-4 所示。

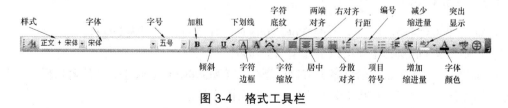

图 3-4　格式工具栏

(4)标尺。标尺分为水平标尺和垂直标尺，标尺的度量单位是一个汉字。它首先是显示当前页面的尺寸，同时在段落设置、制表等方面也发挥着作用。

(5)文本区。文本区是用户输入、编辑、格式化、查看文本数据的区域。屏幕上的一条闪烁竖线"|"是文本中的插入点，其所在位置表明字符或对象可在此处插入。在很多操作中都要用到定位插入点，定位插入点最简单的方法是单击鼠标左键。

(6)选择区。位于文本区的左侧，主要用于行、段的选择操作。鼠标在选择区的形状是斜右上箭头"⌐"。

(7)状态栏。在窗口的底行，显示当前系统的某些状态，如当前的页号、行号等。

3.1.3　Word 2003 的退出

Word 2003 操作结束后，要退出 Word 2003 文字处理系统，其方法有两种：一是单击标题栏中的关闭按钮⊠，二是使用【文件】|【退出】命令。

3.2　文档基本操作

3.2.1　创建文档

创建文档的具体操作步骤如下：

(1)单击【文件】，打开【文件】下拉菜单。

(2)单击【新建】命令，就会在任务窗格中打开如图 3-5 所示的【新建文档】窗格。

(3)在【新建文档】窗格中单击一种模板，即可建立 Word 文档。

一般情况下，单击【空白文档】创建一个空白的 Word 文档，然后进行文本的输入。

还可以通过单击常用工具栏中的新建空白文档按钮▯，来创建新文档。通过这种方法创建文档不弹出【新建文档】窗格。

图 3-5　创建文档

3.2.2　保存文档

保存文档的具体操作步骤如下：

(1)单击【文件】，打开【文件】菜单。

(2)单击【保存】命令，对于新建文档，将打开如图 3-6 所示的【另存为】对话框。

(3)确定文件保存的路径和文件名，单击【确定】按钮，则完成了文档的保存。

还可以单击常用工具栏中的保存按钮▣，进行保存。对于已保存过的文档，再次保存时将不弹出【另存为】对话框。

3.2.3　打开文档

3.2.3.1　打开单个文档

打开单个文档的具体操作步骤如下：

(1)单击【文件】，打开【文件】下拉菜单。

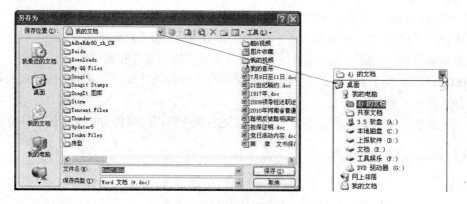

图 3-6　"另存为"对话框

(2)单击【打开】命令，打开如图 3-7 所示的【打开】对话框。

(3)确定打开文档的路径和文件名，单击【确定】按钮，完成打开文档的操作。

也可以单击常用工具栏中的打开按钮 📂，来打开文档。

图 3-7　"打开"对话框

3.2.3.2　同时打开多个文档

因为 Word 2003 支持多文档编辑，所以我们可以同时打开多个文档。其操作方法是：

(1)前面步骤和打开单个文档的(1)、(2)步相同，打开【打开】对话框。

(2)按住【Ctrl】键不松开，然后单击要同时打开的文档名。被选中的文档名变蓝。

(3)单击【打开】按钮，所选的文档就会同时打开。

几个文档同时打开后，最后打开的那个文档呈现在屏幕上，称为被激活的当前文档，而其他文档则处于后台。但所有已打开的文档都有一个小图标放在屏幕底部的任务栏内，可以很方便地单击某个文档的图标，使之被激活，变成当前文档。另外单击【窗口】菜单，弹出被打开的文档名称列表，被激活的文档名称前有一个 ✓。如想激活某文档，单击该文档即可。

3.2.4　退出文档

退出 Word 的常用方法有以下几种：

(1)选择【文件】菜单下的【关闭】命令。

(2)单击窗口标题栏右侧【关闭】按钮▣。

(3)选择【文件】菜单下的【退出】命令。

(4)按快捷键【Alt】+【F4】。

(5)双击窗口的控制菜单图标▣。

(6)右击任务栏中的▣图标，在弹出的菜单中单击【关闭】命令。

若文档经修改后未曾保存，在退出文档时，Word 会弹出一个提示信息，询问在退出文档之前是否保存对文档的修改，【是】保存，【否】不保存，【取消】则取消关闭窗口。

3.3　编辑文本

3.3.1　输入文本

3.3.1.1　插入字符

插入字符的操作十分简单，只需将插入点定位于需要插入字符的位置，输入文字即可。

3.3.1.2　删除文本

(1)将插入点定位于待删除的字符之前，按键盘上的【Delete】键(亦称删除键)即可删除该字符。

(2)将插入点定位于待删除的字符之后，按键盘上的【Backspace】键(亦称退格键)即可删除该字符。

(3)选择要删除的文本，按键盘上的【Delete】键即可删除所选择的文本。

3.3.1.3　拆分段落

当需要将一个段落拆分为两个段落时，只需将插入点定位于分段处，按【回车】键即可。

3.3.1.4　合并段落

当需要将两个段落合并成一个段落时，实际上就是删除指定处段落标记↵。可以将插入点定位于前一段落末尾的段落标记↵前，按键盘上的【Delete】键即可合并段落。

3.3.2　选定文本

对文本进行编辑首先必须选定要编辑的对象，这些对象可以是一个字符、一行文字、某一段落或整篇文章等。选定操作对象也称定义块，被选定的块变成黑底白字，称为反白。

3.3.2.1　选定一行

鼠标定位于选择区中需要选择的行之前，指针变为箭头时，单击左键。如图 3-8 所示。

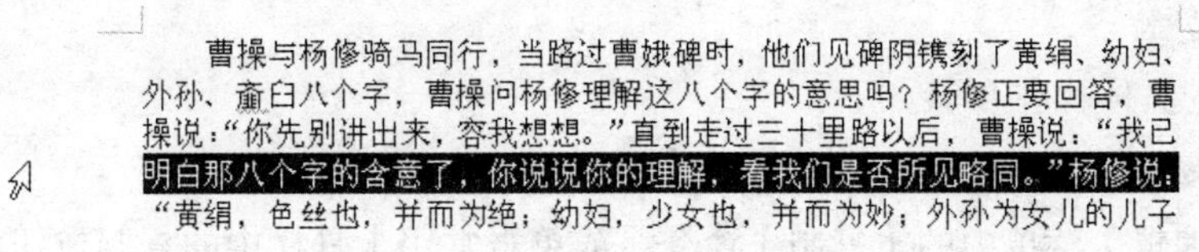

　　　曹操与杨修骑马同行，当路过曹娥碑时，他们见碑阴镌刻了黄绢、幼妇、外孙、齑臼八个字，曹操问杨修理解这八个字的意思吗？杨修正要回答，曹操说：“你先别讲出来，容我想想。”直到走过三十里路以后，曹操说：“我已明白那八个字的含意了，你说说你的理解，看我们是否所见略同。”杨修说：“黄绢，色丝也，并而为绝；幼妇，少女也，并而为妙；外孙为女儿的儿子

图 3-8　选定文本

3.3.2.2　选定多行

在某一行的左侧按住鼠标左键，向下或向上拖动，便可选取多行文本。

3.3.2.3　选定一句

按下【Ctrl】键，然后单击该句中的任何位置。

3.3.2.4　选定一段

鼠标定位于选择区中需要选择的段中任一行之前，指针变为箭头⤴时，双击左键。

3.3.2.5　选定多段

鼠标定位于选择区中，指针变为箭头⤴时，双击左键，并向上或向下拖动鼠标。

3.3.2.6　选定整个文档

选定整个文档的方法有以下几种：

(1)鼠标定位于要选择的文本任一行之前，连续单击左键三次。

(2)单击【编辑】菜单中的【全选】命令。

(3)按快捷键【Alt】+【A】。

3.3.2.7　选定一大块文本

单击要选定内容的起始处，然后利用鼠标滚轮(或拖动垂直滚动条)滚动到要选定内容的结尾处，按下【Shift】键，同时单击鼠标左键。

3.3.2.8　不连续文本

选定一段文本后，按下【Ctrl】键，再选择其他文本。

3.3.2.9　垂直文本

先按下【Alt】键，然后按下并拖动鼠标选取即可。

3.3.2.10　扩展选定

使用这种方法可以方便准确地选定任意长度的文本。单击希望选定文本的开始处，双击状态栏上的【扩展】图标，再单击希望选定文本的末尾处，就可以选定之间的文本了。如果想要关闭扩展选定，再次双击【扩展】图标即可。

单击文档编辑区中任一位置或按键盘上任一方向键即可取消选定的文本。

3.3.3　复制和移动文本

如果要将文本中某些内容复制或移动到该文本的另一处，或者将文本中某些内容复制或移动到另一文件的某处，则需利用 Word 2003 的剪切板功能。其原理是：通过复制或移动功能将选定的文本放到剪切板上，选定插入点后，通过粘贴功能将其从剪切板取出来，放在插入点位置。复制或移动到剪切板上的内容可以粘贴多次。

3.3.3.1　复制文本

复制文本的具体操作步骤如下：

(1)选定要复制的文本。

(2)执行【编辑】菜单中的【复制】命令，或单击常用工具栏中的复制按钮▣，或使用键盘上的【Ctrl】+【C】，将选定的文本复制到剪切板。

(3)将插入点定位于目标位置。

(4)执行【编辑】菜单中的【粘贴】命令，或单击常用工具栏中的粘贴按钮，或使用键盘上的【Ctrl】+【V】，将剪切板中的内容复制到插入点处，如图 3-9 所示。

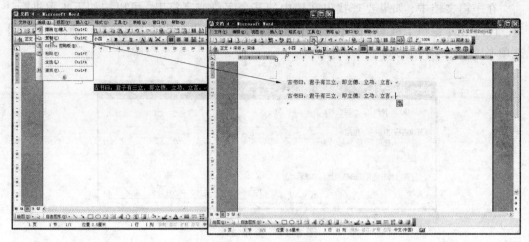

图 3-9　复制和粘贴文本

3.3.3.2　移动文本

移动文本的具体操作步骤如下：

(1)选定要移动的文本。

(2)执行【编辑】菜单中的【剪切】命令，或单击常用工具栏中的剪切按钮，或使用键盘上的【Ctrl】+【X】，将选定的文本剪切到剪切板中。

(3)将插入点定位于目标位置。

(4)执行【编辑】菜单中的【粘贴】命令，或单击常用工具栏中的粘贴按钮，或使用键盘上的【Ctrl】+【V】，将剪切板中的内容移动到插入点处，如图 3-10 所示。

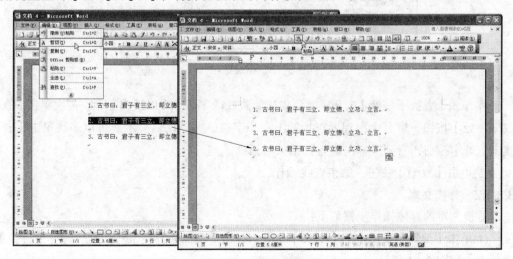

图 3-10　剪切和粘贴文本

3.3.4　查找和替换文本

3.3.4.1　查找操作

在一篇文档中，如果要查找出文档中的某个字符或字符串，可以按如下步骤进行：

(1)单击【编辑】菜单中的【查找】命令，弹出【查找和替换】对话框，选择【查找】选项卡，如图 3-11 所示。

图 3-11　查找文本

(2)在【查找内容】文本框中填写要查找的内容，如输入"电脑"。

(3)单击【高级】按钮，打开【搜索范围】下拉列表框并选择适当的选项，有向上(从插入点向上查找)、向下(从插入点向下查找)、全部(对整个文档搜索)三个选项，如图 3-12 所示。

单击【常规】按钮，返回如图 3-11 所示常规模式。

图 3-12　高级选项

(4)单击【查找下一处】按钮，屏幕出现要查找的字符，并以反白显示。再次单击【查找下一处】按钮，屏幕会出现要查找的下一个字符，并以反白显示。可以多次单击【查找下一处】按钮，直到屏幕出现查找结束对话框。

(5)单击【取消】按钮，结束查找操作。

3.3.4.2　替换文本

替换文本的具体操作步骤如下：

(1)单击【编辑】菜单中的【查找】命令，弹出【查找和替换】对话框，选择【替换】选项卡，如图 3-13 所示。

图 3-13　替换文本

(2)在【查找内容】和【替换为】文本框中分别输入要查找和替换的内容，如图 3-13 中输入的内容。

(3)单击【替换】按钮，完成替换操作。

(4)如果有多处需要替换，则单击【全部替换】按钮，Word 会搜索整个文档中需要替换的文本，并全部替换。替换结束后，会弹出消息框，告诉你共替换了多少处。

3.3.5　文档视图

文档视图是 Word 2003 编辑状态的显示方式。在 Word 2003 中，最常用的视图方式有普通视图、页面视图、大纲视图和文档结构视图四种。

3.3.5.1　普通视图

普通视图是一般的文档编辑状态，不涉及诸如页眉、页脚和页边距等格式，可扩大文档编辑的区域。其调用方法有三：

(1)单击【视图】菜单中的【普通】命令。

(2)单击编辑水平滚动条左边的 ≡| 按钮。

(3)使用键盘快捷键【Ctrl】+【Alt】+【N】。

3.3.5.2　页面视图

页面视图基本仿真文档打印效果，所有定义的文档格式化都能呈现出来，是"所见即所得"的视图方式，也是 Word 文档的默认视图方式。其调用方法有三：

(1)单击【视图】菜单中的【页面】命令。

(2)单击编辑水平滚动条左边的 回 按钮。

(3)使用键盘快捷键【Ctrl】+【Alt】+【P】。

3.3.5.3　大纲视图

大纲视图可以分级显示文档内容，并且可以通过提升 ⬅、降低 ➡ 和降为正文字 ➡ 等按钮进行文档级别的调整。适合编排有多级标题的文档。其调用方法有三：

(1)单击【视图】菜单中的【大纲】命令。

(2)单击编辑水平滚动条左边的 ☰ 按钮。

(3)使用键盘快捷键【Ctrl】+【Alt】+【O】。

3.3.5.4　文档结构视图

文档结构视图显示文档中的章节标题等结构，可以进行文档结构的调整与编辑。其调用方法是：单击【视图】菜单中的【文档结构图】。其窗口如图 3-14 所示。左边为文档结构，右边为正文区，点击左栏内文档结构中的标题，就可在右栏内快速找到相应文本。

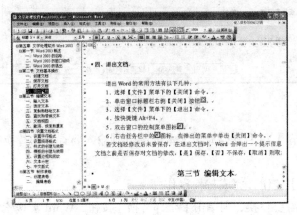

图 3-14　文档结构视图

取消文档结构视图的方法是：再次单击【视图】菜单中的【文档结构图】。

3.3.5.5　改变文档显示比例

在 Word 中可以改变文档的显示比例，就是对显示区域进行放大或缩小，从而适应不同的排版和编辑需求。单击常用工具栏右侧 100% 中的下拉按钮，从打开列表中，选择相应的显示比例即可改变。

除了下拉列表中的选项，还可以在 130% 框中直接输入显示比例，例如"130"，输入后按【Enter】键确定，即可显示调整后的效果。

3.3.5.6　工具栏的调出和隐藏

Word 中一般默认显示有常用工具栏和格式工具栏两个工具栏。但在使用过程中，会出现工具栏丢失现象。实际上，这些工具栏是可以显示，也可以隐藏的。具体操作如下：

(1)单击【视图】菜单，指向【工具栏】命令，就会弹出子菜单。

(2)在弹出的子菜单上，可以发现很多工具栏类型，有的类型前有✓，大多数没有。有✓的，表示该项工具栏处于被调用状态，我们可在 Word 窗口中找到该工具栏。我们可以通过单击相应的工具栏类型，来调出和隐藏工具栏。

(3)当某工具栏类型前有✓时，单击该项，✓消失，即可隐藏该工具栏；相反，某项前面没有✓时，单击该项，✓出现，即可调出工具栏到窗口中。

3.3.6　撤消、恢复和重复

在编辑操作过程中，往往会出现一些错误的操作或者对某个对象进行操作之后又觉得不合适，此时，可以使用 Word 2003 提供的错误操作处理功能，它可撤消掉这些操作，使文档恢复到原来的状态。

3.3.6.1　撤消

Word 2003 可以记录几百步的历史操作步骤。当文档编辑过程中发生了某种错误操作，如不必要的删除、复制和移动等，可以使用【撤消】功能来放弃某种错误操作。撤消上一个操作的方法有三种：

(1)单击常用工具栏里的 按钮。

(2)单击【编辑】菜单中的【撤消】命令。

(3)使用键盘快捷键【Ctrl】+【Z】。

3.3.6.2　恢复

撤消原操作后如觉得这些操作没必要撤消掉，那么可以恢复已撤消掉的操作。恢复已撤消掉的操作的方法有三种：

(1)单击常用工具栏里的 按钮。

(2)单击【编辑】菜单中的【恢复】命令。

(3)使用键盘快捷键【Ctrl】+【Y】。

3.3.6.3　重复

当常用工具栏里只有撤消按钮 ，恢复按钮成为无法恢复按钮 (灰色)时，可以使用重复命令重复上一项操作。其方法是单击【编辑】菜单中的【重复】命令(也可以直接按【Ctrl】+【Y】进行重复)。 如果不能重复上一项操作，【重复】命令将变为【无法重复】。

3.4　设置文档格式

3.4.1　设置字符格式

字符格式也称字符属性，是指一个字符的字体、大小、颜色、是否加粗等。Word 2003为用户设置有一个默认值：全体字符都设为宋体五号。然而，一篇文章的标题、正文的字符格式一般是不相同的，所以用户要根据自己的需要来设置文字格式。

设置字符格式一般采用"先输入后设置"的方式，即文本全部输入后再进行字符格式的设置。这主要适用于正文内容比较多的大篇幅文章，这种文章在设置格式时可以先全选，把它设置成统一格式，然后对少数不同格式的文本进行设置。

3.4.1.1　设置字体

(1)使用格式工具栏 正文 + 宋体 · 宋体　　　　·五号 · B I U · A A ❖ ·进行字符设置。具体操作如下：

选定要操作的文字，单击格式工具栏中的 宋体 和 五号 按钮右边的下拉按钮 ·进行字体和字号的设置，还可通过单击工具栏中的 B I U · A A ❖ ·按钮进行加粗、倾斜等设置。

(2)使用【格式】菜单中的【字体】命令进行字符设置。具体操作如下：

选定要操作的文字，单击【格式】菜单中的【字体】命令，会弹出【字体】对话框。如图 3-15 所示。

选择【字体】选项卡可以对字符格式包括字体、字形、字号、字体颜色、下划线、着重号、效果等进行设置。设置的结果会在【预览】框中显示。

3.4.1.2 设置字符间距

如果用户对系统默认的字符间的距离不满意，可以自己进行设置，调整字符间距的具体操作步骤如下：

(1)选定要改变字符间距的文本。

(2)选择【格式】菜单中的【字体】命令，弹出如图 3-15 所示的对话框。

(3)单击【字符间距】选项卡，如图 3-16 所示。

图 3-15　字符格式设置

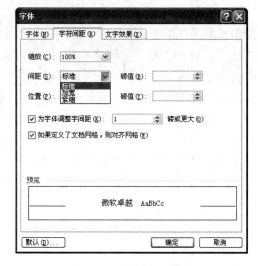

图 3-16　字符间距设置

(4)在【间距】下拉列表中可以选择【标准】、【加宽】和【紧缩】，如选【加宽】和【紧缩】，要在右面输入相应磅值，表示需调整的间距。

(5)在【位置】下拉列表中可以选择【标准】、【提升】和【降低】，如图 3-17 所示。如选【提升】和【降低】，要在右面输入相应磅值。

图 3-17　位置设置

3.4.1.3 设置文字效果

在文本中可以添加文字的动态效果，以增加视觉上的美感，但这些效果是不会通过打印机输出的。其具体操作如下：

(1)选定要设置文字效果的文本。

(2)选择【格式】菜单下的【字体】命令，弹出如图 3-15 所示的对话框。

(3)单击【文字效果】选项卡。

(4)在【动态效果】框(如图 3-18 所示)中选择效果，并可在【预览】框中显示。

图 3-18　文字效果

3.4.1.4 设置上、下标

在文字处理过程中，经常会输入上下标，如：H_2SO_4、M^2 等。按【Ctrl】+【Shift】+【=】组合键设置上标；按【Ctrl】+【=】组合键设置下标，再次按该组合键可恢复到正常状态。

如果使用比较多，还可以在工具栏添加上、下标按钮。单击【视图】菜单指向【工

具栏】，在子菜单上单击【自定义】命令，打开
【自定义】对话框，如图 3-19 所示，将 x_2 和 x^2
拖至工具栏中即可。单击 x_2 或 x^2 按钮，可输入上、
下标字符，再次单击可恢复到正常输入状态。

图 3-19　"自定义"对话框

3.4.2　设置段落格式

在文档中，凡是以段落标记 ↵ 为结尾的一段
内容就为一个段落。如果文本区没有显示 ↵ ，则
可以单击常用工具栏中的显示/隐藏编辑标记按
钮 ✱ 来调出。段落标记由回车产生。

段落格式化是指改变段落的文字对齐方
式、文本缩进、行距等。段落格式化的具体操
作步骤如下：

(1)选定要设置的段落。

(2)单击【格式】菜单中的【段落】命令，会弹出【段落】对话框，如图 3-20 所示。

(3)选择【缩进和间距】选项卡，可以对段落进行缩进、间距和对齐方式等格式设置。

缩进包括段落的首行缩进、整个段落的左右缩进和悬挂缩进。段落的首行缩进是各
类排版中都必须使用的；对整个段落进行左右缩进只在某些书籍中出现，用于强调某段
内容。使用整个段落左右缩进要在 ⌗0 字符⌗ 中输入缩进的程度。悬挂缩进常用于带有序
列号或项目编号的段落中。

间距包括行间距和段间距。行间距可以调整段中行与行之间的距离，有单倍行距等 6
种设置，如图 3-20 所示。段间距主要调整段与段之间的距离，在【段前】、【段后】框
中输入数值，可以调整段前和段后的间距。

Word 中有 5 种对齐方式，如图 3-20 所示。

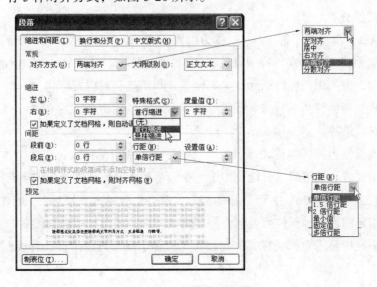

图 3-20　段落格式设置

　　左对齐：使选定的段落与左边界标记对齐。

　　居中：使选定的段落内容处在左边界和右边界的中间位置。

　　右对齐：使选定的段落与右边界标记对齐。

　　两端对齐：将所选定段落的各行的左右两边同时对齐。这是 Word 中的默认对齐方式。

　　分散对齐：通过调整空格，使所选段落或单元格文本的字符间距等宽。即使一个段落的最后一行只有几个字符，也要和上面文字的行宽相同。

　　还可以使用格式工具栏的对齐按钮 ▤▤▤▤ 来完成相应操作。

　　(4)设置结束后，单击【确定】按钮，完成段落的格式设置。

3.4.3　样式的创建与使用

　　样式是指一组已经命名的字符和段落格式。它规定了文档中标题、题注以及正文等各个文本元素的格式。用户可以将一种样式应用于某个段落，或者段落中选定的字符上。所选定的段落或字符便具有这种样式定义的格式。

　　在编排一篇长文档或是一本书时，需要对许多的文字和段落进行相同的排版工作。如果只是利用字体格式编排和段落格式编排功能，不但浪费时间，更重要的是，很难使文档格式一直保持一致。使用样式能减少许多重复的操作，在短时间内排出高质量的文档。

　　使用样式的优越性主要体现在以下几个方面：

　　(1)为文档中各段落模式的统一提供了方便。

　　(2)使得对文档格式的修改更为容易。无论何时，只要修改样式的格式，就可以一次修改文档中具有相同样式的所有段落格式。

　　(3)使用简单。只要从列表中选定一个新样式，即可完成对选中段落的格式编排。

3.4.3.1　样式的分类

　　Word 2003 本身自带了许多样式，称为内置样式。但有时这些样式不能满足用户的需要，这时可以创建新的样式，称为自定义样式。内置样式和自定义样式在使用和修改时没有任何区别，但是用户可以删除自定义样式，却不能删除内置样式。

　　字符样式是指由样式名称来标识的字符格式的组合，它提供字符的字体、字号、字符间距和特殊效果等。字符样式仅用于段落中选定的字符。

　　段落样式是指由样式名称来标识的一套字符格式和段落格式，包括字体、制表位、边框、段落格式等。段落样式只能作用于整个段落而不是段落中选定的字符。

　　单击格式工具栏中 ▣₄▦　4 字符 ▾ 下拉列表，就会打开样式下拉列表。创建文档时，如果没有使用指定的模板，下拉列表就会使用默认的四种段落样式，如图 3-21 所示。如果要在样式列表框中显示全部的样式，先按住【Shift】键，再单击样式列表框的下拉按钮即可，如图 3-22 所示。

图 3-21　样式列表　　　　　　　　图 3-22　显示所有样式

3.4.3.2　样式的使用

使用【样式和格式】任务窗格的具体步骤如下：

(1)选定要应用字符样式的文本，单击【格式】菜单中的【样式和格式】命令，打开【样式和格式】窗格。或单击任务窗格顶部的下拉按钮，在弹出的菜单中选择【样式和格式】选项。

(2)单击要应用的样式名即可。

也可以使用格式刷应用样式到别的文本，步骤如下：

(1)选定设有样式的文本，单击常用工具栏中的 🖌 按钮。

(2)移动带有格式刷的指针到需要应用样式的文本处，按住鼠标左键拖动即可。

3.4.3.3　建立新样式

建立新样式的具体操作步骤如下：

(1)单击【样式和格式】任务窗格中的 新样式... 按钮，打开【新建样式】对话框，如图 3-23 所示。

(2)输入样式名，选择样式类型、基准样式和后续段落样式。如样式名为一级标题、基准样式为标题 1。

(3)单击 格式⑩· 按钮，弹出一个格式列表框。单击列表框中的选项，可以进入相应的字体、段落等设置的对话框来分别对这些选项进行设置。

(4)如果把 □添加到模板⑭ 选中，则本样式能提供以后编辑使用。否则，只能用于本文档编辑。

(5)选中 □自动更新⑪ ，如果修改了样式，则自动更新应用了该样式的文本。

图 3-23　"新建样式"对话框

(6)单击【确定】按钮，完成新建操作。

3.4.3.4　调用样式

调用样式步骤如下：

(1)选取一段文字使其成反白，如图 3-24 所示。

(2)单击格式工具栏上的样式按钮 正文 　·的下拉按钮，在弹出的下拉列表中单击【一级标题】。这时的效果如图 3-25 所示。

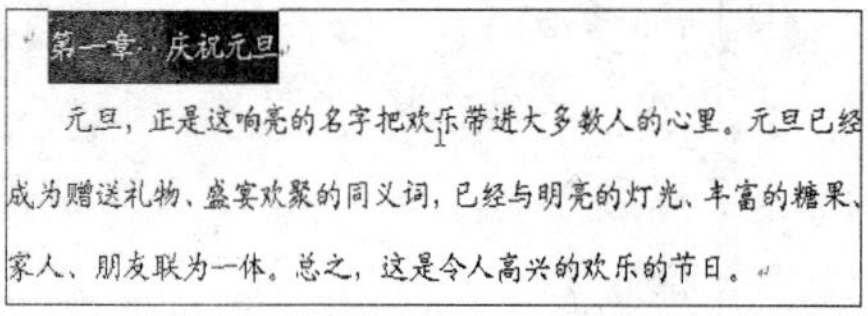

图 3-24

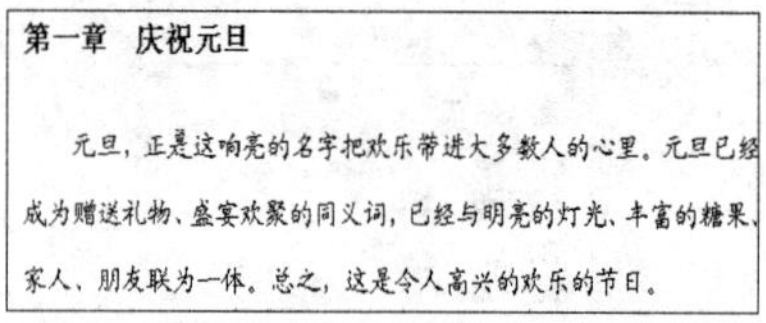

图 3-25

3.4.3.5　修改样式

(1)先选中【样式和格式】任务窗格中某一样式，右击该样式名称，单击【选择所有*实例】命令，即可将应用了该样式的所有文本选中。若单击【修改样式】命令，则会打开【修改样式】对话框，对该样式重新进行设置。

(2)修改完毕后，如果文本中应用的样式被修改了，那么应用该样式的文本也会自动应用修改后的样式。

3.4.3.6　清除样式

如果要清除某种格式的文本，首先选中待清除格式的文本，打开【样式和格式】任务窗格或样式下拉列表，单击其中的【清除格式】命令，则文本原有的格式就会被清除，代之以当前文档使用的默认格式。

3.4.4　模板的创建与使用

Word 中的模板是大量文档所具有的共同设置、指令与文档内容的集合。模板本身也是一篇 Word 文档，它存储了为具体文档制定的一系列标准。任何 Word 文档都是以模板为基础进行创建的。在新建文档时，实际上是打开了一个名为 Normal.doc 的文件。

制作模板的具体操作步骤如下：

(1)新建一个文档，输入一个目录，分别对章、节、小节应用样式标题 1、标题 2、标题 3。然后分别修改这几个样式，修改后效果如图 3-26 所示。

(2)单击【文件】菜单【另存为】命令，在【另存为】对话框内指定文件类型为【文档模板】，命名为"书稿模板"。

(3)再新建另外一个文档，输入目录，分别将章、节、小节标题指定样式为内置样式：标题 1、标题 2、标题 3，如图 3-27 所示，保存文档并命名为"第二章"。

(4)单击【工具】菜单下的【模板和加载项】命令，弹出【模板和加载项】对话框，如图 3-28 所示。

(5)单击【选用】按钮，在打开的对话框中找到刚才新建的模板"书稿模板"，然后单击【打开】按钮。

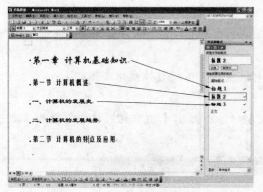
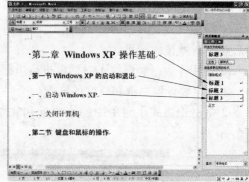

图 3-26　制作好的模板　　　　　　　　　图 3-27　应用内置样式的文档

(6)单击【确定】按钮，可以看到该文档自动应用了所加模板的样式，如图 3-29 所示。若选中了【自动更新文档样式】复选框，则在每次打开文档时，都会更新当前文档中的样式，使其与附加模板中的样式相同。

图 3-28　"模板和加载项"对话框　　　　　图 3-29　应用模板后的文档

当加载了新的模板之后，【样式和格式】对话框中的所有样式将被新模板中的样式完全取代。不仅如此，版面设置、工具栏设置也同样与模板中的设置完全一致。双击模板也可以以新的模板创建一个新文档。

若想以后在 Word 窗口中以自己的模板新建文件，具体操作步骤如下：

(1)首先将新建模板更名为 Normal.doc。

(2)找到系统默认模板 Normal.doc 所在的位置，然后用重命名为 Normal.doc 的自建模板将其替代。

系统默认模板 Normal.doc 所在的位置为：C:\Documents and settings\administrator\Application Data\Microsoft\Templates。

3.4.5　设置边框和底纹

对于特殊的段落，可以为它增加边框，并配以一定的背景图案，以增强文本的层次感。

给文本设置边框和底纹的方法有两种：

(1)使用格式工具栏的🅐🅐按钮，用于简单的边框和底纹设置。其步骤是先选定文本，然后点击🅐🅐按钮即可。

(2)使用【边框和底纹】对话框进行边框和底纹设置。其具体操作步骤如下：

①选定要设置边框和底纹的文本。

②单击【格式】菜单中的【边框和底纹】命令，弹出【边框和底纹】对话框，如图 3-30 所示。

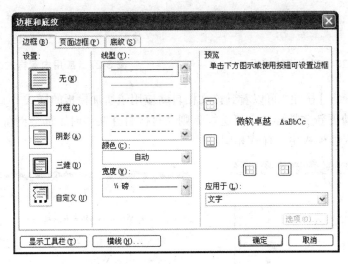

图 3-30　　"边框和底纹"对话框

③单击【边框】选项卡，可进行以下设置：

【设置】栏：【无】设置不加边框，并可用于消除边框；【方框】设置外围加一个边框；【阴影】设置外围加一边框并带有阴影。

【线型】下拉列表框：设置边框的线条形状。

【颜色】下拉列表框：设置边框的线条颜色。

【宽度】下拉列表框：设置边框的线条宽度。

④单击【页面边框】选项卡，可以设置页面边框，此选项卡中就比【边框】多出了一个【艺术型】下拉列表，且应用范围为整个文档，其他使用与【边框】选项卡中完全一样。

⑤单击【底纹】选项卡，如图 3-31 所示，可以选择填充色和填充图案。【填充】项可以选择颜色，每选一种右边框中会显示出该颜色名称，如"金色"。【图案】样式下拉列表框可以选择底纹样式。【应用于】可以选择段落或文字。

⑥单击【确定】按钮，即可完成选定文本的边框和底纹设置。

如要取消边框和底纹，先选定要取消边框和底纹的文本，然后在【边框和底纹】对话框中选择：边框设置为【无】、填充设置为【无填充色】、图案样式设置为【清除】，即可取消边框和底纹。

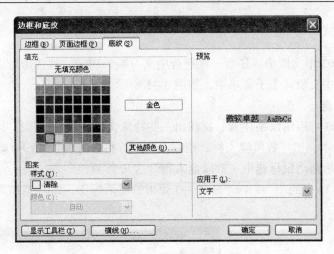

图 3-31　底纹设置

3.4.6　文本分栏

文本分栏具体步骤如下：

(1)选定要分栏的文本，一般以段落为单位。

(2)单击【格式】菜单中的【分栏】命令，弹出【分栏】对话框，如图 3-32 所示。

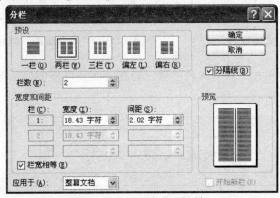

图 3-32　"分栏"对话框

(3)在【预设】中选择栏格式，选中【分隔线】可在栏间加分隔线，【宽度和间距】可以调整栏宽和栏间距。

(4)单击【确定】按钮，即可完成分栏。分栏效果如图 3-33、图 3-34 所示。

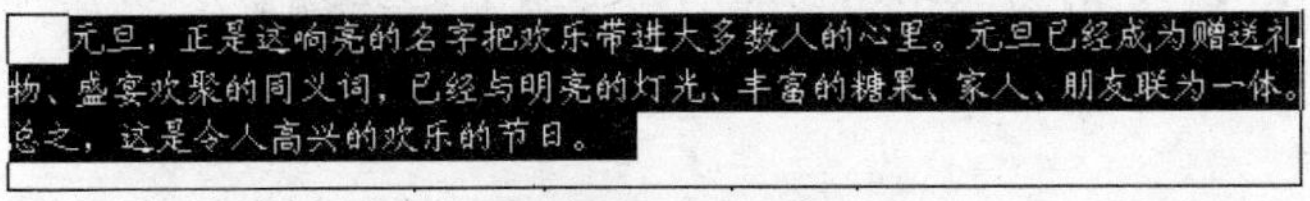

元旦，正是这响亮的名字把欢乐带进大多数人的心里。元旦已经成为赠送礼物、盛宴欢聚的同义词，已经与明亮的灯光、丰富的糖果、家人、朋友联为一体。总之，这是令人高兴的欢乐的节日。

图 3-33　分栏前

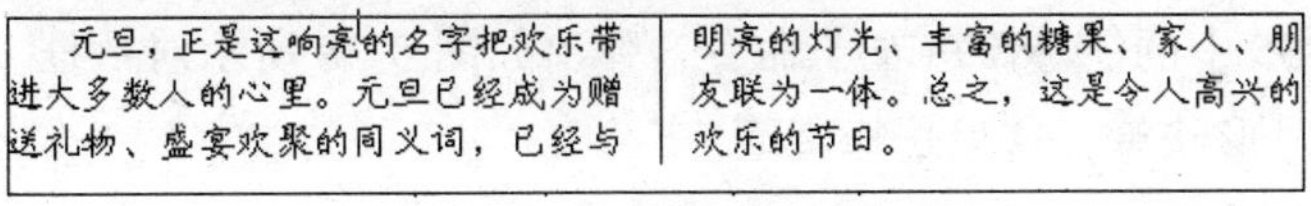

元旦，正是这响亮的名字把欢乐带进大多数人的心里。元旦已经成为赠送礼物、盛宴欢聚的同义词，已经与	明亮的灯光、丰富的糖果、家人、朋友联为一体。总之，这是令人高兴的欢乐的节日。

图 3-34　分栏后(加分隔线)

3.4.7 中文版式

在 Word 2003 中文版中，还有一些符合中文习惯的功能，这些命令主要集中在【格式】菜单中的【中文版式】子菜单中，如图 3-35 所示。

3.4.7.1 汉字注音

用 Word 2003 可以给汉字注音，制作出一些特殊文档，其具体操作步骤如下：

(1)先输入文本，如"数风流人物，还看今朝"，将字号设得大一点效果比较好，如设成一号字，然后拖动鼠标选中"数风流人物"这几个字。

(2)使用图 3-35 中的 拼音指南(U)命令，在弹出的对话框中，如图 3-36 所示，给每个字输入相应的拼音。

图 3-35 中文版式类型　　　　图 3-36 "拼音指南"对话框

(3)为拼音设置对齐方式、字体和字号，会在下面预览框中显示效果。单击【确定】按钮，结果如图 3-37 所示。

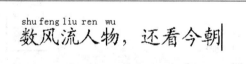

图 3-37 拼音效果

(4)重复以上步骤，可为"还看今朝"加上拼音。

3.4.7.2 汉字加圈

在中文书写习惯中，有时要给汉字加圈。下面举例说明：

(1)输入"野火烧不尽，春风吹又生"几个字，为更好地描述效果，这里把字号设置为一号。

(2)由于该功能每次只能为一个字加圈，因此先选定一个字，比如"火"字。

(3)使用图 3-35 中的 带圈字符(E)子命令，弹出如图 3-38 所示对话框。在该对话框中，可选择样式、圈号形状等，这里选择圆圈。

(4)单击【确定】按钮，结果如图 3-39 所示。同样方法可为其他字符加圈。

图 3-38　带圈字符

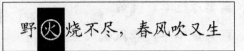

3-39　带圈字效果

3.4.7.3　纵横混排

此功能主要应用于中文竖排文字，使版面更为丰富。其步骤如下：

(1)选定要竖排的文本。

(2)单击【格式】菜单中的【文字方向】命令，弹出如图 3-40 所示的对话框。选择好文字方向后，单击【确定】按钮，结果如图 3-41 所示。

(3)如图 3-41 所示，拖动鼠标选择"野火"二字，然后在图 3-35 中选择纵横混排(T)子命令，弹出纵横混排对话框，单击【确定】按钮，会出现如图 3-42 所示效果。

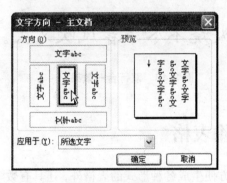

图 3-40　文字方向

图 3-41

图 3-42

3.4.7.4　合并字符

此功能最多可将六个字合并在一起，占用一个字的空间。其步骤如下：

(1)在如图 3-43 所示的文本中，选中"一岁一枯"四个字。

(2)然后在图 3-35 中，单击 合并字符(C)命令，弹出如图 3-44 所示对话框。

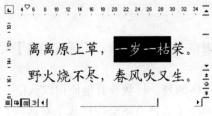

图 3-43　选择文本

图 3-44　"合并字符"对话框

(3)单击【确定】按钮，合并字符的结果如图 3-45 所示。

3.4.7.5　双行合一

(1)在如图 3-46 所示的文本中，选中"离离原上草，一岁一枯荣"。

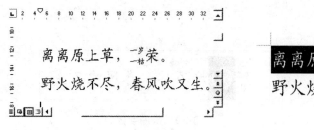

图 3-45　合并效果　　　　　　　　　　图 3-46　选定文本

(2)然后在图 3-35 中，单击 双行合一⑭ 命令，弹出如图 3-47 所示对话框。

(3)单击【确定】按钮，双行合一的结果如图 3-48 所示。

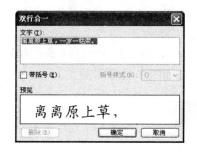
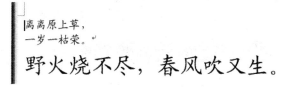

图 3-47　"双行合一"对话框　　　　　　图 3-48　双行合一效果

3.5　制作表格

Word 2003 提供了强大的制表功能，除能方便生成各种形式的表格外，还具有数学计算和逻辑处理功能，而且可以对表格进行排序，创建统计表，表格文字混排，对表格设计不同的属性等。

3.5.1　创建表格

建立表格可以单击常用工具栏上的插入表格按钮▦，或使用【表格】菜单【插入】子菜单中的【表格】命令，具体操作步骤如下：

(1)将插入点定位到要创建表格的位置上。

(2)单击【表格】菜单【插入】子菜单中的【表格】命令，会弹出【插入表格】对话框，如图 3-49 所示。

(3)在【列数】、【行数】框中分别输入所建表格的列、行数，其他使用默认值。

(4)如果需要，单击【自动套用格式】按钮，弹出【表格自动套用格式】对话框，如图 3-50 所示。在【表格样式】下拉列表中，选择所需表格的格式，预览框内会显示表格的具体样式。

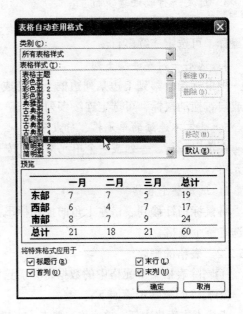

图 3-49　"插入表格"对话框　　　　　　图 3-50　表格自动套用格式

(5)单击【确定】按钮，即可在文档中插入表格。

也可以单击常用工具栏中的按钮，拖动鼠标，选定行数和列数(如图 3-51 所示)，在插入点位置插入表格(如图 3-52 所示)。

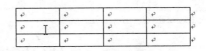

图 3-51　插入表格　　　　　　图 3-52　插入的表格

3.5.2　编辑表格

对表格的编辑应先选定单元格或单元格区域，再进行具体操作。如在表格中输入文字，应先将指针移到某一单元格，单击左键，光标在单元格内闪动，即可进行文字的输入。

3.5.2.1　单元格区域的选定

单元格是表格中存放数据的最基本单位，而单元格区域是指连续的单元格，如一行、一列中连续的两个及两个以上的单元格等。只有被选定的区域才能进行格式编排和属性设置。

1.　单个单元格的选定

鼠标指针移到单元格的左下角，变成，单击左键可选定该单元格。

2.　单元格区域的选定

在选定某一单元格后，按住左键不放拖动鼠标，拉出所选区域，放开鼠标。

3. 选定一行或连续多行

把鼠标指针移到左边某行边框外，变成↗，单击鼠标选定一行，如此时按住左键拖动鼠标，可选定连续多行。

4. 选定一列或连续多列

把鼠标指针移到上边某列边框上，变成↓，单击鼠标选定一列，如此时按住左键向左或向右拖动鼠标，可选定连续多列。

5. 选定不连续的单元格、行或列

在选定一行、一列或一个单元格后，按下【Ctrl】键不放，再继续单击选取行、列或单元格。

6. 选定整个表格

将鼠标指针移到表格左上角的控制柄围上，光标变成↖形状时，单击鼠标左键就可以选定整个表格。

3.5.2.2 表格的删除

(1)删除表格某单元格中的数据，只需选定某单元格，按键盘上的【Delete】键。

(2)表格的删除步骤如下：

光标点击表格中任一单元格，单击【表格】菜单中的【删除】命令，弹出一个子菜单。

选择 表格(T) 子命令，删除整个表格。

选择 列(C) 子命令，删除光标当前所在列。

选择 行(R) 子命令，删除光标当前所在行。

选择 单元格(E)… 子命令，弹出【删除单元格】对话框。在对话框中，选中 ⊙ 右侧单元格左移(L)单选框，单击【确定】按钮，结果如图 3-53 所示。

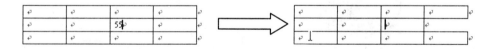

图 3-53　删除单元格

3.5.2.3 表格的插入

可在表格的顶、底、最左边、最右边或任一列、行的上下左右插入列和行。方法有：

(1)选定某列或行，用【表格】菜单中的【插入】命令下的子命令，进行编辑。

(2)选定某列或行，把鼠标指针指向被选的行或列，单击鼠标右键，在弹出的快捷菜单上单击【插入行】或【插入列】命令。

Word 默认的插入行是在选定行上方插入新行，插入列是在选定列左边插入新列。下面介绍几种特殊的插入行或列的方法。

1. 在某行后插入行

(1)把鼠标指针定位到某行的行末。

(2)直接按键盘上的【Enter】键，结果如图 3-54 所示。

2. 在首行上面插入标题行空间

我们在实际应用中，习惯于直接插入表格，结果忘记在表上方留出书写表标题的空间，以至于无法书写表标题。这时，可以在首行上面插入一个空行，具体方法如下：

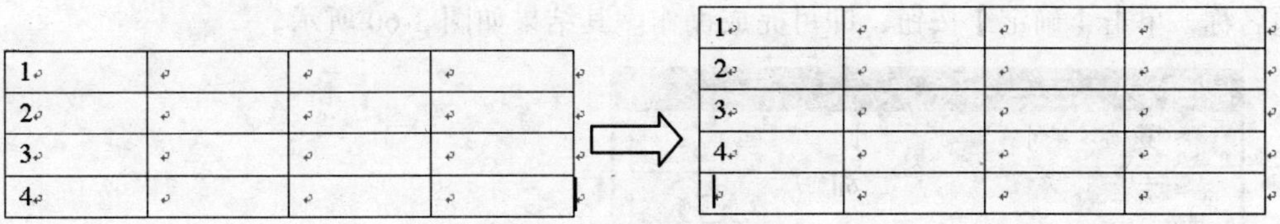

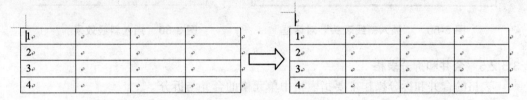

图 3-54　插入行

(1)将鼠标指针定位到表格的最左上角单元格字符的前面。

(2)直接按键盘上的【Enter】键，结果如图 3-55 所示。

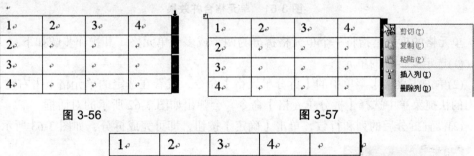

图 3-55　插入标题空白行

3. 在最末列的右边插入列

(1)将鼠标指针移动到最末列的段落标识符上，单击左键，如图 3-56 所示。

(2)将鼠标指针指向选定区域，单击右键，在弹出的快捷菜单上单击【插入列】命令，如图 3-57 所示，即可在最末插入一列，如图 3-58 所示。

图 3-56　　　　　　　　　　　　图 3-57

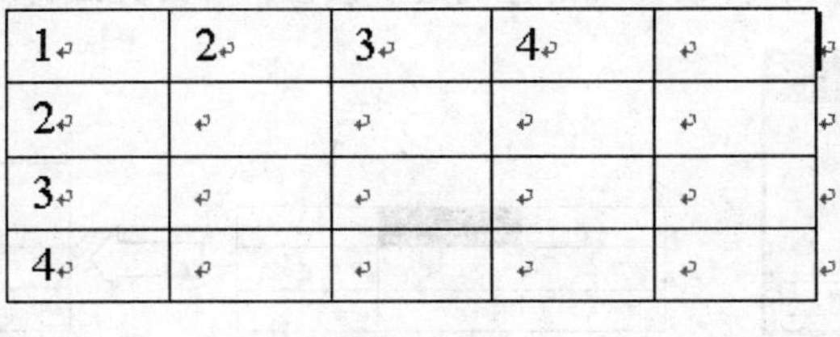

图 3-58

3.5.2.4　绘制斜线表头

通常在表格的最左上角的第一个单元格中，需要插入斜线，以便对数据进行分类。绘制斜线表头是 Word 2003 解决这类问题的一项功能，它提供 5 种表头样式供不同的应用去选择。其具体操作步骤如下：

(1)将光标定位在表格的某一单元格，如最左上角第一个单元格。

(2)单击【表格】菜单中的【绘制斜线表头】命令，弹出如图 3-59 所示的对话框。

(3)在【插入斜线表头】对话框中，选择表头样式，设置表头所需字体大小，输入标题名称，单击【确定】按钮，即可完成操作。其结果如图 3-60 所示。

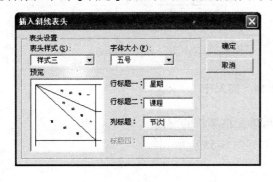

图 3-59　"插入斜线表头"对话框

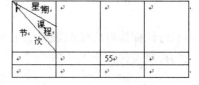

图 3-60　插入斜线效果

3.5.2.5　合并和拆分表格

表格的合并和拆分操作主要指表格中单元格的合并与拆分。

单元格的合并是指将两个或两个以上的单元格合并成一个单元格。其操作步骤如下：

(1)选定要合并的单元格。

(2)单击【表格】菜单中的【合并单元格】命令，或者在选定的单元格上击右键，从弹出的快捷菜单中选择【合并单元格】命令，即可完成合并，如图 3-61 所示。

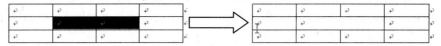

图 3-61　单元格合并效果

单元格的拆分是指将一个单元格拆分为两个或多个单元格。其操作步骤如下：

(1)选定要拆分的单元格。

(2)单击【表格】菜单中的【拆分单元格】命令，或者在选定的单元格上击右键，从弹出的快捷菜单中选择【拆分单元格】命令，会弹出如图 3-62 所示的对话框。

(3)设置拆分后的列和行数，单击【确定】按钮，即可完成拆分，如图 3-63 所示。

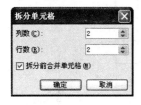

图 3-62　拆分单元格

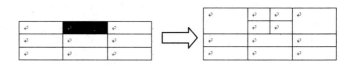

图 3-63　单元格拆分效果

3.5.3　在表格中计算

在 Word 2003 的表格中，可以对表格中的数据进行加、减、乘、除等一些简单的计算。为了完成在表格中的计算，必须弄明白几个概念。

3.5.3.1　单元格名称

表格中有这样一个没显示出来的规定：由字母代表列，数字代表行，单元格的名称就由所在列的字母和所在行的数字组成，如图 3-64 所示，第一个单元格名称为 A1。

3.5.3.2　单元格的引用

(1)引用部分单元格，中间用“：”号隔开。如 A1：B3 表示第 A 列到第 B 列、第 1 行到第 3 行共 6 个单元格，如图 3-65 所示。

	A	B	C	D
1	A1	B1	C1	D1
2	A2	B2	C2	D2
3	A3	B3	C3	D3
4	A4	B4	C4	D4

图 3-64　单元格名称　　　　　　　图 3-65　单元格引用

(2)引用一行，中间用“：”号隔开。如 2：2 表示引用第二行的所有单元格。

(3)引用一列，中间用“：”号隔开。如 C：C 表示引用第三列的所有单元格。

3.5.3.3　数据计算

Word 2003 提供了一系列在实际运算中经常使用的函数(共 18 种)来完成表格中所需的一些简单运算。其具体操作步骤如下：

(1)单击要放置求和结果的单元格，如图 3-66 所示。

(2)单击【表格】菜单中的【公式】命令，弹出【公式】对话框，如图 3-67 所示。

(3)如果选定的单元格位于一行数值的右端，Word 将建议采用公式“=SUM(LEFT)”进行计算(如图 3-67 所示)。如果选定的单元格位于一列数值的底端，Word 将建议采用公式“=SUM(ABOVE)”进行计算。 如公式不正确，可以在公式栏中修改公式、在粘贴函数栏内选择所需函数。

(4)如果公式正确，单击【确定】按钮，结果如图 3-68 所示。也可以在图 3-67 中的公式栏中输入“=SUM(A1：C1)”，同样会得出图 3-68 中的结果。

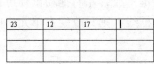
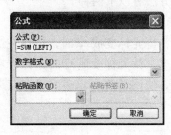
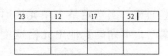

图 3-66　确定放值单元格　　　图 3-67　“公式”对话框　　　图 3-68　计算结果

3.5.4　在表格中排序

Word 2003 提供了表格中的排序功能，其排序只以列为关键词进行，分为递增和递减两种方式。其排序不仅能对数字排序，而且可以对汉字以拼音字母顺序进行排序。

具体操作步骤如下：

(1)在表格范围内单击鼠标，如图 3-69 所示。

(2)单击【表格】菜单中的【排序】命令，弹出如图 3-70 所示的对话框。

(3)在【排序】对话框中的【主要关键字】下拉列表中选择列名，如"列 1"。在【类型】下拉列表中根据需要选择类型之一，如数字。在排序方式中选择升序或降序，还可以选择其他依据，如在【次要关键字】下拉列表中选择"列 2"，选择的目的是如【主要关键字】中的数据有相同的，则按【次要关键字】中的数据来确定相同数据的顺序。

(4)单击【确定】按钮，完成排序，结果如图 3-71 所示。

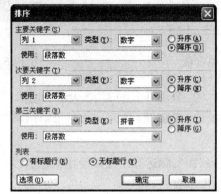

图 3-69　定位指针　　　　图 3-70　"排序"对话框　　　　图 3-71　排序结果

3.5.5　设置表格格式

表格格式的设置实际上是表格的属性设置，它包括表格的高度、宽度设置，表格的对齐方式、边框和底纹设置，单元格的对齐设置等。

3.5.5.1　设置表格的行高、列宽

表格中的行高、列宽通常是无需进行设置的，在输入文字时，会根据单元格中的内容而改变。行高、列宽的调整方法有以下两种。

1. 使用表格线改变表格的行高、列宽

光标移向表格行的边线上，待光标变成 ⬍ 时，按住左键不放，上下拖动鼠标可调整行高。光标移向表格列的边线上，待光标变成 ⊹ 时，按住左键不放，左右拖动鼠标可调整列宽。当选定某个单元格时，使用 ⊹ 拖动该单元格左右边框线，则只改变本单元格的宽度，本列的其他单元格宽度不变，如图 3-72 所示。

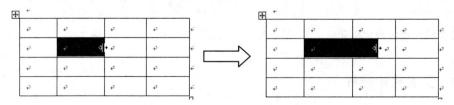

图 3-72　单元格宽度调整前后

2. 使用【表格】菜单中的【表格属性】命令，改变表格的行高、列宽

选定要改变行高的一行或多行(或选定改变列宽的一列或多列)，单击【表格】菜单中的【表格属性】命令，弹出【表格属性】对话框，如图 3-73 所示。

在【表格属性】对话框中，选择 行(R)选项卡，如图 3-74 所示。选中☑指定高度(S):复选框，输入行高度，单击【确定】按钮，即可以设定行高度。

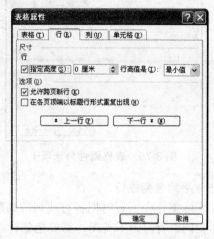

图 3-73　"表格属性"对话框　　　　　　图 3-74　表格属性行选项卡

在【表格属性】对话框中，选择 列(U)选项卡，如图 3-75 所示。选中☑指定宽度(W):复选框，输入列宽度，单击【确定】按钮，即可以设定列宽度。

3.5.5.2　表格的对齐方式

(1)在表格范围内单击鼠标。

(2)单击【表格】菜单中的【表格属性】命令，弹出【表格属性】对话框，如图 3-73 所示。选择对齐方式，如左对齐，单击【确定】按钮，完成。也可以使用格式工具栏中的图标设置表格的水平对齐方式，在使用这些图标设置时，一定要先选定整个表格。

3.5.5.3　单元格中文字的对齐方式

(1)选定设置对齐方式的单元格或单元格区域。

(2)单击【表格】菜单中的【表格属性】命令，弹出【表格属性】对话框，如图 3-73 所示。选择 单元格(E)选项卡，选择【垂直对齐方式】中的任一种设置垂直对齐。使用格式工具栏中的▉▉▉对齐按钮设置水平对齐。

也可以使用快捷菜单来设置单元格中文字的对齐方式：

(1)选定设置对齐方式的单元格或单元格区域。

(2)将鼠标指针指向选定区域，单击右键，在弹出的快捷菜单上选择【单元格对齐方式】，在弹出的子菜单上根据需要选择一种图标，如图 3-76 所示，可以同时设置文字的水平及垂直对齐方式。

3.5.5.4　设置边框

(1)选定设置边框的单元格或单元格区域。

(2)单击【表格】菜单中的【表格属性】命令，弹出【表格属性】对话框，如图 3-73 所示。单击 边框和底纹(B)按钮，弹出如图 3-30 所示对话框，进行边框设置，方法与本书 3.4.5

部分中设置边框相同。

图 3-75　表格属性列选项卡

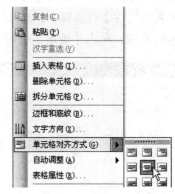

图 3-76　对齐方式

3.5.5.5　平均各列或行

在实际工作中，有时把各行或列的高度或宽度进行了调整，各行或各列的高度或宽度不尽相同，有时为了美观，需要把各行或各列进行平均。具体方法如下：

(1)选定高度或宽度不相等的各行或各列。

(2)将鼠标指针指向选定区域，单击右键，在弹出的快捷菜单上选择 平均分布各行(N)或 平均分布各列(Y)，即可将各行或各列的高度或宽度进行平均分配。

如图 3-77 所示，各列的宽度不一。选定各列，使用 平均分布各列(Y)命令，结果如图 3-78 所示。

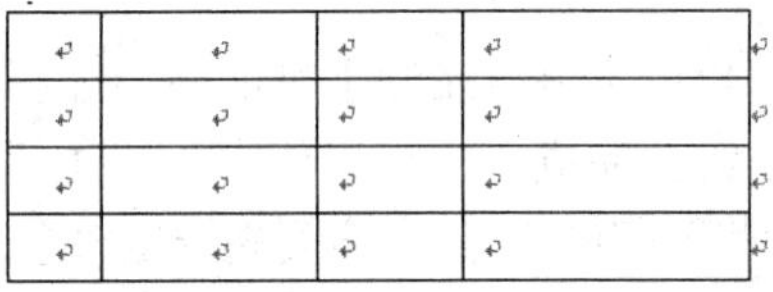

↵	↵	↵	↵	↵
↵	↵	↵	↵	↵
↵	↵	↵	↵	↵
↵	↵	↵	↵	↵

图 3-77

↵	↵	↵	↵	↵
↵	↵	↵	↵	↵
↵	↵	↵	↵	↵
↵	↵	↵	↵	↵

图 3-78

3.6　制作插图

Word 2003 中，不仅可以处理表格，同时还提供了一套绘图工具、图片工具和艺术字工具。如将图形、图片和艺术字应用到文档中，会产生出图文并茂的效果。

3.6.1　在文档中绘图

Word 中提供了一套绘制图形的工具，利用它可以创建各种基本图形。值得注意的是，只有在页面视图下才可以绘制图形。

单击常用工具栏中的绘图按钮，则打开绘图工具栏，如图 3-79 所示。

图 3-79　绘图工具栏

3.6.1.1　绘制简单的图形

要绘制一条直线、一个箭头、一个矩形或一个椭圆时，只需通过【绘图】工具栏中的直线、箭头、矩形、椭圆工具直接绘制。

如单击圆形按钮○，光标会变成十，按下左键拖动鼠标到适当位置，释放左键即完成图形绘制。如果要绘制正圆和正方形，需在拖动鼠标时按住【Shift】键。

3.6.1.2　绘制自选图形

Word 提供了大量的自选图形，用户可以根据需要很方便地选用，具体操作步骤如下：

(1)单击【绘图】工具栏上的 自选图形(U) ▾ 按钮，弹出【自选图形】列表，在列表中选择所需类型，可绘制出不同的图形，如图 3-80 所示。

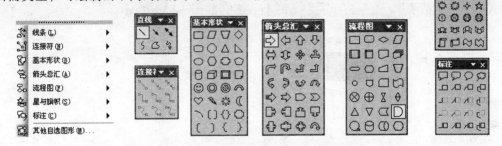

图 3-80　各自选图形菜单的工具面板

(2)选择所需类型后，再从子菜单中选择要绘制的图形，按下鼠标左键，文档中会自动弹出绘图画布。如不想使用画布，按【Esc】键，可在画布外绘制图形。

3.6.1.3　编辑图形

1. 选定图形、改变图形尺寸、调整图形位置、旋转图形、删除图形

要选定图形，可将光标移到图形上，单击左键即可，选定的图形四周会出现 8 个空白圆形控制点(若是直线图形则只有两个控制点)。如图 3-81(a)所示。

要改变图形尺寸，首先选定图形，如图 3-81(a)所示，然后移动光标到控制点，当指针变成 类形状时，如图 3-81(b)所示，按下左键拖动鼠标可改变图形尺寸。拖动四个角上的任一控制点，可以成比例改变图形。

要调整图形位置，可将鼠标指针指向图形，当指针变成 时，按下左键拖动鼠标到适当位置，如图 3-81(c)所示，释放左键。

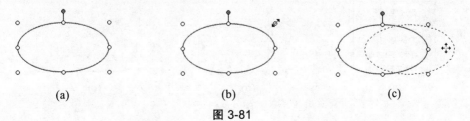

| (a) | (b) | (c) |

图 3-81

旋转图形，首先选定图形如图 3-81(a)所示，然后移动光标到旋转控制点，如图 3-82(a)所示，当指针变成 时，按下左键旋转到适当位置，如图 3-82(b)所示，释放左键。

要删除图形，首先选定图形如图 3-81(a)所示，按键盘上的【Delete】键即可。

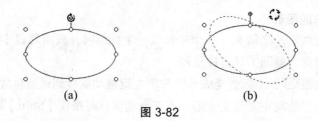

(a)　　　　　　　　　　　　　(b)

图 3-82

2. 在图形中添加文字

选定图形，击鼠标右键，在弹出的快捷菜单中选择添加文字(X)命令，输入文字即可。如要对输入的文字进行字体、字号的设置，则选定输入的文字，如图 3-83(a)所示，使用格式工具栏中的 隶书 ▼ 三号 ▼ 进行设置，如图 3-83(b)所示。

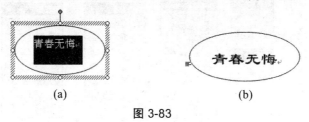

(a)　　　　　　　　　　　　　(b)

图 3-83

3.6.1.4　图形效果

选定一个图形，可以通过绘图工具栏上的线型按钮 ≡、线条颜色按钮 ✎ ▼、填充色按钮 ✎ ▼、阴影按钮 ▣ 和三维效果按钮 ▣，来对图形进行各种修饰。

3.6.1.5　图形组合及叠放次序

图形组合就是把几个图形组成一个复合的图形。首先选定一个图形，其次按住【Shift】键再单击其他图形，然后击右键，在弹出的快捷菜单上单击【组合】命令下的 组合(G)命令，完成组合。如取消组合，则在组合成的图形上击右键，在弹出的快捷菜单上单击【组合】命令下 取消组合命令。

如要改变图形的叠放次序，首先选定图形，然后击右键，在弹出的快捷菜单上选择【叠放次序】命令，弹出的子菜单如图 3-84(a)所示，可以设置图形叠放次序。如图 3-84(b)所示，矩形在椭圆形的上层，椭圆显示不全。选中椭圆形，使它的叠放次序设为"置为顶层"，结果如图 3-84(c)所示，椭圆形处于矩形的上层。

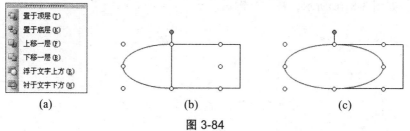

(a)　　　　　　　　(b)　　　　　　　　(c)

图 3-84

3.6.2　在文档中插入图片

在文档中插入图片是指在文档中插入来自文件的图片、剪贴画和艺术字等。

3.6.2.1　插入剪贴画

Word 提供了一个剪贴画库，这个剪贴画库自带有大量图片，用户可以随时使用剪贴画库中的图片。插入剪贴画的具体步骤如下：

(1)单击【插入】菜单中【图片】子菜单下的【剪贴画】命令，打开【插入剪贴画】任务窗格。

(2)单击窗格底部的【管理剪辑】链接，打开【剪辑管理器】窗口，如图 3-85 所示。

(3)在【收藏集列表】窗格中单击"Office 收藏集"前面的±，单击对应的文件夹(如"医学")，右边窗格中会显示图片。

图 3-85　插入剪贴画

(4)直接将图片用鼠标拖至文档中，即完成剪贴画的插入。

3.6.2.2　插入来自文件的图片

(1)将插入点定位到要插入图片的位置上。

(2)单击【插入】菜单中【图片】子菜单下的【来自文件】命令，弹出【插入图片】对话框，如图 3-86 所示。

图 3-86　"插入图片"对话框

(3)在【查找范围】下拉列表中选择文件夹，再选择图片文件名，单击【插入】按钮，即可完成图片的插入。

3.6.2.3　设置图片格式

在文档中插入图片或剪贴画后，还要对图片格式进行必要的设置。设置图片格式的方法主要有两种：

(1)单击选中的图片，会弹出一个浮动的图片工具栏，用户可以利用工具栏中的按钮对图片的格式进行具体设置。工具栏按钮及其功能如图 3-87 所示。

(2)右击图片，在弹出的快捷菜单中单击【设置图片格式】命令，用户可以在弹出的【设置图片格式】对话框中，设置图片的大小、版式、颜色及图片的亮度等。

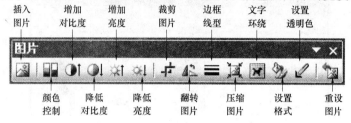

图 3-87　图片工具栏

3.6.2.4　插入、编辑艺术字

1. 插入艺术字

为了使文档美观，可以在文档中插入艺术字。艺术字不同于普通的文字，它具有很多特殊的效果，例如阴影、填充效果等。

(1)单击【插入】菜单中【图片】子菜单下的【艺术字】命令，打开【艺术字库】对话框。

(2)选择样式后，如选择第 3 行第 4 列样式，单击【确定】按钮，弹出【编辑"艺术字"文字】对话框，如图 3-88 所示。输入"青春万岁"，选择字体、字号。

(3)单击【确定】按钮，结果如图 3-89 所示。

图 3-88　编辑艺术字文字

图 3-89　艺术字效果

2. 编辑艺术字

当选定艺术字时，会弹出艺术字工具栏，如图 3-90 所示。

图 3-90　艺术字工具栏

　　单击艺术字工具栏上的设置艺术字按钮，可弹出如图 3-91 所示对话框。在此对话框中，可以设置艺术字的颜色与线条、大小和版式。在【颜色与线条】选项卡中，点击【填充】"颜色"右的下拉箭头，弹出如图 3-92 所示的颜色选择卡，可以选择符合需要的艺术字填充色；单击颜色选择卡上的**填充效果(F)**，会弹出【填充效果】对话框，如图 3-93 所示，可以在此选择需要的填充方式及效果。

　　单击艺术字形状按钮，弹出形状列表，如图 3-94 所示，可以选择需要的形状。

　　单击绘图工具栏上的按钮，会弹出阴影列表，如图 3-95 所示，可以选择符合需要的阴影样式对艺术字的效果进行设置。

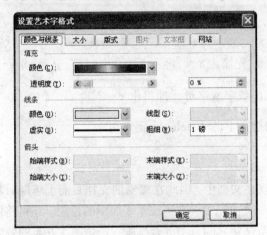

图 3-91　设置艺术字格式

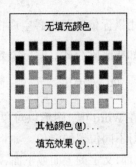

图 3-92　颜色选择卡

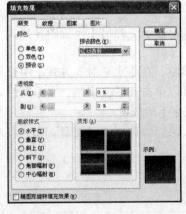

图 3-93

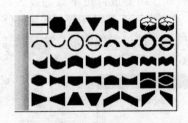

图 3-94

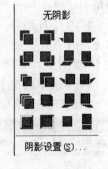

图 3-95

3.6.3　在文档中插入公式

　　Word 中可以进行任何复杂数学公式的编辑。如要输入 $y = \dfrac{\sqrt[3]{6}}{x + x^2}$，具体操作如下：

(1)将插入点定位到要插入数学公式的位置。

(2)单击【插入】菜单中的【对象】命令，弹出【对象】对话框。

(3)在弹出的对话框中，寻找【Microsoft 公式 3.0】选项，并单击之。然后单击【确定】按钮，弹出公式编辑窗口，如图 3-96 所示。

图 3-96　公式编辑器

(4)先输入 $y=$，再选 $\sqrt{}$ 中的 $\frac{}{}$，显示 $y=\frac{}{}$。在分子框内单击左键，选 $\sqrt{}$ 中的 $\sqrt[n]{}$，显示 $y=\frac{\sqrt[n]{}}{}$。在分母框内单击左键，先输入 $x+$，再选 中的 $\square^{\square}$，显示 $y=\frac{\sqrt[n]{}}{x+\square^{\square}}$，最后用鼠标依次单击各空白框，填入相应数字或字母，即得出 $y=\dfrac{\sqrt[3]{6}}{x+x^{2}}$。

如要删除公式，只需选定公式，按键盘上的【Delete】键即可。

3.6.4　图文绕排

在 Word 中，图形以对象的形式出现在文档中，因此在编辑的文档页面上可随时将图形进行不同位置的定位，如将图形定位于页面左边、右边或水平居中的位置。还可将图片置于页面文字的上面或下面，实现图形与文字之间自动混合排版，产生图文并茂的效果。

其具体操作步骤如下：

(1)选定要图文混排的图形。

(2)单击鼠标右键打开快捷菜单，选择 设置图片格式(L) 命令，弹出【设置图片格式】对话框，单击 版式 选项卡，如图 3-97 所示。

(3)在【环绕方式】中选择所需的环绕方式，如四周型；在【水平对齐方式】中选择水平对齐方式，如右对齐。如要进行更细致的设置，可以单击 高级(A) 按钮，在【高级版式】中的【文字环绕】选项卡下，选择环绕方式和环绕文字下的选项。

(4)单击【确定】按钮，便可实现图形、文字绕排效果。如选择"四周型"和"右对齐"后的环绕效果如图 3-98 所示。

图 3-97　设置图片格式

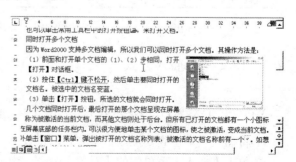

图 3-98　环绕效果

3.7　打印设置

文档排版结束后，还要对文档输出的纸张大小、页眉页脚、版式等进行进一步的设置。设置完成，可以通过 Word 的打印预览功能查看输出效果，如确实无误，才可以通过打印机输出到纸张上。

3.7.1　页面设置

新建一个文档之后，一般要进行页面设置。页面设置是指对纸张大小、页边距、每行和每列的字数等进行设置，因为这些信息在文件编辑和打印时起着重要作用。Word 有默认的页面设置值，用户可以改变这些值，以满足不同的需要。

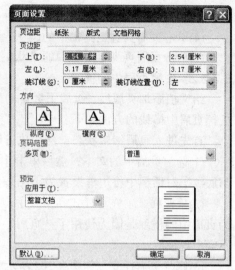

图 3-99　"页面设置"对话框

进行页面设置的方法是：单击【文件】菜单中的【页面设置】命令，弹出【页面设置】对话框，如图 3-99 所示。

(1)在【页面设置】对话框中选择【页边距】选项卡，可以设置正文的上、下、左、右四边与页边界之间的距离。如必要还可设定装订线的位置和距离。在【方向】中可以选择按纸张纵向或横向排列文字，默认的方向为纵向。

(2)在【页面设置】对话框中选择【纸张】选项卡，可以选择纸张的大小。默认的纸型为 A4 纸。

(3)在【页面设置】对话框中选择【版式】选项卡，可以设置页眉页脚的格式及文本的垂直对齐方式。

(4)在【页面设置】对话框中选择【文档网格】选项卡，可以设置每页行数、每行字符数、正文排列方式等。

设置结束后，单击【确定】按钮。

3.7.2　页眉页脚

页眉是出现在每页顶端的文字，而页脚是出现在每页底端的文字。编辑页眉页脚时正文处于不可编辑状态，编辑正文时页眉页脚处于不可编辑状态。

3.7.2.1　插入页眉页脚

插入页眉页脚的步骤如下：

(1)打开文档。

(2)单击视图(V)菜单中的页眉和页脚(H)命令，此时页面如图 3-100 所示，并弹出了页眉页脚工具栏。

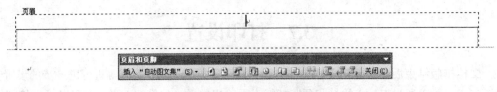

图 3-100　页眉页脚设置

(3)在页眉插入点位置输入内容，并可使用格式工具栏设置字体、字号、对齐方式。

(4)单击页眉页脚工具栏中的 按钮，切换到页脚设置状态，设置页脚。

(5)单击页眉页脚工具栏中的 关闭(C) 按钮，完成页眉页脚设置。

3.7.2.2　去掉页眉中的横线

给文档添加页眉后，页眉下会自动显示一条横线，删除页眉后，那条横线依然存在，去掉页眉中横线的方法如下。

首先进入页眉编辑状态，然后执行以下操作之一：

(1)选中页眉中的文本，然后单击【格式】菜单中的【边框与底纹】命令，在【边框与底纹】对话框中将边框设置为"无"，应用范围为"段落"，单击【确定】按钮。

(2)替换样式。在【样式和格式】窗格中选择样式为"正文"，如图 3-101 所示。因为页眉中的横线是因为使用了"页眉"样式，把它换成无横线的"正文"样式，自然就不会出现横线了。

(3)修改页眉样式。如图 3-102 所示，在【修改样式】对话框中，单击【格式】按钮，在下拉菜单中选择【边框】选项，然后在【边框与底纹】对话框中指定边框类型为"无"，应用范围为"段落"，单击【确定】按钮即可。

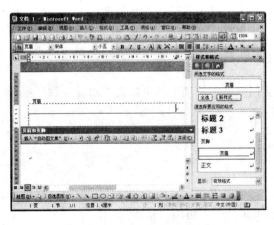
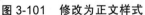

图 3-101　修改为正文样式

图 3-102　修改页眉样式

3.7.3　打印预览

为了提前观察文档的打印效果，Word 提供了打印预览。

单击【文件】菜单中的【打印预览】命令或单击常用工具栏中的 按钮，都能出现预览窗口，并在窗口上方出现预览工具栏。如图 3-103 所示。

图 3-103　打印预览工具栏

工具栏中的按钮功能分别是打印、放大镜、单页、多页、显示比例、查看标尺、缩至整页、全屏显示、关闭预览。预览结束，单击 关闭(C)，返回文档编辑状态。

3.7.4　打印文档

单击【文件】菜单中的【打印】命令，弹出如图 3-104 所示对话框。

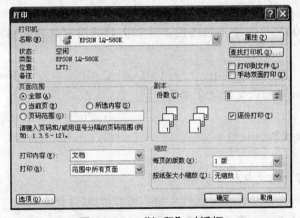

图 3-104　"打印"对话框

在对话框中，可以在【打印机】框内选择打印机，在【页面范围】框内设置打印范围，在【份数】框内设定打印份数。设置完成后，单击【确定】，即可开始打印。单击【常用工具栏】中打印按钮 ，可直接打印，不再弹出【打印】对话框。

要取消打印任务，可双击任务栏右边框中的打印机图标 ，打开一个窗口，如图 3-105 所示。选择要取消打印的文件，单击【文档】菜单中的【取消】命令，取消打印任务。

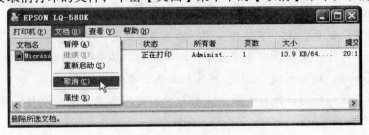

图 3-105

习题 3

1. 填空

(1)选定一段的方法是：鼠标定位于选择区中要选择的段中任一行之前，＿＿＿＿ 左键。

(2)创建表格后，Word 2003 自动将列号以_____进行编号，行号以_____进行编号。

(3)在 Word 2003 中，文本的水平对齐方式有五种，分别是_____、_____、_____、两端对齐和_____。

(4)最常用文档视图方式有_____、_____、_____和_____四种。

2. 选择

(1)若选定的文本块中包含几种字号的汉字，则格式工具栏的"字号"框中显示_____。

A.文本中最小的字号　　B.文本中最大的字号　　C.空白　　　　D.首字符的字号

(2)要选定几段文本，可以先选定需选文本的首行，按住键盘上的_____键，再单击需选文本的末端即可。

A.Ctrl　　　　　　　B.Shift　　　　　　　C.Alt　　　　　　D.Enter

(3)在 Word 2003 中，要使用绘图工具栏上的椭圆形工具绘制出正圆，则需按住_____键。

A.Ctrl　　　　　　　B.Shift　　　　　　　C.Alt　　　　　　D.Enter

(4)复制、剪切和粘贴的快捷键分别是_____。

A.Ctrl+C、Ctrl+X、Ctrl+V　　　　　　　B. Ctrl+X、Ctrl+C、Ctrl+V

C. Ctrl+O、Ctrl+P、Ctrl+V　　　　　　　D. Ctrl+C、Ctrl+S、Ctrl+A

3. 简答

(1)Word 的主窗口主要包括哪些部分?

(2)若同时打开几个文档，如何进行文档之间的切换(两种方法)?

(3)文档中主要可以插入哪几种类型的图片?

(4)文本编排结束之后，打印输出之前，还要进行哪些设置?

4. 实际操作

(1)Word 文档的新建、保存、打开。

(2)输入一段文章，选定一个文本块，进行移动、复制和删除操作及查找的替换操作。

(3)按照如图 3-106 所示的样文，按要求完成操作。

①输入样文中的文字。

②页面设置。纸型：B5；页边距：左、右各3.2厘米，上、下各2.5厘米。

③第一行。字体：宋体；字号：五号；对齐方式：居中；下划线：波浪线。

④正文第一段。段前间距：1行；字体：宋体；字号：五号。

⑤正文第二段。段前、段后间距各1行；左右缩进各2字符；字体：楷体；字号：五号。

⑥正文第三段。字体：宋体；字号：五号；分栏：两栏，加分隔线。

⑦文章标题设为艺术字。艺术字库：第1行5列；字体：隶书；字号：60；形状：双波形1；阴影样式：阴影4；版式：四周型；高级版式：环绕方式中的上下型；适当调整艺术字大小和位置。

⑧插入剪贴画。版式：四周型；高级版式：环绕方式中的四周型，环绕文字选择只在左侧；适当调整剪贴画的大小和位置。

外国乐坛拾贝

音乐的表现力

音乐巨匠莫扎特

"言为心声"。言的定义是很广泛的：汉语、英语和德语都是语言，音乐也是一种语言。虽然这两类语言的构成和表现力不同，但都是人的心声。作为音响诗人，莫扎特是了解自己的，他是一位善于扬长避短、攀上音乐艺术高峰的旷世天才。他自己也说过：

"我不会写诗，我不是诗人……也不是画家。我不能用手势来表达自己的思想感情：我不是舞蹈家。但我可以用声音来表达这些：因为，我是一个音乐家。"

莫扎特音乐披露的内心世界是一个充满了希望和朝气的世界。尽管有时候也会出现几片乌黑的月边愁云，听到从远处天边隐约传来的阵阵雷声，但整个音乐的基调和背景毕竟是一派情景无限的瑰丽气象。即便是他那未完成的绝命之笔"d小调安魂曲"，也向我们披露了这位仅活了36岁的奥地利短命天才，对生活的执着、眷恋和生生死死追求光明的乐观情怀。

图 3-106

⑨添加页眉页脚。添加页眉"外国乐坛拾贝"，格式：楷体，小五，居中。

(4)输入一段文字，给汉字注音，部分汉字加圈，纵横混排和合并字符。

(5)按照图 3-107 所示的样文，创建表格，并按要求完成操作。

借 款 单

借款理由			
借款部门		借款时间	年　月　日
借款数额	人民币（大写）	￥：	
财务主管经理批示：		出纳签字：	
付款记录：	年　月　日以现金/支票（号码：　　　　）给付		

图 3-107

①创建一个 5 行 4 列的表格。

②按样文合并或拆分单元格。

③给表格添加边框线。

④按样文在单元格中输入内容。

⑤适当调整单元格的宽度，使输入的内容如图 3-107 所示。调整行高为 1 厘米。

⑥设置单元格内容。字体：宋体；字号：小四；对齐方式：垂直居中，除"借款数额"右边两个单元格外，其他单元格水平居中。

⑦表格标题。字体：楷体；字号：小三；加下划线；水平居中。

第 4 章　电子表格软件 Excel 2003

中文版 Excel 2003 是一个具有优越性能的电子表格软件，并具有强大的图形图表功能，可以制作财务表格和进行经济信息分析，同时也可以通过丰富的函数和公式进行复杂的甚至跨工作表的计算。Excel 2003 具有亲切的图形化操作界面，简明易用，因此备受用户青睐。

4.1　Excel 2003 基础知识

4.1.1　Excel 2003 的启动

在 Windows 操作系统下，单击【开始】按钮，将鼠标指向【所有程序】，然后指向弹出子菜单中的【Microsoft Office】，在弹出的子菜单中单击【Microsoft Office Excel 2003】，即可以启动电子表格软件 Excel 2003，如图 4-1 所示。

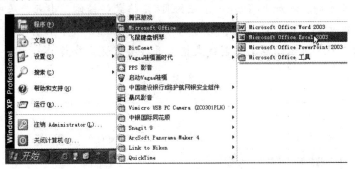

图 4-1　启动 Excel 2003

4.1.2　Excel 的窗口界面

启动 Excel 2003 后，会出现如图 4-2 所示的窗口。

窗口主要由标题栏、菜单栏、工具栏、公式编辑栏、单元格名称框、工作表区、工作表标签、状态栏、行号栏、列号栏等组成。

标题栏显示当前所编辑的工作簿的名称，及窗口控制按钮。

菜单栏中汇集了各种对数据、工作表等进行操作的命令。

工具栏由一些工具按钮组成，可快速方便地执行相关的命令。

公式编辑栏用来编辑简单的公式，显示被选单元格的内容。

单元格名称框用于显示当前处于激活的单元格的位置。

工作表区用来建立电子表格和电子图表。

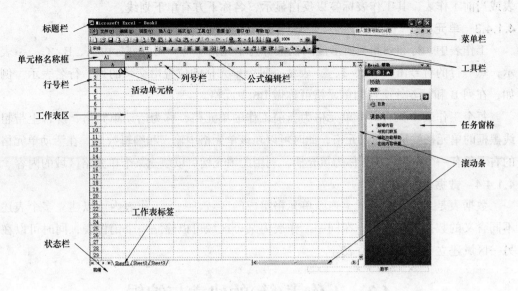

图 4-2　Excel 2003 工作窗口

工作表标签显示工作表的名称，如 Sheet1 就是工作表的名称。

行号栏和列号栏分别显示行编号(数字)和列编号(字母)。

4.1.3　Excel 2003 的退出

Excel 2003 操作结束后，要退出 Excel 2003 电子表格软件系统。其方法有两种：一是单击标题栏中的关闭按钮，二是使用【文件】菜单中的【退出】命令。

4.1.4　Excel 中的基本概念

在使用 Excel 2003 软件时，要特别弄清楚几个概念：工作簿、工作表、单元格、数据表。

4.1.4.1　工作簿

工作簿是 Excel 2003 专门用来存放数据的文件，工作簿名就是文件名。启动 Excel 后，系统自动打开一个新的、空白工作簿，并自动命名为"Book1"，其扩展名为.xls。

一个工作簿中能包含多张工作表，最多为 255 张工作表。但新建一个工作簿时，Excel 默认提供 3 个工作表，分别是 Sheet1、Sheet2 和 Sheet3，分别显示在工作表标签中。实际工作中，可以根据需要添加更多的工作表。

4.1.4.2　工作表

工作表通常称为电子表格，在其工作区域可以对数据进行存放、处理和分析。每个工作表由行和列构成(每个工作表有 65536 行、256 列)。

尽管一个工作簿文件可以包含许多个工作表，但在同一时刻，用户只能在一张工作表上进行工作，这意味着只有一个工作表处于活动状态。通常把该工作表称为活动工作表或当前工作表，其工作表标签以反白显示，名称下方有单下划线。

4.1.4.3　单元格

工作表中，行和列相交所形成的框被称为单元格。每一列的列标由 A、B、C、…表示，每一行的行号由 1、2、3、…表示，每个单元格的位置由交叉的列、行名表示。例如，在列 B 和行 6 处交点的单元格可称做 B6 单元格。

每个工作表中只有一个单元格为当前工作的单元格，称为活动单元格，屏幕上带粗线黑框的单元格就是活动单元格，此时可以在该单元格中输入和编辑数据。在活动单元格的右下角有一个小黑方块，称为填充柄，利用此填充柄可以填充某个单元格区域的内容。

4.1.4.4　数据表

数据表是工作表中若干个连续单元格组成的区域，一个工作表内可以建立多个表述不同含义的数据表。比如，在同一工作表内某个区域可以建立一个销售表，同时可以在另一区域建立一个利润损益表等。

4.2　工作表(簿)的建立与编辑

4.2.1　工作簿的基本操作

工作簿的基本操作主要包括新建工作簿、保存工作簿、打开工作簿等操作。

4.2.1.1　新建工作簿

1. 新建一个空的工作簿

单击【文件】菜单中的【新建】命令，打开【新建】任务窗格。在【新建】任务窗格中，单击 空白工作簿 ，即可新建一个新的工作簿。

也可直接单击工具栏的新建按钮 ，新建一个空的工作簿，但不弹出【新建】对话框。

2. 调用模板建立新工作簿

在 Excel 2003 中，根据用户的不同需要已准备了多种类型的模板，用户可以直接调用这些模板，达到快捷建立工作簿的目的。

单击【文件】菜单中的【新建】命令，打开【新建】任务窗格。在【新建】任务窗格中，单击 本机上的模板... ，选择 电子方案表格选项卡，则会在电子方案表格框中显示若干模板。当选中一个模板时，会在右边预览框中显示模板的表格样式。如认为符合需要，单击【确定】按钮即可完成新建。

4.2.1.2　保存工作簿

当完成工作簿的编辑和修改后，需要保存它，具体操作步骤如下：

(1)单击【文件】菜单中的【保存】命令或常用工具栏中的 按钮，如是新文件，弹出【另存为】对话框。选择保存位置、输入文件名(若不输入文件名，则会以缺省文件名 Book1.xls 保存)。如是原已保存过的文件，再次保存时，将不会弹出对话框。

(2)单击【保存】按钮即可完成保存。

4.2.1.3　打开工作簿

要打开已保存过的工作簿，具体操作步骤如下：

(1)单击【文件】菜单中的【打开】命令或常用工具栏中的 按钮，弹出【打开】对话框，选择查找范围、选定要打开的文件名(文件名变蓝)。

(2)单击【打开】按钮即可打开所选工作簿。

也可在计算机上找到 Excel 工作簿文件，直接双击该文件。

4.2.2　在工作表中输入数据

4.2.2.1　选取工作表区域

1．选取单个单元格

活动单元格是要进行数据输入的当前单元格，它被粗边框围绕。

所谓选取单元格，就是使该单元格成为活动单元格。新建工作表默认活动单元格为 A1 单元格。选取单个单元格的方法是：用鼠标指针单击相应单元格或用键盘上的方向键移动到相应单元格。

2．选取单元格区域

选取单元格区域是指选取多个单元格。这些单元格可以是连续的，也可以是不相邻的。连续单元格的选取方法是：单击选定该区域的第一个单元格，然后按住左键拖动鼠标至最后一个单元格，释放鼠标即可。如选取 A1 到 E5 的连续单元格，如图 4-3 所示。

如要选取较大的单元格区域，在单击选取该区域的第一个单元格后，按住【Shift】键，接着移动滚动条到合适的位置，然后单击区域中最后一个单元格即可。

不相邻单元格的选取方法是：先选定第一个单元格或单元格区域，然后按住【Ctrl】键，再选取其他的单元格或单元格区域。例如选取 A1 到 B2 区域，C3，D4，E2 到 E4 区域，结果如图 4-4 所示。

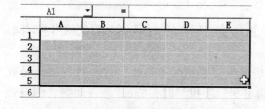　　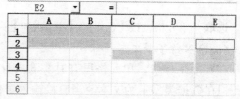

图 4-3　选取连续的单元格区域　　　　图 4-4　选取不相邻的单元格区域

3．选取整行

选取整行的方法是：单击行号。如单击 2 便可选取第二行，结果如图 4-5 所示。

选取相邻多行的方法是：选取一行后，按住左键沿行号拖动鼠标，释放左键即可。

选取不相邻多行的方法是：选取一行后，按住【Ctrl】键，选取其他行，如图 4-6 所示。

4．选取整列

选取整列的方法是：单击列号。如单击 B 便可选取第二列，结果如图 4-5 所示。

选取相邻多列的方法是：选取一列后，按住左键沿列号拖动鼠标，释放左键即可。

选取不相邻多列的方法是：选取一列后，按住【Ctrl】键，选取其他列，如图 4-6 所示。

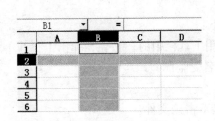

图 4-5　选取单列、单行

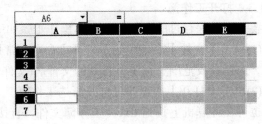

图 4-6　选取多列、多行

5. 选取整个工作表

选取整个工作表的方法是：单击工作表左上角的全选按钮(列号 A 左面和行号 1 上面的方块按钮)。

6. 取消选取区域

取消所选区域的方法是：在所选区域外的任一地方单击鼠标左键。

4.2.2.2　输入数据

1. 输入文本

单击需要输入数据的单元格，输入相应文本，如单击 A2 单元格，输入"东方商场"。在默认状态，所有文本在单元格中均为左对齐，如图 4-7 所示。

2. 输入数值型数据

在 Excel 2003 中，数字只可以为下列字符：0 ~ 9、%、$、/、-、，等。如单击 A3 单元格，输入"329"。在默认状态，所有数字在单元格中均为右对齐，如图 4-7 所示。

3. 输入日期和时间

在单元格中要输入可以识别的日期和时间，否则将被视为数字进行处理。日期格式为 m-d，即月-日。如在单元格内输入"8-9"，回车后，系统会自动改写为"8 月 9 日"。

选取一单元格，按【Ctrl】+【Shift】+【：】(冒号)，回车后，便可输入系统的当前时间。

4. 输入数字型文本

在实际工作中，单元格里有时要输入身份证号、手机号等数据，这些数据虽然是数字，但在数据类型上为文本。当直接输入身份证号、手机号时，Excel 会自动把它们当做数值型数据处理。并且系统会因为数值较大，自动使用科学计数法显示，如在 E2 单元格输入身份证号 510105198312101611，结果如图 4-8 所示。还有一些以"0"开头的数字文本，在输入以后，前面的"0"会自动消失，如在 E3 单元格输入学生学号 09021290001，结果如图 4-8 所示。

	A	B
1		
2	东方商场	
3	329	
4		

	D	E
1		
2		5.10105E+17
3		9021290001
4		

图 4-7　文本和数值默认对齐方式　　　　　　　　　图 4-8

解决上述问题的方法如下：

(1)在输入数字前，先输入一个英文输入法状态(或中文半角状态)下的单引号，再输入数字。

(2)首先选中要输入这些特殊数据的单元格区域，然后单击【格式】菜单下的【单元格】命令，在弹出的【单元格格式】对话框上，选择【数字】选项卡，在下边的【分类】里选择"文本"，如图 4-9 所示，单击【确定】按钮。再输入的数据就是文本类型了。

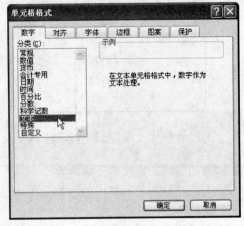

图 4-9

4.2.2.3　成批填充数据

1. 填充相同数据

将光标置于所选区域的右下角，当光标变为 ✛ 时，向右填充，按住左键向右拖动；向下填充，按住左键向下拖动即可，如图 4-10 所示。

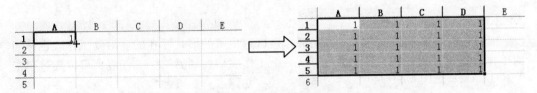

图 4-10　填充相同数据

2. 填充递增数据

选定的区域中要有递增倾向的数字，将光标置于所选区域的右下角，当光标变为 ✛ 时，按住左键向下拖动即可，如图 4-11 所示。

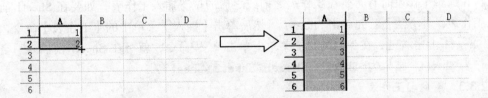

图 4-11　填充递增数据

3. 填充复杂序列

先选取一个输入起始数字的单元格，如 A1 单元格内输有数字 1，单击【编辑】菜单中【填充】命令下的【序列】子命令，弹出如图 4-12 所示的对话框。

在【序列】对话框中，如选中"列"和"等差序列"单选框，输入步长值 3 和终止值 16，单击【确定】按钮后，结果如图 4-13 所示。

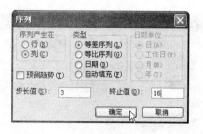

图 4-12 "序列"对话框

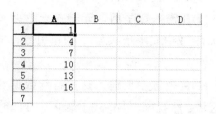

图 4-13 使用序列填充的效果

4.2.2.4 编辑、修改单元格内容

(1)完全修改单元格中的内容。单击待编辑数据的单元格，直接输入新内容，按【回车】键即可代替原来数据。

(2)修改单元格某些内容。单击待编辑数据的单元格，按【F2】键或双击鼠标左键即可进行修改。

(3)删除单元格所有内容。单击待编辑数据的单元格，按键盘上的【Delete】键即可。

4.2.3 工作表的编辑与修改

4.2.3.1 工作表间的切换

工作表标签显示在工作簿窗口底部，是以选项卡的形式存在的。活动工作表也称当前工作表，其名称以单下划线显示。从一个工作表切换到另一个工作表，可以通过单击工作表标签选项卡来实现。

在  中，新建工作簿默认 Sheet1 为活动工作表。如要使Sheet2 变成活动工作表，则只需在 Sheet2 选项卡上单击鼠标左键即可。

如果工作表太多，不能在屏幕上一一显示，可以单击工作表名称栏左边 ◄◄ ◄ ► ►► 中的 ◄ ► 进行左右移动。若单击 ◄◄ 则移到第一张工作表，单击 ►► 则移到最后一张工作表。

4.2.3.2 插入工作表

在编辑工作表时有时要在工作表之前或之后的位置插入工作表，如要在 Sheet1 前插入工作表，其方法是：先单击 Sheet1，然后单击【插入】菜单中的【工作表】命令，或在 Sheet1 上击右键，在弹出的快捷菜单上单击 插入(I) 命令，就可在 Sheet1 前插入一空白工作表 Sheet4，结果为 Sheet4 Sheet1 Sheet2 Sheet3 。

4.2.3.3 重命名工作表

在 Excel 中，通常以"Sheet+数字"默认为工作表的名称，使用起来很不方便。对工作簿中的每张工作表，用户都可给它另起个易于区分的名字。

其方法是：将鼠标指针指向工作表选项卡，如 Sheet1，击右键，在弹出的快捷菜单中选择【重命名】命令，输入新的名字即可。如输入"课程表"，则 Sheet1 变成 课程表 。也可以使用【格式】菜单中【工作表】下的【重命名】命令。

4.2.3.4 移动或复制工作表

具体操作如下：

(1)单击选中要移动或复制的工作表 Sheet2，单击【编辑】菜单中的【移动或复制工作表】命令，弹出【移动或复制工作表】对话框，如图 4-14 所示。

(2)在下列选定工作表之前 (B)：的列表框中选(移至最后)，如不选☐ 建立副本 (C)复选框，为移动工作表，结果为 \Sheet1\Sheet3\Sheet2\；如选☑ 建立副本 (C)复选框，为复制工作表、结果为 \Sheet1\Sheet2\Sheet3\Sheet2 (2)\。

也可以使用右键快捷菜单中的【移动或复制工作表】命令进行移动或复制。

工作表的移动，也可以通过鼠标拖动来实现。如要拖动 Sheet2 到 Sheet3 之后，只需把鼠标指针指向 Sheet2，按住左键向右拖动，拖到 Sheet3 后松开鼠标左键，如图 4-15 所示。

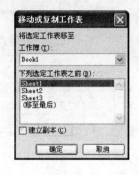

图 4-14

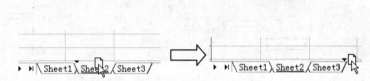

图 4-15　移动工作表效果

4.2.3.5　删除工作表

工作表一旦删除，就不能再恢复，故删除工作表一定要慎重。其具体操作步骤如下：

(1)单击要删除的工作表选项卡。

(2)单击【编辑】菜单中的【删除工作表】命令，在弹出的警示对话框中单击【确定】按钮，便可永久删除当前活动工作表。

也可以使用右键快捷菜单中的【删除】命令进行工作表的删除。

4.2.3.6　工作表中单元格、行、列的插入

1．插入单元格

选定需插入空单元格的相应单元格，单击【插入】菜单中的【单元格】命令，在弹出的【插入】对话框中选择◯ 活动单元格右移 (I)或◯ 活动单元格下移 (D)，单击【确定】即可。

2．插入行或列

选定需插入行或列的任意单元格，单击【插入】菜单中的【行】或【列】命令即可。

也可以选取某一行或列，在选取的行或列上击右键，单击快捷菜单上的【插入】命令。

4.2.3.7　工作表中单元格、行、列的删除

1．删除单元格

选定要删除的单元格，单击【编辑】菜单中的【删除】命令，在弹出的【删除】对话框中选择◯ 右侧单元格左移 (L)或◯ 下方单元格上移 (U)，单击【确定】即可。

2．删除行或列

选定需删除行或列的任意单元格，单击【编辑】菜单中的【删除】命令，在弹出的【删除】对话框中选择整行或整列，单击【确定】即可。

也可以选取某一行或列，在选取的行或列上击右键，单击快捷菜单上的【删除】命令。

4.2.3.8　单元格的重命名

在工作表中，当某一单元格成为活动单元格时，在单元格名称框就会显示该单元格名称，默认状态单元格名称为列号与行号的组合，如 A1。有时用户为了实际需要，可以对单元格重命名。

具体方法是：选择要改名的单元格，单击【插入】菜单中【名称】命令下的【定义】子命令，在弹出的【定义名称】对话框中的**在当前工作簿中的名称(W)**：框内，输入新的名称，单击【确定】按钮，则单元格的名称就变成了新输入的名称。如将 B3 单元格的名称改为"学生成绩"，如图 4-16 所示。

图 4-16　单元格改名

4.3　表格格式化

4.3.1　单元格的格式化

单元格的格式化包括单元格内数字的格式化和单元格内字体的格式化。

4.3.1.1　设置数字格式

在 Excel 2003 中，数字格式包括常规格式、货币格式、日期格式、百分比格式、文本格式、会计专用格式等。设置数字格式的具体操作步骤如下：

(1)选定要进行格式化的数字单元格区域，如图 4-17 所示。

(2)单击【格式】菜单中的【单元格】命令，弹出【单元格格式】对话框，单击【数字】选项卡，如图 4-18 所示。

图 4-17　选取单元格区域

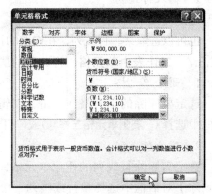

图 4-18　"单元格格式"对话框

(3)以选择"货币"类型，加货币符号，小数位为 2 位为例。在【分类】列表框中单击"货币"选项；在【小数位数】框中选择"2"；在【货币符号】框中选择一种货币符号；在【负数】框中选择一种货币负数的显示方式。

(4)单击【确定】按钮，所选单元格数据全部被货币格式代替，如图 4-19 所示。

	A	B	C	D	E
1					
2	本年度各商场销售额				
3					
4	商场名称	一季度	二季度	三季度	四季度
5	东方商场	￥500,000.00	￥450,000.00	￥480,000.00	￥520,000.00
6	华北商场	￥420,000.00	￥380,000.00	￥440,000.00	￥400,000.00
7	天都商场	￥360,000.00	￥420,000.00	￥370,000.00	￥480,000.00
8	丰润商场	￥480,000.00	￥510,000.00	￥600,000.00	￥700,000.00
9					

图 4-19 使用货币格式的效果

4.3.1.2 设置单元格字体

设置单元格字体可以使单元格的文字更加美观、具体。其具体操作步骤如下：

(1)选取进行单元格格式设置的文字单元格区域，如图 4-20 所示。

	A	B	C	D	E
1					
2	本年度各商场销售额				
3					
4	商场名称	一季度	二季度	三季度	四季度
5	东方商场	￥500,000.00	￥450,000.00	￥480,000.00	￥520,000.00
6	华北商场	￥420,000.00	￥380,000.00	￥440,000.00	￥400,000.00
7	天都商场	￥360,000.00	￥420,000.00	￥370,000.00	￥480,000.00
8	丰润商场	￥480,000.00	￥510,000.00	￥600,000.00	￥700,000.00
9					

图 4-20 选取文字单元格区域

(2)单击【格式】菜单中的【单元格】命令，弹出【单元格格式】对话框，单击【字体】选项卡，如图 4-21 所示。

(3)在【字体】框内选择"楷体"，在【字形】框中选择"常规"；在【字号】框中选择"14"号，在【下划线】列表中选择"无"；在【颜色】列表中选择"自动"；在【特殊效果】下不选择。

(4)单击【确定】按钮，结果如图 4-22 所示。

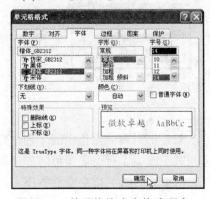

图 4-21 单元格格式字体选项卡

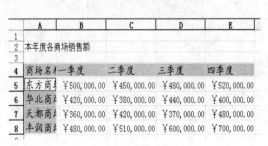

图 4-22 文字格式设置效果

4.3.1.3 合并居中单元格

通常设计表格时，我们都希望标题名称放在整个数据的中间，最为简单的方法就是使用单元格合并及居中功能。具体操作步骤如下：

(1)选中要单元格居中的多个单元格，如图 4-23 所示。

(2)单击格式工具栏中的合并及居中按钮 📑 。

这样，即可把选中单元格及单元格内容合并及居中了，如图 4-23 所示。

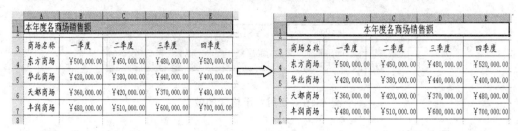

图 4-23　合并及居中前后

4.3.2　行高、列宽的调整

当建立一张新工作表时，所有的单元格都有相同的宽度和高度，有时不能满足用户的需要，如在图 4-22 中，"商场名称"一栏因为列宽不够，只显示了部分内容。这就要求用户根据实际需要适当调整列宽、行高，制作出既实用又美观的表格。

4.3.2.1 调整列宽

(1)选择待调整列宽的列的任意单元格。

(2)单击【格式】菜单中的【列】命令下的 📏 列宽(W)...命令，弹出【列宽】对话框，如图 4-24 所示。

(3)在【列宽】文本框内输入合适的列宽值，单击【确定】即可。

上述操作是对一列列宽的调整，如要对多列或整张表进行操作，只需扩大第(1)步的选择区域范围，后面步骤相同。

也可以用鼠标来调整列宽，方法是：把鼠标指针移到列与列的交界处，如 D ✛ E ，当指针变成 ✛ 时，按下左键向左或向右拖动鼠标，释放左键即可把列调窄或调宽。

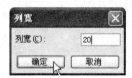 

图 4-24　列宽、行高对话框

4.3.2.2 调整行高

改变行高和改变列宽的方法相似，这里不再赘述。只是把对列的操作中的【列】命令改为【行】命令， 📏 列宽(W)...改为 📏 行高(E)...，【列宽】改为【行高】即可。如用鼠标调整,其鼠标指针放到行与行交界处时会变成 ✛ 而已。调整后的图 4-22 会变成如图 4-25 所示的效果。

	A	B	C	D	E	F
1						
2	本年度各商场销售额					
3						
4	商场名称	一季度	二季度	三季度	四季度	
5	东方商场	￥500,000.00	￥450,000.00	￥480,000.00	￥520,000.00	
6	华北商场	￥420,000.00	￥380,000.00	￥440,000.00	￥400,000.00	
7	天都商场	￥360,000.00	￥420,000.00	￥370,000.00	￥480,000.00	
8	丰润商场	￥480,000.00	￥510,000.00	￥600,000.00	￥700,000.00	
9						

图 4-25   调整行高、列宽后的效果

4.3.3   设置对齐方式

在 Excel 中，默认状态下，单元格中数据的水平对齐方式表现为文字左对齐、数字右对齐；垂直对齐方式文字和数字都是靠下对齐。这样的表格对齐方式，不能满足所有用户的需要，所以 Excel 提供了更改对齐方式的功能。具体操作步骤如下：

(1)选取要设置对齐方式的单元格区域。

(2)单击【格式】菜单中的【单元格】命令，弹出【单元格格式】对话框，单击【对齐】选项卡，如图 4-26 所示

(3)以图 4-25 中的表格为例，来设置对齐方式。要求是：表格的标题"本年度各商场销售额"跨列居中；表格中文字水平居中、垂直居中；表格中数字水平右对齐，垂直居中。

(4)先选取表格标题所在行中 A2 到 E2 的单元格区域,在如图 4-26 所示的对话框中选择【水平对齐】下拉列表中的"跨列居中"，单击【确定】按钮。

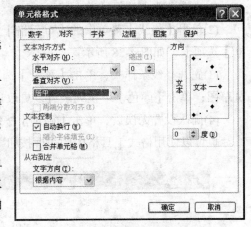

图 4-26   单元格格式对齐选项卡

(5)选取文字单元格区域,在如图 4-26 所示的对话框中，在【水平对齐】下拉列表中选择"居中"，在【垂直对齐】下拉列表中选择"居中"，单击【确定】按钮。

(6)选取数字单元格区域，在如图 4-26 所示的对话框中，在【水平对齐】下拉列表中选择"靠右"，在【垂直对齐】下拉列表中选择"居中"，单击【确定】按钮。

对图 4-25 设置对齐后的结果如图 4-27 所示。

	A	B	C	D	E
1					
2		本年度各商场销售额			
3					
4	商场名称	一季度	二季度	三季度	四季度
5	东方商场	￥500,000.00	￥450,000.00	￥480,000.00	￥520,000.00
6	华北商场	￥420,000.00	￥380,000.00	￥440,000.00	￥400,000.00
7	天都商场	￥360,000.00	￥420,000.00	￥370,000.00	￥480,000.00
8	丰润商场	￥480,000.00	￥510,000.00	￥600,000.00	￥700,000.00
9					

图 4-27   设置对齐方式后的效果

(7)图 4-26 所示的对话框中,【自动换行】复选框,用来对输入的文本根据单元格列宽自动换行;【缩小字体填充】复选框,用来减小单元格中的字符大小,使数据的宽度与列宽相同;【合并单元格】复选框,用来将多个单元格合并成一个单元格;【方向】框,用来改变单元格中文本旋转角度,角度范围为–90° ~ 90°。

另外,设置单元格水平对齐方式中的左对齐、居中、右对齐,也可使用格式工具栏的 ▤ ▤ ▤ 按钮。

4.3.4 设置边框图案

4.3.4.1 设置边框

在 Excel 默认状态下,工作表内显示的横线和竖线实际上是虚线,这些线在打印预览状态或在打印时不会显示。因此,根据需要用户可以给工作表内的表格加上边框,其具体操作步骤如下:

(1)选取要设置边框的单元格区域。

(2)单击【格式】菜单中的【单元格】命令,弹出【单元格格式】对话框,单击【边框】选项卡,如图 4-28 所示。

(3)先选择线条样式,单击【预置】选项及【边框】按钮可以添加边框样式,并可预览草图;单击【颜色】下拉列表可以更改边框颜色。

(4)确认设置无误后,单击【确定】按钮。

也可以使用格式工具格中的边框按钮 ,来设置边框,如图 4-29 所示。

图 4-28 单元格格式边框选项卡

图 4-29 边框样式

4.3.4.2 设置图案

图案指区域的颜色和阴影。在【单元格格式】对话框中选择【图案】选项卡,如图 4-30 所示。

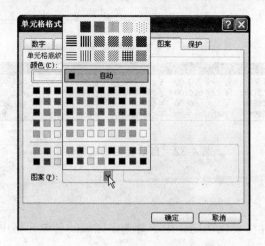

图 4-30 单元格格式图案选项卡

其中，【颜色】框用于选择单元格的背景色；【图案】框中则有两部分选项：上面三行列出了 18 种图案，下面则列出了用于绘制图案的颜色。

利用格式工具栏中的颜色按钮 <img> ▼，也可以改变单元格的背景色。

4.3.5 自动套用表格

对于工作表的格式化，还可以使用 Excel 提供的自动套用表格功能。比如以图 4-27 为例，使用表格自动套用格式，具体操作如下：

(1)选定要格式化的单元格区域(A4:E8)，值得注意的是，不能选整张表，否则在套用时会导致内存不足。

(2)单击【格式】菜单中的【自动套用格式】命令，会弹出如图 4-31 所示的对话框。

(3)选择自己喜欢的格式，如选择"古典 2"，单击【确定】按钮，图 4-27 所示的工作表就会变成如图 4-32 所示。

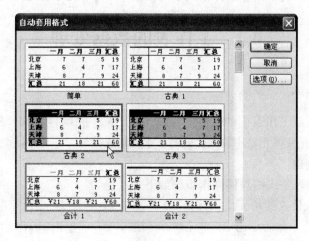

图 4-31 "自动套用格式"对话框

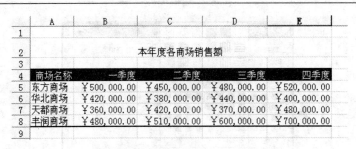

图 4-32   自动套用格式的效果

4.3.6   条件格式化

Excel 提供的条件格式化功能，用于对选定区域的各单元格中的数值设置一定的条件，对满足条件的单元格设置格式。

如在图 4-27 所示的表格中，对季度销售额不足 400000 的用红色表示，操作方法是：选定要设置格式的数值区域；选择【格式】菜单中的【条件格式】命令，弹出如图 4-33 所示的【条件格式】对话框。

图 4-33   "条件格式"对话框

在该对话框中选择单元格数值、条件运算符(小于)和条件值(400000)，然后单击格式(F)...按钮，在弹出的【单元格格式】对话框中设置数字格式(如字体颜色为红色)，单击【确定】按钮。再单击【条件格式】对话框中的【确定】按钮即可完成操作。

4.4   工作表的数据处理

4.4.1   公式的输入

公式可以用来对工作表中的数值进行加、减、乘、除运算。输入公式的操作类似数据输入，不同的就是在单元格中输入公式时必须先输入等号"="，然后才是公式的表达式。

4.4.1.1   公式的创建

在单元格中输入公式的具体操作步骤如下：

(1)选择要输入公式的单元格，例如 B9 单元格。

(2)先输入"="，然后单击 B5 单元格；再输入"+"，单击 B6 单元格；再输入"+"，单击 B7 单元格；再输入"+"，单击 B8 单元格。实际是求 B5 至 B8 单元格数值的和，这样就创建了一个简单的公式。输入的公式如图 4-34 所示。

	A	B	C	D	E	F
1						
2			本年度各商场销售额			
3						
4	商场名称	一季度	二季度	三季度	四季度	
5	东方商场	￥500,000.00	￥450,000.00	￥480,000.00	￥520,000.00	
6	华北商场	￥420,000.00	￥380,000.00	￥440,000.00	￥400,000.00	
7	天都商场	￥360,000.00	￥420,000.00	￥370,000.00	￥480,000.00	
8	丰润商场	￥480,000.00	￥510,000.00	￥600,000.00	￥700,000.00	
9	合计	=B5+B6+B7+B8				

图 4-34　输入公式

(3)按下【回车】键，或单击公式编辑栏上的输入按钮 ✔，确定公式的创建。B9 单元格中显示出相加的结果，如图 4-35 所示。

	A	B	C	D	E	F
1						
2			本年度各商场销售额			
3						
4	商场名称	一季度	二季度	三季度	四季度	
5	东方商场	￥500,000.00	￥450,000.00	￥480,000.00	￥520,000.00	
6	华北商场	￥420,000.00	￥380,000.00	￥440,000.00	￥400,000.00	
7	天都商场	￥360,000.00	￥420,000.00	￥370,000.00	￥480,000.00	
8	丰润商场	￥480,000.00	￥510,000.00	￥600,000.00	￥700,000.00	
9	合计	￥1,760,000.00				
10						

图 4-35　公式计算结果

注意：求单元格区域中数值的计算值，在输入公式时，尽量不要将单元格中填充的内容(如 500000)输入公式，必须输入数值对应的单元格名称(如 B5)。因为只有输入单元格名称，才能在单元格内数据发生变化时，合计总额自动发生变化。

4.4.1.2　公式的编辑

1．修改公式

创建公式后，有时需要对公式进行修改，方法是：直接双击含有公式的单元格，例如双击图 4-35 中 B9 单元格，就可在 B9 单元格中修改公式了；还可以单击含有公式的单元格，在显示该公式的公式编辑栏中进行修改。

2．复制公式

复制单元格的公式，其步骤为：选定带有公式的单元格，单击常用工具栏中的复制按钮，再选定需要粘贴公式的单元格，单击常用工具栏中的粘贴按钮，即可完成公式复制。公式复制后，其公式中的单元格名称会因公式所在单元格的改变而相应改变名称。例如，在 B9 单元格中输入的公式为"=B5+B6+B7+B8"，那么将 B9 中的公式复制到 C9 单元格后，C9 中的公式就会变成"=C5+C6+C7+C8"。

如多个单元格在求值时的对应关系相同，则可以使用成批复制公式的方法，如图 4-35 中的表格，如在 C9、D9、E9 中都求上面四个单元格的和，则其对应关系即与 B9 求值的对应关系一致，就可使用成批复制公式的方法，具体步骤如下：

(1)选定复制出公式的单元格，如 B9 单元格。

(2)将鼠标指针移到此单元格的右下角，指向填充柄，变成➕形状时，按住左键拖动鼠标到 E9 单元格，松开左键，即完成复制，如图 4-36 所示。

	A	B	C	D	E
1					
2			本年度各商场销售额		
3					
4	商场名称	一季度	二季度	三季度	四季度
5	东方商场	￥500,000.00	￥450,000.00	￥480,000.00	￥520,000.00
6	华北商场	￥420,000.00	￥380,000.00	￥440,000.00	￥400,000.00
7	天都商场	￥360,000.00	￥420,000.00	￥370,000.00	￥480,000.00
8	丰润商场	￥480,000.00	￥510,000.00	￥600,000.00	￥700,000.00
9	合计	￥1,760,000.00	￥1,760,000.00	￥1,890,000.00	￥2,100,000.00
10					

图 4-36　成批复制的结果

注意：复制带有公式的单元格，只是将单元格中的公式进行复制和粘贴，而不是将单元格中的实际填充内容进行复制和粘贴。

3．删除公式

如果要删除单元格中的计算结果和公式，选定该单元格，直接按键盘上的【Delete】键即可。

4.4.1.3　自动求和

在表格的运算中，求和是使用最频繁的。Excel 对一些常用的快速运算设置了按钮**∑ ▾**，例如求和、平均数、计数、最大、最小。下面以自动求和为例说明其用法，具体操作步骤如下：

(1)选定需要求和的一组数(行或列)，但要在数字末尾多选一个空白单元格，以便存放求出的结果。如选定 A1:E1 区域，E1 为空白单元格，如图 4-37(a)所示。

(2)单击常用工具栏上的**∑ ▾**按钮，结果即填在 E1 单元格里，如图 4-37(b)所示。

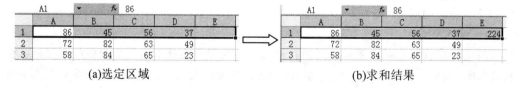

(a)选定区域　　　　　　　　　　　　　　(b)求和结果

图 4-37

另外，Excel 在状态栏右侧也提供了一个显示自动求和结果的地方。当用户选定如图 4-37(a)所示区域，在状态栏就会显示 求和=224 。但这个结果是系统自动求出并显示出来的，用户不能进行编辑。在 求和=224 处击右键，还可切换到平均值、计数值、最大值、最小值等运算。

4.4.2　函数的使用

为方便用户对数据进行计算，Excel 2003 提供了许多内置的函数。利用函数进行计算大大提高了工作效率，函数的构成与公式相似，分为函数本身和函数参数，常用的函数有 SUM(求和)、AVERAGE(求平均值)、COUNT(统计)、MAX(求最大值)、MIN(求最小值)

等。由于函数太多，用户很难全部记住，所以通常使用粘贴函数的方法，具体操作步骤如下：

(1)选定要使用函数的单元格，如选中图 4-35 中的 B9 单元格。

(2)选择【插入】菜单中的【函数】命令，或单击公式编辑栏左边的插入函数按钮 *fx*，弹出【插入函数】对话框，如图 4-38 所示。

(3)默认状态下，在【或选择类别】列表框中显示为“常用函数”，用户可以单击下拉按钮选择其他类别。例如，选择“常用函数”，在【选择函数】列表框中选择求和函数“SUM”，单击【确定】按钮，弹出如图 4-39 所示的【函数参数】对话框。

插入函数
搜索函数(S):
请输入一条简短的说明来描述您想做什么，然后单击“转到”
转到(G)
或选择类别(C): 常用函数
常用函数
全部
财务
日期与时间
数学与三角函数
统计
查找与引用
数据库
文本
逻辑
信息
选择函数(N):
SUM
AVERAGE
IF
HYPERLINK
COUNT
MAX
SIN
计算单元格区域中所有数值的和
有关该函数的帮助
确定
取消

图 4-38　“插入函数”对话框

函数参数
SUM
Number1
Number2
计算单元格区域中所有数值的和
Number1: number1,number2,... 1 到 30 个待求和的数值。单元格中的逻辑值和文本将被忽略。但当作为参数键入时，逻辑值和文本有效
计算结果 =
有关该函数的帮助(H)
确定
取消

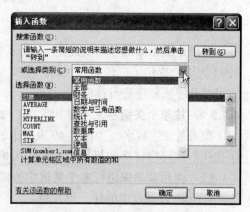

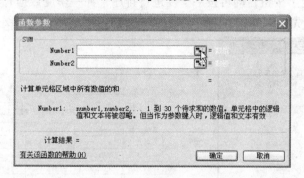

图 4-39　“函数参数”对话框

(4)在 Number1 框中输入引用的单元格区域，或单击 Number1 框右边的按钮，可暂时折叠起数据添加框，露出工作表，如图 4-40 所示。

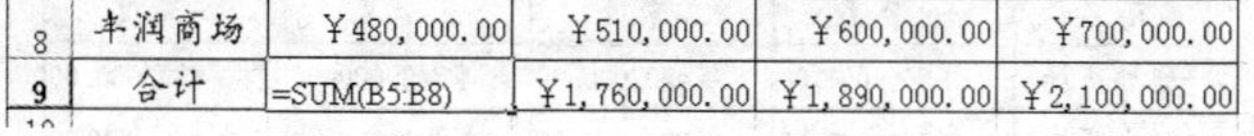

SUM
=SUM(B5:B8)
B5:B8
本年度各商场销售额
商场名称
一季度
二季度
三季度
四季度
东方商场 ￥500,000.00 ￥450,000.00 ￥480,000.00 ￥520,000.00
华北商场 ￥420,000.00 ￥380,000.00 ￥440,000.00 ￥400,000.00
天都商场 ￥360,000.00 ￥420,000.00 ￥370,000.00 ￥480,000.00
丰润商场 ￥480,000.00 ￥510,000.00 ￥600,000.00 ￥700,000.00
合计 =SUM(B5:B8) ￥1,760,000.00 ￥1,890,000.00 ￥2,100,000.00

图 4-40　选择数据

(5)拖动鼠标，选择 B5:B8 单元格区域，在数据添加框内显示“B5:B8”，B9 单元格内显示“=SUM(B5:B8)”。单击数据添加框右边的按钮，返回如图 4-39 所示的【函数参数】对话框，单击【确定】按钮，即可在所选单元格填入计算结果。

4.4.3　排序

排序是数据库的基本功能之一，为了数据查找方便，往往需要对数据进行排序。Excel 2003 为用户提供了三级排序，即：主要关键字、次要关键字、第三关键字，每个关键字均可按升序或降序进行排序。

4.4.3.1　按单个关键字来排序

单击某一字段名，如图 4-40 表格中的"一季度"，然后单击常用工具栏中的升序排序按钮 ⿰ 或降序排序按钮 ⿰，则数据表的该列被排序。

4.4.3.2　使用菜单来进行多个关键字的排序

(1)选中数据表中的任一单元格。

(2)单击【数据】菜单中的【排序】命令，弹出如图 4-41 所示的对话框。按图 4-41 所示进行排序设置。

(3)单击【确定】按钮，即可按一季度进行排序，如一季度数据有相同者，则会按二季度数据大小排出先后，如仍有雷同，则比较三季度。结果如图 4-42 所示。

图 4-41　"排序"对话框

	A	B	C	D	E
1					
2			本年度各商场销售额		
3					
4	商场名称	一季度	二季度	三季度	四季度
5	天都商场	￥360,000.00	￥420,000.00	￥370,000.00	￥480,000.00
6	华北商场	￥420,000.00	￥380,000.00	￥440,000.00	￥400,000.00
7	丰润商场	￥480,000.00	￥510,000.00	￥600,000.00	￥700,000.00
8	东方商场	￥500,000.00	￥450,000.00	￥480,000.00	￥520,000.00
9	合计				

图 4-42　排序效果

4.4.4　筛选

筛选数据只是将数据表中满足条件的记录显示出来，将不满足条件的记录暂时隐藏。筛选数据的具体步骤如下：

(1)选取数据表中的任一单元格。

(2)单击【数据】菜单中【筛选】命令下的【自动筛选】子命令，在清单第一行的各字段名旁出现一个下拉箭头 ▼，如图 4-43 所示。

商场名称 ▼	一季度 ▼	二季度 ▼	三季度 ▼	四季度 ▼
天都商场	￥360,000.00	￥420,000.00	￥370,000.00	￥480,000.00
华北商场	￥420,000.00	￥380,000.00	￥440,000.00	￥400,000.00
丰润商场	￥480,000.00	￥510,000.00	￥600,000.00	￥700,000.00
东方商场	￥500,000.00	￥450,000.00	￥480,000.00	￥520,000.00

图 4-43

(3)单击二季度字段旁的 ▼ 按钮，在列表框中选择【自定义】，会弹出如图 4-44 所示的对话框。在【二季度】的下拉列表中选择"大于或等于"，在数据下拉列表中选择数据(如 450000)。

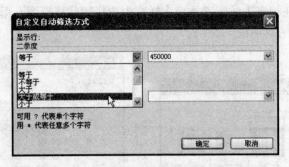

图 4-44　"自定义自动筛选方式"对话框

(4)单击【确定】按钮，即完成筛选，结果如图 4-45 所示。

商场名称	一季度	二季度	三季度	四季度
丰润商场	￥480,000.00	￥510,000.00	￥600,000.00	￥700,000.00
东方商场	￥500,000.00	￥450,000.00	￥480,000.00	￥520,000.00

图 4-45　筛选效果

单击【数据】菜单中【筛选】命令下的【全部显示】，数据可恢复到筛选前的样式。

4.5　图表的创建与编辑

Excel 2003 提供了强大的图表制作功能，通过创建不同类型的图表，可以更直观地分析工作表中的结果。

4.5.1　图表的创建

4.5.1.1　使用图表向导创建图表

在图表向导中共列出了 14 种不同的图表类型，用户可从图表类型中选择合适的子图表类型，根据提示完成图表创建。

使用图表向导创建图表的具体步骤如下：

(1)选取要创建图表的数据区域，如图 4-46 所示。

商场名称	一季度	二季度	三季度	四季度
东方商场	￥500,000.00	￥450,000.00	￥480,000.00	￥520,000.00
华北商场	￥420,000.00	￥380,000.00	￥440,000.00	￥400,000.00
天都商场	￥360,000.00	￥420,000.00	￥370,000.00	￥480,000.00
丰润商场	￥480,000.00	￥510,000.00	￥600,000.00	￥700,000.00

图 4-46　选择数据区域

(2)单击【插入】菜单中的【图表】命令，或单击常用工具栏中的图表向导按钮，弹出如图 4-47 所示对话框。单击【标准类型】选项卡，在【图表类型】下拉列表中选择"柱形图"，然后在相应【子图表类型】样式中选择簇状柱形图。单击【下一步】按钮，弹出如图 4-48 所示的对话框。

图 4-47　"图表类型"对话框　　　　　图 4-48　"源数据"对话框

(3)单击【系列】选项卡，在系列(S)框中单击"系列 1"，单击名称(N)框右端的按钮，名称框变为折叠框，在如图 4-46 所示的表中选择"一季度"单元格，单击折叠框右端的按钮，如图 4-48 所示，"系列 1"会变成"一季度"。也可以在名称(N)框中直接输入"一季度"，按键盘上的【Enter】键。系列 2 的改变方法亦如此。系列名改为相应名称后，单击【下一步】按钮，弹出如图 4-49 所示对话框。

(4)逐一修改选项卡 标题 ┃坐标轴┃网格线┃ 图例 ┃数据标志┃数据表 中的内容，使之符合用户需要，单击【下一步】按钮。

(5)在弹出的对话框中选择图表存放的位置，单击【完成】按钮，便能得到如图 4-50 所示的图表。

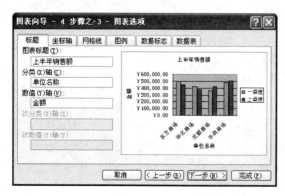

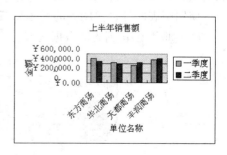

图 4-49　"图表选项"对话框　　　　　图 4-50　创建的图表

4.5.1.2　快速创建默认图表

选取数据区域，单击【视图】菜单下【工具栏】命令中的【图表】子命令，弹出图表工具栏，如图 4-51 所示。在下拉图表类型中选择一种，即可快速建成图表。

图 4-51　图表工具栏

选取数据区域，直接按【F11】也可快速建成图表。

4.5.2　图表的编辑修改

4.5.2.1　图表中文字及数值的格式化

如果要修改分类轴、数值轴、图例、图表标题、分类轴标题、数值轴标题的文字大小、对齐格式和填充图案，只需在指针移向图表出现相应提示文字时，击右键，在弹出的快捷菜单上选择相应格式命令，在弹出的对话框中进行修改，并能用拖动鼠标的办法移动标题和图例的位置。

如对数值轴进行编辑修改，具体操作步骤如下：

(1)将鼠标指针指向数值轴，出现"数值轴"标注时，击右键，在快捷菜单上单击【坐标轴格式】命令，如图 4-52 所示。

(2)弹出【坐标轴格式】对话框，单击【刻度】选项卡，将"最大值"设为"600000"，"最小值"设为"0"，"主要刻度单位"为"100000"，"次要刻度单位"为"50000"，"分类(X)轴交叉于"设为"0"，如图 4-53 所示。

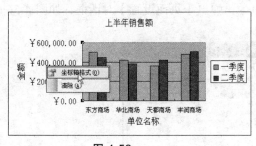

图 4-52

图 4-53

(3)在【坐标轴格式】对话框中，单击【字体】选项卡，设置字体、字号，如将字号设为 8 号。

(4)在【坐标轴格式】对话框中，选择【数字】、【对齐】选项卡，设置数字类型及对齐方式。

再相应对分类轴、图例、图表标题、分类轴标题、数值轴标题的文字大小、对齐格式和填充图案等进行设置。

图 4-50 修改后的图表效果如图 4-54 所示。

4.5.2.2　修改图表类型、数据源、图表选项

要修改图表类型、数据源、图表选项，只需选定图表，在图表上击右键，在弹出的菜单上选择图表类型、数据源或图表选项，就会弹出如图 4-47 ~ 图 4-49 所示的对话框，就可以对已创建的图表进行修改。

4.5.2.3　向图表中添加数据

可以通过复制和粘贴往图表中添加数据。

选取含有待添数据的单元格区域，如图 4-55 所示，单击📋按钮。选中该图表，再单击📋按钮，即可在图表中添加"三季度"的销售额。

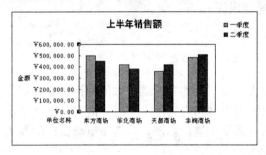

图 4-54　修改后的效果

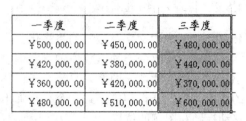

一季度	二季度	三季度
￥500,000.00	￥450,000.00	￥480,000.00
￥420,000.00	￥380,000.00	￥440,000.00
￥360,000.00	￥420,000.00	￥370,000.00
￥480,000.00	￥510,000.00	￥600,000.00

图 4-55

4.6　工作表的打印

工作表设计结束后，最终要通过打印机输出出来。一般先进行页面设置，再进行打印预览，最后打印出来。

4.6.1　页面设置

单击【文件】菜单中的【页面设置】命令，弹出【页面设置】对话框，如图 4-56 所示。在对话框中进行必要的设置。

图 4-56　"页面设置"对话框

4.6.1.1　设置页边距

在弹出的【页面设置】对话框中，选择【页边距】选项卡，用户可进行上下、左右边距以及页眉、页脚高度的设置。还可对表格的水平居中和垂直居中方式进行调整。

4.6.1.2　设置页眉和页脚

在弹出的【页面设置】对话框中，选择【页眉/页脚】选项卡，如图 4-57 所示。或单击【视图】菜单下的【页眉和页脚】命令。

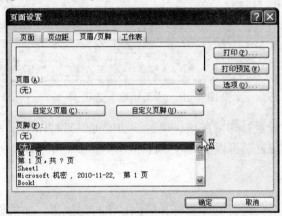

图 4-57　"页眉/页脚"选项卡

1. 选择内置页眉/页脚

在图 4-57 中，单击页眉(A)和页脚(F)下拉按钮 ▼|，在弹出的下拉列表中选择所需页眉和页脚。

2. 创建自定义页眉/页脚

在图 4-57 中，单击自定义页眉(C)或自定义页脚(U)按钮，弹出页眉或页脚对话框，如图 4-58 所示。在页眉或页脚对话框中，单击左(L)、中(C)、右(R)下面的文本框，然后根据需要选择其上面的按钮，在所需的位置插入页眉或页脚的内容。

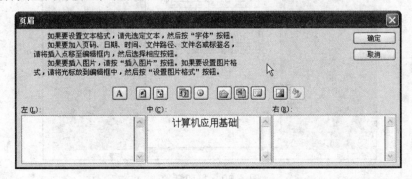

图 4-58　"页眉"对话框

4.6.1.3　设置打印区域及标题

在如图 4-56 所示的对话框中选择【工作表】选项卡，如图 4-59 所示。

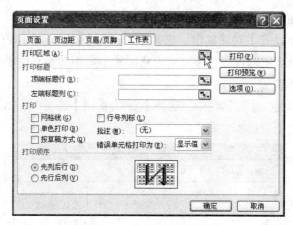

图 4-59　　"工作表"选项卡

　　在此选项中可以设置打印的区域，通过该功能可以只打印工作表中的部分内容。设置打印标题，可以使超过一页以上的表格打印出来都带有相同的标题。

4.6.2　打印预览

　　打印工作表之前要先进行打印预览，模拟显示打印效果。如果设置正确，就可在打印机上正式打印出来。

　　单击【文件】菜单中的【打印预览】命令，或单击常用工具栏中的按钮，屏幕会显示出打印预览界面，如图 4-60 所示。

　　单击 **页边距 (M)**，预览状态下会出现虚线表示页边距和页眉、页脚位置，鼠标指针移向虚线可变成双箭头，此时拖动鼠标可改变其位置。

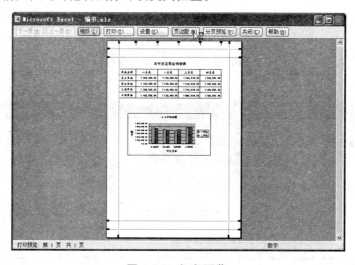

图 4-60　打印预览

4.6.3　打印输出

　　在进行了充足的准备工作之后，就可以真正地打印设置好的工作表了。

(1)单击【文件】菜单中的【打印】命令,弹出【打印内容】对话框,如图 4-61 所示。

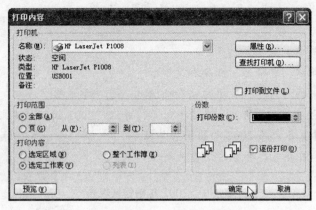

图 4-61　"打印内容"对话框

(2)在【打印内容】对话框中选择所需的选项,如范围、内容、份数等。

(3)单击【确定】按钮,即可开始打印。

也可单击常用工具栏中的打印按钮 ，直接进行打印。

习题 4

1. 填空

(1)Excel 工作簿文件的扩展名为_____。

(2)缺省的空白工作簿包含_____个空白工作表,其工作表名为_____、_____和_____。

(3)选取不相邻的单元格区域,需要按住键盘上的_____键才能完成。

(4)Excel 的工作簿窗口最多能有_____张工作表。

(5)在 Excel 工作表中,一次可以选取_____个活动单元格。

(6)输入公式时应首先输入_____号。

2. 选择

(1)假如 E4 为活动单元格,分别执行插入一列和一行后,则活动单元格的名称为_____。

A.E5　　　　　　　B.F5　　　　　　　C.E4　　　　　　　D.F4

(2)第 3 行第 D 列所对应的单元格名称为_____。

A.3D　　　　　　　B.D3　　　　　　　C.D:3　　　　　　D.上述都不对

(3)下面说法错误的是_____。

A.某单元格的名称可以改变　　　　　B.工作表可以重命名、删除和复制

C.工作表中的数值默认状态为右对齐　D.工作表不能进行打印区域设置

3. 简答

(1)简述工作簿和工作表的关系。

(2)什么是单元格? 什么是活动单元格?

(3)Excel 提供哪几种不同类型的图表？

(4)Excel 中，筛选的功能是什么？

4. 实际操作

(1)工作簿的新建、保存和打开。

(2)工作表的新建、重命名、删除和复制。

(3)在工作表中插入列、行、单元格和删除列、行、单元格。

(4)请按下列要求创建表格，如表 4-1 所示，并以"2002 销售"为文件名保存。

①使用函数计算各产品 2002 年的销售总额。

②用公式计算该公司各季度的销售总额。

表 4-1　2002 年销售情况表

2002年销售情况					
产品名称	一季度	二季度	三季度	四季度	总额
空调	￥30,000.00	￥43,000.00	￥92,000.00	￥65,000.00	
微波炉	￥49,000.00	￥56,000.00	￥45,000.00	￥60,000.00	
电热水器	￥22,000.00	￥19,000.00	￥30,000.00	￥23,000.00	
电饭煲	￥31,000.00	￥44,000.00	￥29,000.00	￥48,000.00	
合计					

③使用货币格式显示表中数值。

④标题"2002 年销售情况"跨列居中，字体黑体 16 号；列标题水平、垂直居中，字体宋体 12 号；数值水平居右、垂直居中，字体宋体 12 号；行标题水平居左、垂直居中，字体宋体 12 号。

⑤给产品名称、每季度、总额列设置不同颜色背景。

⑥给表格加上边框线。

⑦把总额单元格的名称命名为"年度总额"。

⑧复制本工作表到 Sheet2 和 Sheet3，并把 Sheet1 工作表命名为"年度销售"。

⑨在 Sheet2 工作表中，以"四季度"为关键字进行递增排序。

⑩在 Sheet2 工作表中，筛选出三季度销售额大于等于 45000 的产品。

⑪在 Sheet3 工作表中，以一季度和二季度的数据创建四种产品销售额的三维簇状柱形图。

⑫把 Sheet3 工作表自动套用为"会计 2"样式的工作表。

(5)试着使用成批填充和填充序列的方法输入数据。

第 5 章　演示文稿软件 PowerPoint 2003

PowerPoint 2003 是 Microsoft Office 2003 的重要成员之一，主要适用于设计制作广告宣传、产品演示、教学培训、会议演讲的电子幻灯片，制作的幻灯片通过计算机屏幕、投影机播放，这样可以在向观众播放幻灯片的同时，配以丰富翔实的讲解，使之更加生动形象。随着办公自动化的普及，PowerPoint 的应用也越来越广泛。

通过本章的学习，可以掌握 PowerPoint 的基本操作、演示文稿的创建、图表的插入、背景和配色方案的使用、幻灯片母板应用以及最后的放映及其控制等。

5.1　PowerPoint 2003 界面

5.1.1　启动和退出 PowerPoint 2003

Windows XP 启动后，有很多方法可以打开 PowerPoint。这里介绍两种常用的方法：

方法一：选择【开始】|【程序】|【Office 2003】|【PowerPoint 2003】命令；

方法二：双击扩展名为 ppt 的演示文稿，即可打开 PowerPoint 2003 和该演示文稿。

用户也可以用多种方法退出 PowerPoint 2003，可以单击右上角关闭按钮关闭 PowerPoint 2003，也可以选择【文件】|【退出】命令退出该程序。

5.1.2　工作区介绍

PowerPoint 2003 的窗口与其他 Office 2003 系列产品一样拥有典型的 Windows 应用程序的窗口。它拥有与 Word 2003 类似的标题栏、菜单栏、工具栏、任务窗格、状态栏，也具有独特的大纲窗格、幻灯片编辑窗格、备注窗格等，如图 5-1 所示。

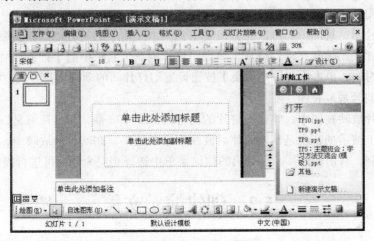

图 5-1　PowerPoint 界面

(1)标题栏列出当前正在编辑的演示文稿的名称。

(2)PowerPoint 的菜单栏由文件、编辑、视图、插入、格式、工具、幻灯片放映、窗口、帮助等 9 个菜单组成，里面包含了 PowerPoint 所有的控制功能，通过各个菜单栏中的命令，可以完成需要的操作。而 PowerPoint 特有的菜单命令主要包括：文件菜单中的演示文稿处理集、视图菜单中的幻灯片视图集、插入菜单中的幻灯片集、格式菜单中的幻灯片版式集、幻灯片放映菜单等。

(3)使用 PowerPoint 2003 时，常用的工具栏包括常用工具栏、格式工具栏和绘图工具栏。使用方式与 Word 2003 类似。

(4)大纲窗格中列出当前编辑演示文稿中所有的幻灯片，可以方便地切换到需要编辑的幻灯片。大纲窗格有两个选项卡，分别为大纲和幻灯片选项卡。大纲选项卡中显示的是每张幻灯片的内容大纲，幻灯片选项卡显示的是每张幻灯片的缩影，其中对象清楚可见。

(5)视图切换按钮用于切换工作窗口的不同模式。

(6)幻灯片编辑窗格在主窗口中占据主要位置，大部分幻灯片的编辑工作都在此窗口中进行。

5.1.3 视图

PowerPoint 2003 常用的视图方式有 3 种。在左下角有一个由 3 个小按钮组成的视图切换按钮回嚻显，这就是它的视图方式切换组合按钮，从左到右分别为普通视图、幻灯片浏览视图、幻灯片放映视图。单击相应的按钮就进入相应的视图方式。下面分别介绍它们的功能。

5.1.3.1 普通视图

在该视图中，可以输入、查看每张幻灯片的主题、小标题及备注，并可以调整幻灯片中各种对象和备注页方框，或改变它们的大小。此视图出现大纲窗格，大纲窗格包括大纲和幻灯片两个选项卡，两个选项卡格局都相同，略微差别在于大纲或幻灯片侧重点上。大纲选项卡可组织和开发演示文稿中的文本内容，它显示演示文稿中全部幻灯片的编号、标题和主体文本，故而可以让用户着重于输入文本或编辑文稿中已有的文本。幻灯片选项卡为幻灯片添加文本和图像等对象，并可改变幻灯片的内容并进行编辑，也可查看整张幻灯片或改变显示比例。

5.1.3.2 幻灯片浏览视图

在幻灯片浏览视图中，可以在窗口观察到演示文稿中的所有幻灯片的缩略图，可以很容易地添加、删除和移动幻灯片。单击幻灯片浏览工具栏中的【排练计时】按钮设置幻灯片放映时间，单击【幻灯片切换】按钮设置幻灯片间的动画切换方式。

5.1.3.3 幻灯片放映视图

在幻灯片放映视图中，整张幻灯片的内容占满整个屏幕。幻灯片就是以这种方式在计算机屏幕上演示的，也是制成胶片后放映出来的效果。在幻灯片放映中，可以对放映过程进行控制。右击幻灯片，在弹出的快捷菜单中选择相应命令即可进行控制。

5.2　创建演示文稿

了解了 PowerPoint 2003 的运行环境后，就可以创建演示文稿。演示文稿是指

PowerPoint 的文件，它默认的后缀是 ".ppt"。演示文稿可以有不同的表现形式，例如幻灯片、大纲、讲义、备注页等，其中幻灯片是最常用的演示文稿形式。在本节中，我们将介绍如何创建一个演示文稿，并向其中插入各种对象。

5.2.1　创建演示文稿

5.2.1.1　使用简单方法创建演示文稿

下面介绍最简单的创建演示文稿的方法。创建演示文稿的操作步骤如下：

(1)单击工具栏上的【新建】按钮。

(2)操作界面上出现新创建的演示文稿的第一张幻灯片，其中有虚框，虚框称为占位符，单击占位符即可在其中进行编辑。一般情况下，第一张幻灯片是主题版式，内容为标题和副标题。

随着演示文稿内容的深入，必须添加第二张、第三张幻灯片或者对幻灯片进行删除、复制、粘贴、选择、保存等操作。

1. 添加新幻灯片

添加新幻灯片的操作方法有如下几种。

方法一：在普通视图的幻灯片窗格中选中前一张幻灯片，按【回车】键，就可在该幻灯片后插入一张空白幻灯片。

方法二：在普通视图或幻灯片浏览视图下，选择【插入】｜【新幻灯片】命令，就会在最后一张幻灯片后添加一张空白幻灯片，也可以按快捷键【Ctrl】+【M】或单击格式工具栏中 🔳新幻灯片(N) 按钮完成操作。

添加空白幻灯片后，就可以在幻灯片编辑窗格中编辑幻灯片的内容，幻灯片编辑将在 5.3 节详细讲述。

2. 删除幻灯片

要将一些不需要的幻灯片删除时，在普通视图或幻灯片浏览视图下，选择所要删除的幻灯片，选择【编辑】｜【删除幻灯片】命令即可。也可按【Delete】键，或单击常用工具栏上剪切按钮 ✂ 剪除所选中的幻灯片。

3. 复制、粘贴和移动新幻灯片

要复制一些幻灯片时，可在普通视图或幻灯片浏览视图下，选择要复制的幻灯片，点击常用工具栏的复制按钮 📋，此时所选择的幻灯片将复制到剪贴板中，再选择某张幻灯片，单击粘贴按钮 📋，幻灯片就复制到当前选定的幻灯片后。

提示：复制操作的快捷键是【Ctrl】+【C】，粘贴操作的快捷键是【Ctrl】+【V】。

当移动幻灯片时，在普通视图或幻灯片浏览视图下，选中将要移动的幻灯片并按住鼠标左键不放，将其拖动到合适的位置释放鼠标左键即可。

4. 选择幻灯片

选择幻灯片有以下几种方法。

方法一：在普通视图或幻灯片浏览视图下，单击幻灯片窗格中的幻灯片图标，此时即选择了一张幻灯片。

方法二：在普通视图或幻灯片浏览视图下，选中一张幻灯片，按住【Ctrl】键，单击其他幻灯片，即可选择多张幻灯片。

　　方法三：在普通视图或幻灯片浏览视图下，选中一张幻灯片，按住【Shift】键，并按上、下方向键就可以连续地选择多张幻灯片。

　　方法四：在普通视图或幻灯片浏览视图下，选中一张幻灯片，按住【Shift】键，再选择另外一张幻灯片，就可以选中两张幻灯片之间的所有幻灯片。

　　当演示文稿编辑完毕后，单击工具栏中的保存按钮 ■或选择【文件】|【保存】命令，弹出【另存为】对话框，在【保存位置】下拉列表中选择将要保存演示文稿的文件夹，在【文件名】文本框中输入演示文稿的名称，此时，应注意到演示文稿的扩展名为ppt，单击【确定】按钮，演示文稿保存完毕。以后，再次保存该演示文稿时，也可以按快捷键【Ctrl】+【S】。

　　除以上最简单的方法外，还有其他创建演示文稿的方法。下面将做简单介绍。

5.2.1.2　导入文档创建演示文稿

　　当需要将其他文档(如 Word 文档、txt 文档)导入已经设置好的标题样式时，如一篇Word 文档已经设置好了 3 个级别的标题样式，PowerPoint 2003 会自动根据已经设置好的文档样式创建演示文稿大纲：一级标题会自动成为幻灯片标题，二级标题成为第一级文本，三级标题成为第二级文本。假如导入的文档未设置任何标题，PowerPoint 2003 就会将文档文本的每一个段落作为幻灯片的标题。

　　导入文本文件或 Word 文档创建演示文稿的操作步骤如下：选择【插入】|【幻灯片(从大纲)】命令，弹出【插入大纲】对话框，从中选择文本文件或 Word 文档，单击【插入】按钮即可。

5.2.1.3　根据内容提示向导创建演示文稿

　　当制作实验报告等有固定格式的演示文稿时，可以使用内容提示向导创建文稿。操作步骤如下：选择【文件】|【新建】命令，此时弹出【新建】任务窗格，单击【内容提示向导】超链接，弹出【内容提示向导】对话框，按提示进行操作即可。

5.2.2　打开演示文稿

　　打开已创建的 PowerPoint 演示文稿，方法也有多种。最简单的方法就是直接在资源管理器中找到该演示文稿，双击打开。也可以单击工具栏上的"打开"按钮，或选择【文件】|【打开】命令，弹出【打开】对话框，选择要打开的演示文稿，再单击对话框中的【打开】按钮。

5.3　编辑演示文稿

　　演示文稿创建后，随着内容的深入，幻灯片上不应只有标题和文字，还应有其他对象，如图像、图形、视频、音频、艺术字、图表等。本节将详细介绍如何将这些对象添加到幻灯片中，编辑和修饰演示文稿中的幻灯片。

5.3.1　插入文本框、艺术字

　　幻灯片中的文字必须在文本框或占位符中输入。

5.3.1.1　插入文本框

添加文本框的操作步骤如下：

(1)打开演示文稿，选择普通视图下的幻灯片窗格，选中要添加文本框的幻灯片。

(2)单击绘图工具栏中的横排文本框按钮，或者选择【插入】|【文本框】|【横排】命令。如果要插入文字竖排的文本框，可以单击绘图工具栏中的竖排文本框按钮，或者选择【插入】|【文本框】|【竖排】命令。

(3)用鼠标在幻灯片编辑窗口画一斜线(文本框的对角线)，出现一矩形框，即文本框，可直接在文本框中输入文字。

(4)单击文本框，再按【Ctrl】+【A】组合键，或单击文本框的外框，或用鼠标三击文字，选择文本框内的所有文字，通过格式工具栏的字体、字号等按钮调整选中文字的字体、字号等。

(5)单击文本框，显出文本框的外框，按住文本框外框上的白色小圆圈拖动，可以调节文本框的长度和宽度。提示：此小圆圈叫调控点，见到调控点，按住并拖动可以调整相应对象的边框。

(6)按住鼠标左键并拖动文本框的外框，可以将文本框拖动到合适的位置。

5.3.1.2　插入艺术字

艺术字是以艺术的字形显示的字体。添加艺术字的操作步骤如下：

(1)打开演示文稿，选择普通视图下的幻灯片窗格，选中要添加艺术字的幻灯片。

(2)选择【插入】|【图片】|【艺术字】命令，或单击绘图工具栏中的艺术字按钮，弹出【艺术字】对话框，选中一种样式，单击【确定】按钮。

(3)弹出【编辑艺术字文字】对话框，在【文字】文本框中输入文字，此时还可以通过字体、字号下拉列表调整艺术字的字体和字号，单击【确定】按钮。

(4)按住鼠标左键并拖动艺术字，将其拖动到适当的地方后释放鼠标左键。

(5)单击艺术字，可以使用艺术字工具栏调整艺术字的文字、艺术字形状等。在艺术字工具栏中，用于插入新的艺术字；编辑文字(X)…用于编辑选定的艺术字中的文字；用于选择艺术字的样式；用于设置艺术字的格式，如颜色和线条、尺寸、位置等；用于设置艺术字的形状，如八边形、正三角形、粗环形等；Aa用于设置艺术字字母高度相同；用于设置艺术字文字为竖排；用于设置艺术字的对齐方式，如左对齐、居中对齐、右对齐、单词调整、字母调整、延伸调整等；用于设置艺术字的字符间距，如标准、很松、很紧等。

5.3.2　插入图片

在幻灯片中插入图片，可以形象地表达某种意思，具有文字所没有的优势。插入的图片有剪贴画、图片及自绘图形这几种方式。

5.3.2.1　插入剪贴画

在 PowerPoint 2003 的剪辑库中包含着大量的剪贴画，可以根据内容的需要在幻灯片页面上添加相应的剪贴画，丰富页面效果。

插入剪贴画的操作步骤如下：

(1)打开演示文稿，选择普通视图下的幻灯片窗格，选中要添加剪贴画的幻灯片。

(2)选择【插入】|【图片】|【剪贴画】命令。

(3)剪贴画窗格如图 5-2 所示，在【搜索文字】文本框中输入剪贴画的主题，如需要老虎的剪贴画，就输入"老虎"两字，然后单击【搜索】按钮。

(4)结果框显示找到的剪贴画，并以缩略图的形式显示。

(5)单击一张剪贴画，幻灯片上就出现了该剪贴画。单击该剪贴画，通过调控点调整剪贴画的大小，并按住鼠标左键拖动剪贴画，即可改变剪贴画的位置。

图 5-2　剪贴画窗格

PowerPoint 2003 的剪贴库中的剪贴画数量有限，所以 PowerPoint 提供插入图片的功能弥补其不足。

5.3.2.2　插入图片

插入图片的操作步骤如下：

(1)打开演示文稿，选择普通视图下的幻灯片窗格，选中要添加图片的幻灯片。

(2)选择【插入】|【图片】|【来自文件】命令。

(3)弹出【插入图片】对话框，找到图片文件，单击【插入】按钮。

(4)幻灯片上出现了该图片，单击图片，通过调控点调整图片的大小，并按住鼠标左键拖动图片，即可改变图片的位置，还可以使用图片工具栏的各项功能。

在实际工作中经常要在 PowerPoint 2003 中使用图形，如箭头、矩形、圆、标注、按钮等，可以使用绘图工具栏中的绘画工具完成这些操作。

绘图工具栏的外观、作用和使用方法同 Word 中相同。

5.3.3　插入图表

图表能够将枯燥的数据图形化，在 PowerPoint 中也经常要用到图表，如演示财务分析、市场份额比照、销售统计、经济趋势分析等。不过，与 Excel 中的图表相比，PowerPoint 中的图表功能没有那么强大。

插入图表的操作步骤如下：

(1)打开演示文稿，选择普通视图下的幻灯片窗格，选择要添加图表的幻灯片。

(2)单击常用工具栏上的插入图表按钮或选择【插入】|【图表】命令，在窗口中出现数据表和图表，图表的数据来自数据表。这时可以更改数据表中的行列名称和单元格的数据，增加行或列，这些调整将直接作用在图表上。

(3)数据表的操作方法同 Excel。双击行名或列名，将屏蔽该行或该列在图表上的显示，即该行或该列的数据不在图表中显示。再双击行名或列名，就可撤消屏蔽。双击图表上的任意元素，将弹出相应的对话框，就可对相应元素的属性进行调整，如直方的颜色、形状、数据标志和间距，文字的颜色、大小及字型等。

单击常用工具栏图表格式的按钮集，就可以调整图表格式并直接在图表上显示调整结果。这些按钮的作用有：按行数据显示直方、按列数据显示直方、图表和数据表示显示、选择图表类型、显示纵轴、显示横轴、显示直方图列。只有双击按钮，进入数据表中，才出现此按钮集。

(4)单击图表以外的区域，结束图表的编辑。

5.3.4　插入声音、视频

在 PowerPoint 中可为幻灯片配上背景音乐或旁白，以增加幻灯片的生动效果，也可以自动播放幻灯片的解说词。

5.3.4.1　插入声音

插入声音的操作步骤如下：

(1)打开演示文稿，选择普通视图下的幻灯片窗格，选中要添加声音的幻灯片。

(2)选择【插入】|【影片和声音】|【文件中的声音】命令，弹出对话框。

(3)在对话框中，找到需要的声音文件，单击【确定】按钮，将会弹出提示框询问"你希望在幻灯片放映时如何开始播放音乐"，单击【自动播放】按钮。如果单击【在单击时】按钮，则在播放幻灯片时要单击声音图标才播放此声音。

(4)此时，幻灯片上出现一个声音图标🔊。

(5)单击幻灯片播放视图或按【Shift】+【F5】组合键，将从当前幻灯片开始播放，可以直接听到演示时的声音效果。

同时，也可以在幻灯片中插入旁白解说、CD 乐曲、MP3 音乐或 MIDI 乐曲。

5.3.4.2　插入视频

在幻灯片中可以使用视频或用文字、声音和简单动画示范某种动作或不容易表达的内容。

插入视频的操作步骤如下：

(1)打开演示文稿，选择普通视图下的幻灯片窗格，选中要添加视频的幻灯片。

(2)选择【插入】|【影片和声音】|【文件中的影片】命令，弹出对话框。

(3)在对话框中找到需要的视频文件，单击【确定】按钮，将会弹出提示框询问"你希望在幻灯片放映时如何开始播放视频"，单击【自动播放】按钮。如果单击【在单击时】按钮，则在播放幻灯片时要单击视频对象才播放此视频。

(4)此时，幻灯片上出现黑屏图案。单击会出现 8 个调控点，用鼠标按住其中一个调控点调节黑屏的大小。

(5)按【Shift】+【F5】组合键播放，可以观察到效果。中途要退出幻灯片播放，可按【Esc】键。

提示：在 PowerPoint 中播放视频文件不能控制视频播放。播放视频时如需要暂停、停止、后退、调节音量等控制功能，需调用 ActiveX 控件。具体操作见下文。

5.3.5　插入其他对象

PowerPoint 演示文稿中还可以插入日历、Word 文档、电子表单、Flash 动画等加强演示效果。下面介绍如何在 PowerPoint 演示文稿中通过 ActiveX 控件插入视频及 Flash 动画。

5.3.5.1　通过 ActiveX 控件插入视频

插入视频的操作步骤如下：

(1)打开演示文稿，选择普通视图下的幻灯片窗格，选中要添加视频的幻灯片。

(2)选择【视图】|【工具栏】|【控件工具箱命令】，打开 ActiveX 控件工具箱，如图 5-3 所示。

图 5-3　　控件工具箱

(3)单击控件工具箱中的其他控件按钮，此时显示出系统内已经安装的所有 ActiveX 控件列表，从控件列表中选择 "Windows Media Player"。

(4)光标变成十字形，用十字形光标在幻灯片上拖出一个 Windows Media Player 播放窗口。

(5)右击 Windows Media Player 播放窗口，弹出快捷菜单，选择【属性】命令，弹出【属性】对话框。

(6)单击【自定义】按钮，再单击后面的 ... 按钮，弹出【Windows Media Player 属性】对话框，如图 5-4 所示。在【常规】选项卡的【文件名或 URL】文本框中输入视频文件的路径和文件名，在【播放选项】选项区选中 "自动启动"、"按比例伸展" 和 "全屏播放" 复选框，单击【确定】按钮，关闭属性对话框。

图 5-4　Windows Media Player 属性

(7)按【Shift】+【F5】组合键查看效果，其操作与 Windows Media Player 用法相同。中途要退出幻灯片播放，可按【Esc】键。

5.3.5.2　插入 Flash 动画

插入 Flash 动画的操作步骤如下：

(1)打开演示文稿，选择普通视图下的幻灯片窗格，选中要添加 Flash 动画的幻灯片。

(2)选择【视图】|【工具栏】|【控件工具箱】命令，打开 ActiveX 控件工具箱。

(3)单击控件工具箱中的其他控件按钮，此时显示出系统内已经安装的所有 ActiveX 控件列表，从控件列表中选择 "Shockwave Flash Object"。

(4)光标变成十字形，用十字形光标在幻灯片上拖出 Flash 动画播放的位置，此区域为 Flash 动画区域。

(5)右击该 Flash 动画区域，弹出快捷菜单，选择【属性】命令，弹出【属性】对话框。

(6)在 "Movie" 属性中输入.swf 路径和文件名后，关闭对话框。

(7)按【Shift】+【F5】组合键查看效果。中途要退出幻灯片播放，可按【Esc】键。

5.3.6　设置动画、动作按钮

在 PowerPoint 中，所有的文字、图片等都是以对象的形式出现的，每一个文本框、图片都可以设置动画效果。

5.3.6.1　自定义动画

设置动画的操作步骤如下：

(1)打开演示文稿，选择普通视图下的幻灯片窗格，选中要设置动画的幻灯片。

(2)添加一个文本框，输入文字为 "中南财经政法大学" 后，选择【幻灯片放映】|【自定义动画】命令，右侧显示【自定义动画】任务窗格，如图 5-5 所示。

(3)选择【添加效果】|【进入】|【飞人】命令，此时动画设置列表框中显示出文本框设置的动画标志，可通过【开始】、【方向】、【速度】下拉列表框设置合适的动画开始时机、对象进入的方向、对象动画的速度。单击【开始】下拉列表框的下拉按钮，此下拉列表中包括【之前】、【之后】、【单击时】选项，分别表示该动画效果与上一项动画同时进行、紧跟其他动画完成之后开始、单击时播放。一般地，如要自动播放效果，并紧跟其他动画之后，选择【之后】选项；如要自动播放效果，并与其他动画一同开始，选择【之前】选项；如要人工操作的，选择【单击时】选项。本例中，在【开始】下拉列表中选择【之后】选项。

单击【添加效果】选项，出现其级联菜单，每个菜单项又有级联菜单，【进入】、【强调】、【退出】的级联菜单是已经规

图 5-5　自定义动画

定好的动画路径，而【动作路径】的级联菜单是绘制动画路径的多种类型画笔。这些动画路径都有不同的作用。【进入】指对象进入幻灯片的动画路径；【强调】指对象已经在幻灯片中的情况下，制作动画强调对象的存在；【退出】指对象在幻灯片中退场的动画效果；【动作路径】指对象在幻灯片中的动画路径。

一个对象可以同时设置【进入】、【强调】、【退出】、【动作路径】4 种动画，幻灯片中多个对象同样也可以设置动画。当动画设置列表框有多项动画设置时，一般按动画开始的时间顺序从上到下排序。选中某项动画设置，原来的【添加效果】按钮变为【更改】按钮，单击【更改】按钮或【开始】、【方向】、【速度】下拉列表框改变动画设置，或者单击【删除】按钮删除动画设置，此时单击【重新排序】的上下按钮 ⬆ 重新排序 ⬇，可重新排列动画设置的先后顺序。

(4)设置完毕，单击【播放】按钮，预览自定义动画效果。也可以单击【幻灯片放映】按钮，播放当前幻灯片。

5.3.6.2　设置超链接

设置动画可提升幻灯片演示的趣味性，设定动作可提升幻灯片演示的交互能力。PowerPoint 中的每一对象都可以设定动作。动作的作用是：观众选择了设定动作的对象，就会发生指定的事件，如跳到某个幻灯片、打开一个文件、执行程序或连接到互联网站等。

设置动作(连接到互联网站)的操作步骤如下：

(1)打开演示文稿，选择普通视图下的幻灯片窗格，选中要设置动作的幻灯片。

(2)插入艺术字，文字为"中南财经政法大学"，选中艺术字并右击，弹出快捷菜单，选择【超链接】命令，弹出【插入超链接】对话框，如图 5-6 所示。

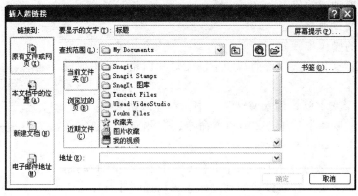

图 5-6　"插入超链接"对话框

(3)在"地址"文本框中输入中南财经政法大学的网址 http：//www.znufe.edu.cn。

(4)单击【确定】按钮，退出【超链接】对话框。此时，如果删除超链接，可以右击选中艺术字并选择快捷菜单【删除超链接】命令。如果要修改超链接，可以右击选中艺术字并选择快捷菜单【编辑超链接】命令，进入【编辑超链接】对话框进行编辑即可。

除连接到互联网站外，如要跳到某张幻灯片，进入【超链接】或【编辑超链接】对话框(这两个对话框界面相同，功能相同)。单击【链接到】列表框的【本文档中的位置】图标，在【请选择文档中的位置】列表框中单击要跳转的幻灯片，如图 5-7 所示，单击【确定】按钮，退出【编辑超链接】对话框。

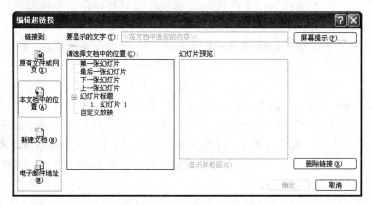

图 5-7　"编辑超链接"对话框

(5)按【Shift】+【F5】组合键，查看效果。中途要退出幻灯片播放，可按【Esc】键。

5.3.6.3　动作设置

前面介绍了使用超链接的方法设置动作，下面介绍使用动作设置进行操作。

设置动作(跳转到第一张幻灯片)的操作步骤如下：

(1)打开演示文稿，选择普通视图下的幻灯片窗格，选中要设置动作的幻灯片。

(2)选择一个对象，如文本框、图形、艺术字等，这里选择以前插入的艺术字。

(3)选择【幻灯片放映】|【动作设置】命令，弹出【动作设置】对话框，如图5-8所示。选择【单击鼠标】选项卡，选中【超链接到】单选按钮，选择【超链接到】下拉列表中的【第一张幻灯片】选项；选择【鼠标移过】选项卡，选中【播放声音】复选框，选择【播放声音】下拉列表中的【风铃】选项，选中【单击时突出显示】复选框，单击【确定】按钮，退出对话框。"鼠标移过"的作用是不需要操作人员单击对象，只要鼠标在屏幕上移到对象上面就触发指定动作。

图 5-8　"动作设置"对话框

(4)按【Shift】+【F5】组合键查看如下效果：当鼠标移过艺术字时，发出风铃声音，并且艺术字的颜色发生反相变化(如"蓝色"反相为"红色")；单击则跳转到第一张幻灯片。中途要退出幻灯片播放，可按【Esc】键。

"动作设置"的这些动作既可以超链接到其他幻灯片、其他文件、网址、自定义放映或结束放映等，还可以超链接到运行程序。

5.3.6.4　动作按钮

下面介绍通过动作按钮实现跳转幻灯片的设置。设置动作(跳转到下一张幻灯片)的操作步骤如下：

(1)打开演示文稿，选择普通视图下的幻灯片窗格，选中要设置动作的幻灯片。

(2)单击【幻灯片放映】|【动作按钮】|【前进】按钮，鼠标变为十字形，鼠标右键按住斜线不放并拖动出按钮后释放鼠标，幻灯片中出现按钮。

(3)按【Shift】+【F5】组合键查看效果。中途要退出幻灯片播放，可按【Esc】键。

动作按钮除了跳转到下一张幻灯片，还有其他按钮，如图5-9所示。

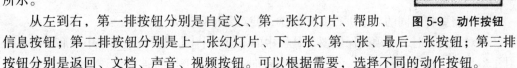

图 5-9　动作按钮

从左到右，第一排按钮分别是自定义、第一张幻灯片、帮助、信息按钮；第二排按钮分别是上一张幻灯片、下一张、第一张、最后一张按钮；第三排按钮分别是返回、文档、声音、视频按钮。可以根据需要，选择不同的动作按钮。

5.3.7　调整对象

一张幻灯片通常由多个对象组成，如图形、图片、文本框、艺术字等。如果需要保存两个对象或多个对象的相对位置不变或者进行移动，或者需要同时产生动画等，可将这些对象组合在一起作为一个对象进行操作。

5.3.7.1　组合对象

组合对象的操作步骤如下：

(1)单击对象就选择了该对象，对象周围会出现 8 个调控点，一些对象如图片、图形等，还会出现一个绿色小圆圈连到上面，鼠标右键按住绿色小圆圈后绕着它移动，对象会跟着旋转。

(2)按住【Ctrl】键的同时，单击其他对象，就同时选择多个对象。

(3)在绘图工具栏上单击【绘图】按钮，选择【组合】命令。这些对象就成为一个整体，可以作为一个对象进行操作。

将组合对象解散的操作步骤也很简单：

(1)单击组合对象，组合对象周围会出现 8 个调控点，就选择了该组合对象。

(2)在绘图工具栏上单击【绘图】按钮，选择【取消组合】命令即可。当然，如果选择的对象不是组合对象，【取消组合】命令显示为灰色，表示不可选。

提示：

(1)可以将组合对象和其他对象再组合成一个对象。

(2)当对象被组合或组合被取消时，对象的动画设置将消失。

5.3.7.2　对象移层

对象(文本、图形、图片、视频等)插入到幻灯片时，它们会自动层叠在各自的层次中。上层对象会盖住下层对象的一部分或全部。如果层叠中居于下方的对象不见了，那可能是被上层对象遮住了，如果要选中下层对象，可以按【Tab】键循环显示(或按【Shift】+【Tab】组合键向后循环显示)，直到该对象呈现选中状态，即该对象周围会出现 8 个调控点。

可以改变层叠中的对象(组合对象当做一个对象处理)的层次顺序，例如将一个对象移到层叠的最上层或最下层。

将对象移到最上层的操作步骤如下：

(1)选择要移动的对象。

(2)如果对象完全被遮盖了，可按【Tab】键或【Shift】+【Tab】组合键，直到该对象选中。

(3)在绘图工具栏上单击【绘图】按钮，选择【叠放次序】|【置于顶层】命令。

还可以将对象移到最下层，将对象向上移动一层和向下移动一层的操作方法相同，每次对象只移动一层。

5.3.7.3　对齐对象

有时需要将不同的对象进行对齐操作，使对象排列整齐、规则。

在对齐对象时，必须确保绘图工具栏中的【绘图】|【对齐或分布】中最底部的【相对于幻灯片】命令未被选定。该命令被选定时，对象对齐时将被移动到幻灯片的相应位置，而不是相对于其他对象的位置。

清除【相对于幻灯片】选项的方法：单击绘图工具栏上的【绘图】按钮，然后选择【对齐或分布】命令。如果在这之前，【相对于幻灯片】命令已被选中，就单击【相对于幻灯片】清除复选标记。

将多个对象按左边缘对齐的操作步骤如下：

(1)选择要对齐的多个对象。

(2)在绘图工具栏上单击【绘图】按钮，选择【对齐或分布】|【左对齐】命令。

其他的对齐方式，如右边缘对齐对象、水平居中对齐对象、顶端对齐对象、中心垂直对齐对象、按对象的底部对齐对象，还有多个对象间的均匀分布等，它们的操作步骤都相同。

5.3.8　添加页眉页脚、备注

在幻灯片上添加页眉和页脚的操作步骤：选择【视图】|【页眉和页脚】命令，弹出【页眉和页脚】对话框，如图 5-10 所示，按照对话框的提示进行操作。

提示：如果要调整页眉和页脚的位置，需要在幻灯片母版中进行操作。

可以在幻灯片中添加解释性文字——备注，如更详尽的内容、背景资料或制作说明等，并可同幻灯片一起打印。

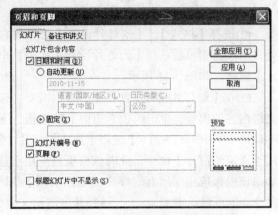

图 5-10　"页眉和页脚"对话框

在幻灯片中添加备注的方法：直接在幻灯片窗格下的备注窗格中，单击【单击此处添加备注】文本框，然后输入文字。可选择【视图】|【母版】|【备注母版】命令，在弹出的对话框中设定文字样式。

5.4　设计幻灯片版式外观

5.4.1　幻灯片版式

创建新演示文稿时，右侧将出现幻灯片版式窗格，幻灯片版式分为 4 种，分别是文字版式、内容版式、文字和内容版式、其他版式。每种版式下面有具体的幻灯片版式。幻灯片版式是指类似幻灯片的样板，包含一些对象，如标题、文本、图表、剪贴画等，并设置了对象相应的位置。可以根据不同的情况选择不同的版式，以同样的版式制作的幻灯片，其对象相应的位置一致，看上去美观大方。

幻灯片版式的使用方式有两种。如果是对已有的幻灯片应用某种幻灯片版式，可以从幻灯片版式窗格中选择某种版式，这时会出现向下的箭头，单击向下箭头，选择【应用于选定幻灯片】命令即可。如果是插入某种版式的新幻灯片，只要选中某种版式单击向下箭头，并选择【插入新幻灯片】命令即可。

5.4.2　设计模板

设计模板包含配色方案、具有自定义格式的幻灯片和标题母版，以及字体样式，它们都可用来创建专业的演示文稿外观。当演示文稿应用设计模板时，新模板的幻灯片母版、标题母版和配色方案将取代原演示文稿的幻灯片母版、标题母版和配色方案。应用设计模板后，添加的每张新幻灯片都会具有相同的外观、排版样式和色调，但文本内容、图片等对象不同。

PowerPoint 提供了大量专业设计的模板，也可以创建自己的模板。如果为某个演示文稿创建了特殊的外观，可将它保存为模板，以备将来应用到其他演示文稿中。

使用设计模板的操作步骤如下：

(1)打开演示文稿，选中某张幻灯片。

(2)选择【格式】|【幻灯片设计】命令或右击幻灯片空白处弹出快捷菜单后选择【幻灯片设计】命令，出现【幻灯片设计】窗格，如图 5-11 所示。

(3)在【幻灯片设计】窗格中，根据需要，选择一种适合本文稿内容的模板，单击模板右边的下拉按钮，下拉菜单中包括【应用于所有幻灯片】、【应用于选定幻灯片】命令。选择【应用于选定幻灯片】命令，此时该模板只应用于选定的幻灯片。如果该模板应用于所有幻灯片，则应选择【应用于所有幻灯片】命令。也可以单击 🔲 浏览...，寻找其他演示文稿制作应用模板。

提示： 现有的设计模板也许不能满足所有的幻灯片制作需要，必要时也可以自制模板。

图 5-11　"幻灯片设计"窗格

制作模板的操作步骤如下：

(1)新建演示文稿，制作幻灯片。

(2)单击【保存】按钮，弹出【另存为】对话框，选择【保存类型】为【演示文稿设计模板(*.Pot)】，单击【确定】按钮即可。

5.4.3　配色方案

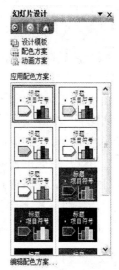

幻灯片配色方案由 12 种颜色组成，可自动用于演示文稿上的不同组件，以及背景、文本和线条、阴影、标题文本、填充、强调、强调文字和超链接等。

可以更改配色方案中的每种颜色，然后应用于个别幻灯片或整份演示文稿中。另外，应用于不同的场合可以选择不同的配色方案，如深颜色的配色方案用于投影仪和制作胶片幻灯片，浅颜色的配色方案用于计算机监视器的显示，黑白的配色方案用于打印幻灯片前的模拟显示。

设置配色方案的操作步骤如下：

(1)选择【格式】|【幻灯片设计】命令，显示【幻灯片设计】窗格，单击【幻灯片设计】下拉菜单，选择【配色方案】命令，如图 5-12 所示。

图 5-12　"配色方案"窗格

(2)选择一种幻灯片配色方案，单击配色方案右边的下拉按钮，弹出的菜单项中包括【应用于所有幻灯片】、【应用于选定幻灯片】命令。选中【应用于选定幻灯片】命令即可，此时该配色方案只应用于选定的幻灯片。如果该配色方案应用于所有幻灯片，则应选择【应用于所有幻灯片】命令。

(3)如要自己设置配色方案，则单击窗格左下角的【编辑配色方案】超链接，弹出【编辑配色方案】对话框，如图 5-13 所示。在【标准】选项卡的【配色方案】列表框中包括 12 种配色方案，单击其中一种跟自定义相类似的配色方案后，选择【自定义】选项卡，如图 5-14 所示，可看到【配色方案颜色】列表框中，【背景】、【文本和线条】等选项前的颜色框与【标准】选项卡中的【配色方案】的颜色相同。如【文本和线条】前有一颜色框，此颜色表示幻灯片相应部位的颜色。要修改该颜色，可选中前面的颜色框，单击【更改颜色】按钮，弹出【文本和线条颜色】对话框。在【文本和线条颜色】对话框中，选择【标准】选项卡，单击其中蜂窝形状中的颜色板块，此时对话框右下角的长方框上半部显示的是当前颜色，下半部显示的是过去颜色，单击【确定】按钮，退出【文本和线条颜色】对话框。此时，选中的颜色显示在【文本和线条】颜色框中。其他颜色以同样方法设置。设置好后，单击【确定】按钮，退出【编辑配色方案】对话框。

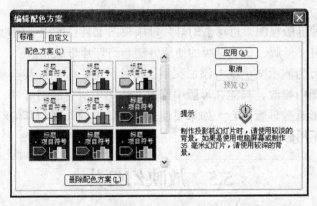

图 5-13　编辑配色方案对话框"标准"选项卡

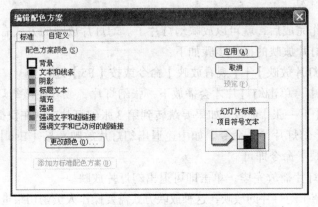

图 5-14　编辑配色方案对话框"自定义"选项卡

5.4.4　母版

母版可分为幻灯片母版、讲义母版和备注母版 3 种类型。幻灯片母版用于控制在幻灯片上输入的标题和文本的格式，讲义母版用于添加或修改在每页讲义中的页眉和页脚，备注母版用于控制备注页的版式和备注文字的格式。

可以在幻灯片母版中更改幻灯片的标题、文本的格式与类型、幻灯片背景、插入对象并设置对象的动画效果等，并反映在所有的幻灯片中。

使用幻灯片母版的操作步骤如下：

(1)选择【视图】|【母版】|【幻灯片母版】命令，进入母版编辑窗口。

(2)单击【单击此处编辑母版标题样式】文本框，选择文字。

(3)单击格式工具栏的字形下拉按钮宋体　　　　，选择"隶书"，文字的字形就由"宋体"变为"隶书"。演示文稿中所有幻灯片的标题文字的字形就为隶书。这里不应输入具体的文字，因为母版的文本只应用于样式，实际的文本内容应在普通视图的幻灯片中输入。

此外，在幻灯片母版中，如果插入图片、影片、声音、文本框等对象，那么演示文稿中所有幻灯片都有该对象。在幻灯片母版中，插入图片等对象的操作步骤与在幻灯片编辑视图中相同。

要退出幻灯片母版视图，可单击幻灯片母版视图工具栏的【关闭母版视图】按钮。

其他母版如讲义母版、备注母版的使用方法与幻灯片母版相似。

提示：母版可为演示文稿统一添加文字、图片、电影、动画甚至动作。母版的**内容**不能在幻灯片视图中修改，只能在母版中修改并作用于所有的幻灯片，但可以在幻灯片视图中用其他图形遮盖母版内容。如果要使个别幻灯片的外观与其他幻灯片不同，就**直接修改幻灯片而不用修改幻灯片母版**。

5.5　放映幻灯片

5.5.1　放映幻灯片

演示文稿制作完成后，就可以放映幻灯片了。幻灯片放映的方式有多种。

最简单的幻灯片放映的操作步骤如下：

(1)选择【幻灯片放映】|【观看放映】命令或按【F5】键。

(2)放映过程中，单击幻灯片才会播放下一张幻灯片，或者在该幻灯片上右击，弹出快捷菜单，选择【下一张】命令。如果要跳转到第 3 张幻灯片，则在快捷菜单中选择【定位到幻灯片】|【幻灯片 3】命令。如中途退出幻灯片放映，按【Esc】键或在快捷菜单中选择【结束放映】命令即可。

(3)当所有幻灯片播放完毕，单击即可退出幻灯片放映。

上面简单介绍了幻灯片的放映，这种放映方式需要操作人员密切跟进，不能自动演示。**PowerPoint** 中幻灯片放映方式有 3 种：演讲者放映(全屏幕)、观众自行浏览(窗口)、在展台浏览(全屏幕)，用户可根据自己的不同需要，选择放映方式。

演讲者放映：这是最常用的全屏幕放映方式(默认方式)，在该方式下演讲者具有全部权限。可以采用人工或自动的换片方式，也可以在放映过程录制旁白等。

观众自行浏览：放映过程中很少使用这种方式。在这种方式下演示文稿将出现在窗口中，观众可以使用工具栏和菜单栏提供的命令在放映时移动、编辑、复制、打印幻灯片。

在展台浏览：这是不需要专人播放的全屏幕自动放映方式。在这种方式下除单击某对象发生指定的事件外，大多数控制都不起作用，用户不能更改幻灯片的内容。

选择【幻灯片放映】|【设置放映方式】命令，弹出【设置放映方式】对话框，如图 5-15 所示。

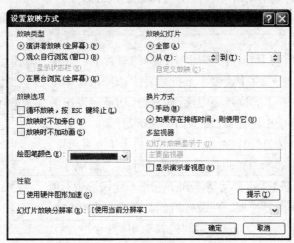

图 5-15　"设置放映方式"对话框

在【设置放映方式】对话框中，放映类型只能在"演讲者放映(全屏幕)"、"观众自行浏览(窗口)"和"在展台浏览(全屏幕)"3 种方式中选择，一般选择"演讲者放映"方式。演讲者放映是最常用的幻灯片放映方式。演讲者可以将演示暂停、添加会议细节或即席内容，还可以在放映过程中录下旁白解说。由于可用人工方式控制幻灯片和动画，使用【幻灯片放映】菜单上的【排练计时】命令设置时间，所以使用此方式极为方便。选中【循环放映，按 Esc 键中止】复选框，可以循环放映幻灯片，直到用户按下【Esc】键时，才终止放映。

选中【放映时不加旁白】复选框，幻灯片放映时，不播放演示文稿中的任何声音旁白。选中【放映时不加动画】复选框，显示每张幻灯片时，不出现任何动画效果。

放映的幻灯片可设置为"全部"、从(F): 1 到(T): 6 或"自定义放映"中的幻灯片播放序列。"换片方式"有两种，分别为"手动"和"如果存在排练时间，则使用它"，一般情况下，选择后一种。设置完成后，单击【确定】按钮，退出【设置放映方式】对话框，然后按【F5】键就可开始放映幻灯片。

5.5.2　设置幻灯片放映方式

在幻灯片放映时，可以通过人工切换幻灯片(单击或按键盘的任意键)，也可以设置时间使幻灯片自动切换。设置自动切换的第一种方法就是人工为每一张幻灯片设置时间，然后放映幻灯片；另一种方法则是使用排练功能，在排练时 PowerPoint 自动记录时间，然后按设置的时间放映幻灯片。当然，也可以人工设置时间，然后排练新的时间。

5.5.2.1　设置时间间隔和切换效果

人工设置放映的时间间隔和切换效果的操作步骤如下：

(1)打开演示文稿。

(2)单击【幻灯片浏览视图】按钮，或选择【视图】|【幻灯片浏览】命令，切换到【幻灯片浏览】视图，此处列出所有的幻灯片缩略图。

(3)选择要设置时间的幻灯片，这里选择第 2 张幻灯片。

(4)选择【幻灯片放映】|【幻灯片切换】命令，显示【幻灯片切换】窗格，如图 5-16 所示。

(5)在【应用于所选幻灯片】列表框中选择幻灯片间的切换效果为"水平百叶窗"，在【速度】下拉列表中选择切换速度为"慢速"，在【声音】下拉列表中选择幻灯片切换时发出的声音为"风铃"，选中【循环播放，到下一声音开始时】复选框，此声音将贯穿整张幻灯片播放。【换片方式】有两项选择，【单击鼠标时】选项表示单击鼠标会切换幻灯片，【每隔】选项表示每隔一定时间幻灯片自动切换到下一张。建议选中【单击鼠标时】和【每隔】复选框，并设置时间数值框，在数值框中输入幻灯片停留的时间为 00:09(时间格式为小时:分钟:秒)，表示 9 分钟。如果只选中【每隔】复选框而没有选中【单击鼠标时】复选框，那么在放映幻灯片时，这张幻灯片只能在规定的时间内切换，不能单击鼠标进行幻灯片切换。如果要在单击鼠标和经过预定时间后都进行换页，并以较早发生的为准，那必须同时选中【单击鼠标时】和【每隔】复选框。

(6)单击【播放】按钮，此时可以看到幻灯片的切换效果。如果要将所进行的设置应用于所有的幻灯片上，可单击【应用于所有幻灯片】按钮。如果要设置每一张幻灯片的放映时间或

图 5-16　"幻灯片切换"窗格

切换效果都不相同，就按照以上的方法分别对每张幻灯片进行具体的设置。

5.5.2.2　排练自动设置放映时间间隔

排练自动设置放映时间间隔的操作步骤如下：

(1)打开演示文稿。

(2)选择【幻灯片放映】|【排练计时】命令，激活排练方式。此时幻灯片放映开始，同时计时系统启动，显示预演工具栏。

(3)当 PowerPoint 放完最后一张幻灯片后，系统会自动弹出一个提示框。如果单击【是】按钮，那么上述操作所记录的时间就会保留，并在以后播放此演示文稿时，以记录的时间放映；单击【否】按钮，那么所进行的所有时间设置将取消。

(4)按【F5】键播放幻灯片，放映用时将以排练时间为准。

　　如果已经知道每张幻灯片放映所需要的时间，那么可以直接在【排练】文本框内输入该时间值。

　　直接输入时间值的操作步骤如下：

　　(1)选择【幻灯片放映】|【排练计时】命令，激活排练方式。此时幻灯片放映开始，同时计时系统启动。

　　(2)直接在时间文本框中输入数值。

　　(3)按【回车】键，进入下一张幻灯片。

　　(4)同样在其他幻灯片上重复上述步骤，将所有需要设置时间间隔的幻灯片处理完毕。

　　(5)在弹出的对话框中单击【是】按钮表示确认后，所设置的时间间隔便可以生效。

　　设置完毕后，在幻灯片浏览视图下，可以看到所有设置了时间的幻灯片下方都显示有该幻灯片在屏幕上停留的时间 00:09。

5.5.2.3　录制旁白

　　自动播放或在网页上播放幻灯片时，往往需要加入语音解说。在录制旁白之前，必须准备一个麦克风连接计算机。如果不需要旁白贯穿整个演示文稿，可以将其录制在选定的幻灯片上。录制完毕后，每张录有旁白的幻灯片上都会出现声音图标。录制声音旁白的同时也在进行排练计时。

　　录制旁白的操作步骤如下：

　　(1)选择【幻灯片放映】|【录制旁白】命令。

　　(2)弹出【录制旁白】对话框，如图 5-17 所示。该对话框中显示有可用磁盘空间及可录制的分钟数。如果是首次录音，则单击【设置话筒级别】按钮，并按照说明进行话筒的级别设置。

图 5-17　"录制旁白"对话框

　　(3)如果要作为嵌入对象在幻灯片上插入旁白并开始录制，单击【确定】按钮。旁白将作为声音对象插入演示文稿，这样演示文稿的存储容量将很大；如果选中【链接旁白】复选框，声音文件将独立于演示文稿，需要时才调入播放，复制演示文稿时，需要将声音文件一起复制。要设置声音文件的路径，可单击【浏览】按钮，弹出【选择目录】对话框，从中选择目录，单击【选择】按钮，退出【选择目录】对话框即可。

　　(4)开始旁白解说。

　　(5)在幻灯片放映结束时，会出现一个提示，如果要保存排练时间及旁白解说，单击【是】按钮，幻灯片将按此排练时间放映，以前的排练时间将被取代。如果只需保存旁白不保存排练时间，单击【否】按钮。

5.5.2.4　实现在幻灯片上书写或绘画

如果要实现放映时在幻灯片上书写或绘画，需要将放映方式设为"演讲者放映"。在幻灯片上绘图的操作步骤如下：

(1)打开演示文稿。

(2)按【F5】键，开始播放演示文稿。

(3)在放映屏幕上右击，弹出快捷菜单。在快捷菜单中选择【指针选项】|【圆珠笔】命令，便可以将鼠标作为画笔，按住鼠标左键，可以在幻灯片上书写或绘图。

(4)在播放屏幕上右击，在弹出的快捷菜单中选择【指针选项】|【墨迹痕迹】命令，在级联菜单中选择一种需要的颜色，就可更改绘图笔的颜色。还可以在快捷菜单中选择【指针选项】|【圆珠笔】命令，改变笔的类型。无论演示文稿在播放中或在播放前，都可以将记录幻灯片放映的绘图笔的颜色更改，并且这些更改不会影响幻灯片播放。

(5)在幻灯片放映时隐藏绘图或指针。在播放屏幕上右击，在弹出的快捷菜单中选择【指针选项】|【箭头选项】|【永远隐藏】命令。

提示： 放映时，按【B】键会显示黑屏，而按【W】键则是一张空白画面。此时也可以使用绘图笔功能，返回到刚才放映的幻灯片。如果在放映过程中需要跳到某一张，如果记得那是第几张，例如是第 8 张，输入"8"然后按【回车】键，就会跳到第 8 张幻灯片。或者右击，在弹出的快捷菜单中选择【定位至幻灯片】命令，从中选择第 8 张幻灯片。

5.5.2.5　自动演示

自动运行的演示文稿不需要专人播放幻灯片，例如，需要在展览会场或者会议中的展台上放映可自动运行的演示文稿，可以让大多数控制都失效，这样观众就不能改动演示文稿。自动运行的演示文稿结束，或者某张人工操作的幻灯片已经闲置 5 分钟以上，将重新开始放映。

自动演示的操作步骤如下：

(1)打开演示文稿。

(2)选择【幻灯片放映】|【设置放映方式】命令，弹出【设置放映方式】对话框。

(3)选中【在展台浏览(全屏幕)】单选按钮。选定此选项后，会自动选中【循环放映，按 Esc 键终止】复选框。自动播放的演示文稿最好选中【如果存在排练时间，则使用它】单选按钮。

(4)单击【确定】按钮，退出【设置放映方式】对话框。

5.5.3　自定义放映

前面介绍的幻灯片放映方式都是放映所有的幻灯片。如果有几张幻灯片不想放映，只需将那几张幻灯片隐藏即可。隐藏幻灯片的操作步骤如下：

(1)打开演示文稿。

(2)在普通视图下，选择要隐藏的幻灯片，选择【幻灯片放映】|【隐藏幻灯片】命令。

(3)按【F5】键放映幻灯片，将不放映被隐藏的幻灯片。但在普通视图中，被隐藏的幻灯片与未隐藏的幻灯片没有区别。

取消隐藏幻灯片的操作步骤与隐藏幻灯片相同。

如果放映从第几张到第几张的幻灯片，例如放映第 5 张到第 10 张的幻灯片，可按照如下操作步骤进行设置：

(1)打开演示文稿。

(2)选择【幻灯片放映】|【设置放映方式】命令，弹出【设置放映方式】对话框。设置为 ⊙从(F): 5 ⬍ 到(T): 10 ⬍ ，单击【确定】按钮，退出【设置放映方式】对话框。

注意：演示文稿必须含有要求数量的幻灯片。

(3)按【F5】键播放幻灯片。

如果只是放映其中几张并且顺序不同、又不改变原有演示文稿，就要用到自定义放映方式。

创建自定义放映的操作步骤如下：

(1)打开演示文稿。

(2)选择【幻灯片放映】|【自定义放映】命令，弹出【自定义放映】对话框。单击【新建】按钮，弹出【定义自定义放映】对话框。

(3)在【幻灯片放映名称】文本框中输入自定义放映名称“自定义放映 2”，【在演示文稿中的幻灯片】列表框中显示演示文稿所有的幻灯片，选择要放映的幻灯片，单击【添加】按钮，【在自定义放映中的幻灯片】的列表框中显示出添加的幻灯片。此时，如有不需要的幻灯片，选中该幻灯片，单击【删除】按钮。如果其中的幻灯片顺序不同，选中该幻灯片，单击 ⬆ 或 ⬇ 按钮，向上或向下调整放映顺序。设置完毕后，单击【确定】按钮，退出【定义自定义放映】对话框。

(4)此时，【自定义放映】对话框中，【自定义放映】列表框中将显示定义好的自定义放映。选中该自定义放映，如要编辑该自定义放映，单击【编辑】按钮就重新进入【定义自定义放映】对话框；如要复制该自定义放映，单击【复制】按钮，【自定义放映】列表框显示复制好的自定义放映；如要删除，可单击【删除】按钮。单击【确定】按钮，退出【自定义放映】对话框。

(5)选择【幻灯片放映】|【设置放映方式】命令，弹出【设置放映方式】对话框。选中【自定义放映】单选按钮，在下拉列表中选择“自定义放映 2”，单击【确定】按钮，退出【设置放映方式】对话框。

(6)按【F5】键，“自定义放映 2”开始放映。

5.6　处理演示文稿

5.6.1　保存演示文稿

演示文稿中的幻灯片制作完成后，需要设置演示文稿属性。设置演示文稿属性可以帮助用户了解演示文稿的内容及制作单位、制作背景等，使用类别和关键词命令还可以帮助用户快速搜索到演示文稿。

选择【文件】|【属性】命令，弹出【属性】对话框，该对话框中包含常规、摘要、统计、内容和自定义5个选项卡。

常规选项卡中包括文件的名称、类型、文件大小、位置、创建时间、修改时间、存取时间等通用属性及 PowerPoint 文稿的只读、隐藏、档案和系统的属性，等等。但是，在 PowerPoint 中是无法修改只读、隐藏、档案和系统这4种属性的，必须在 Windows XP 的资源管理器中修改这4种属性。

在摘要选项卡中可以填写主题、作者、备注等。

统计选项卡中包括创建时间、修改时间、存取时间、打印时间、上次保存者、修改次数及编辑时间总计。在最后一个"统计信息"列表框中，还可以看到一个清单列表，里面包括幻灯片数、字数、段落、隐藏幻灯片等。

在内容选项卡中可以看到此文稿使用了多少种字体和字体的名称，幻灯片的标题及出自何种模板，每一张幻灯片，定义的自定义放映等。

在自定义选项卡中，可以以 PowerPoint 的默认名称填写部门、类型、取值、属性等。

修改完成所有的属性后，就可以单击【确定】按钮，退出【属性】对话框。

PowerPoint 2003 提供强大的网络功能，可使作品在 Internet 上自由传播。只要将演示文稿保存为 HTML 文档甚至是 ppt 或 pps 格式都可以，这样就可以将演示文稿在网络中传播。

扩展名为 ppt 的文件是演示文稿，在 PowerPoint 2003 打开后可以直接编辑。扩展名为 pps 的文件是幻灯片放映文件，双击该文件就直接进入幻灯片放映状态。

保存为 pps 文件的操作步骤如下：

(1)打开演示文稿。

(2)选择【文件】|【另存为】命令，弹出【另存为】对话框，选择文件夹，在【保存类型】下拉列表中选择【PowerPoint 放映(*. pps)】，在【文件名】文本框中输入文件名，单击【保存】按钮，退出【另存为】对话框。

除了保存为以上文档，还可以用图片文件的方式保存幻灯片，图片文件格式多种多样，有 gif、jpg、bmp 等。保存为图片文件的操作步骤如下：

选择【文件】|【另存为】命令，弹出【另存为】对话框，选择文件夹，在【保存类型】下拉列表中选择【JPEG 文件交换格式(*. jpg)】，在【文件名】文本框中输入文件名。单击【保存】按钮，弹出另一对话框。该对话框询问"想要导出演示文稿所有幻灯片还是只导出当前幻灯片"，有3个按钮可供选择。若取消操作，单击【取消】按钮；若保存所有幻灯片，单击【每张幻灯片】按钮；若只保存当前幻灯片，单击【仅当前幻灯片】按钮，退出全部对话框。此时，当前幻灯片被保存为图片。

保存为 HTML 文件的操作步骤如下：

(1)打开演示文稿。

(2)选择【文件】|【另存为 Web 页】命令，弹出【另存为】对话框。

(3)在【文件名】文本框中输入网页文件名"PowerPoint.htm"，尽量用字母和数字命名，文件的扩展名为 htm。

提示：文件保存的位置最好不要选择中文命名的文件夹。

单击【更改标题】按钮，就可以更改网页的标题，标题将显示在网页浏览器的标题栏。单击【发布】按钮，弹出【发布为 Web 页】对话框。

(4)在【发布为 Web 页】对话框中，对文稿进行发布设置，设置播放幻灯片的范围、支持的网页浏览器、显示演讲备注、选择支持的语言、放映的尺寸大小、选择是否支持动画放映，等等。PowerPoint 默认情况下，原幻灯片的动画在浏览器中不起作用，如果要演示幻灯片的动画效果，需在【另存为 Web 页】对话框中单击【Web 选项】按钮，弹出【Web 选项】对话框，在【常规】选项卡中选中【浏览时显示幻灯片动画】复选框，单击【确定】按钮。

(5)设置完毕，单击【保存】按钮，在保存的位置，如 C 盘根目录下会出现 PowerPoint.htm 文件和同名的文件夹，文件夹的内容包括网页文件用到的图形、图片、文字样式、声音文件、切换效果等。

(6)双击 C 盘根目录的 PowerPoint.htm，就可以在浏览器中观看幻灯片效果。

如果有企业内部网 Intranet 或 IP 地址，可以将演示文稿传到服务器上，方便用户下载浏览。如果要执行此操作，还必须有服务器的路径或网址、保存权限和密码，还需要将 FTP 站点添加到 Internet 站点列表中。

保存演示文稿到 FTP 站点的操作步骤如下：

(1)选择【文件】|【另存为】命令，弹出【另存为】对话框。

(2)在【保存位置】下拉列表中选择【FTP 位置】下的【添加 / 修改 FTP 位置】选项，弹出【添加 / 修改 FTP 位置】对话框。

(3)输入 FTP 站点路径或 IP 地址。这里输入 127.0.0.1，如果设定了用户权限，可选中【用户】单选按钮，输入用户名及密码。

(4)设置完成后，单击【添加】按钮，再单击【确定】按钮，返回【另存为】对话框。

(5)在【另存为】对话框的 FTP 站点列表中，选择"FTP：//127.0.0.1"，单击【打开】按钮。

(6)在【文件名】文本框中输入另存的演示文稿新名称。

(7)在完成设置后，单击【保存】按钮，如果 FTP 站点需要密码，将会弹出【用户密码】对话框，需要输入正确的用户名和密码才能进行操作。

5.6.2　演示文稿打包

一般地，没有安装 PowerPoint 软件的计算机是不能播放 PowerPoint 演示文稿的，但有时需要将演示文稿放在另一台可能没有安装 PowerPoint 的计算机上演示。PowerPoint 包含的"打包"功能就可以解决这个问题，PowerPoint 演示文稿经打包后，在任何一台运行 Windows 操作系统的计算机中都可以正常放映，无论这台计算机是否安装了 PowerPoint。

演示文稿打包的操作步骤如下：

(1)打开演示文稿。

(2)选择【文件】|【打包成 CD】命令，弹出【打包成 CD】对话框，如图 5-18 所示。

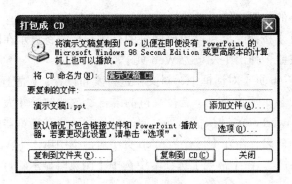

图 5-18　"打包成 CD"对话框

(3)在该对话框中显示要打包的文件，如要添加其他演示文稿，单击【添加文件】按钮，弹出【添加文件】对话框。选中演示文稿(*. ppt 或*. pps)，单击【添加】按钮即可。

(4)默认情况下包含链接文件和 PowerPoint 播放器。如要更改此设置，单击【选项】按钮，弹出【选项】对话框，如图 5-19 所示。在该对话框中，选中【PowerPoint 播放器】、【链接的文件】复选框。"PowerPoint 播放器"在没有安装 PowerPoint 时播放演示文稿，"链接的文件"是指那些与演示文稿相链接的文件，如声音、视频等文件，所以必须要选中这两个复选框。如果演示文稿没有用到独特的字体，建议不选中【嵌入的 TrueType 字体】复选框。在对话框中，可以输入打开文件的密码、修改文件的密码，以保护文件。设置完成后，单击【确定】按钮。当已输入打开文件的密码、修改文件的密码时，弹出【重新输入打开文件的密码】、【重新输入修改文件的密码】对话框，重新输入一遍密码，单击【确定】按钮即可。

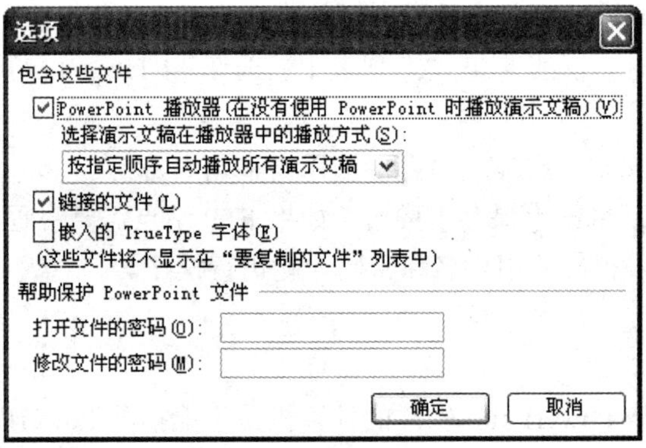

图 5-19　"选项"对话框

(5)单击【复制到文件夹】按钮，弹出【复制到文件夹】对话框。在【文件夹名称】文本框中输入文件名称"zggf"，在【位置】文本框中输入文件保存的目录"d：／"，也可以通过单击【浏览】按钮，弹出【选择位置】对话框，选择文件位置。单击【确定】按钮，退出【复制到文件夹】对话框。此时，在目录 d：／下生成 zggf 文件夹，只要将整个 zggf 文件夹连同里面的文件复制到另一台计算机即可。

(6)单击【关闭】按钮，退出【打包成 CD】对话框。

将演示文稿打包后生成的文件夹复制到其他计算机中后，双击文件夹下的 play. bat 文件，弹出【密码】对话框，输入打开文件密码，单击【确定】按钮，对话框退出后放映演示文稿。在此文件夹下，还有其他文件，如扩展名为 ppt 或 pps 的演示文稿、Playlist.txt、pptview.exe、pvreadme.htm、Autorun.inf 等，这些文件自有用处，下面一一介绍。

pptview.exe 是 PowerPoint 2003 播放器，没有它，在没有安装 PowerPoint 2003 的计算机上就无法播放演示文稿。如要对 PowerPoint 播放器进行更多了解，可打开 pvreadme.htm 查看。Playlist.txt 文件是设置演示文稿批量播放的文件。用记事本打开 Playlist.txt，可看到打包时所有的演示文稿名称，每个演示文稿占一行，中间没有空格。而这些演示文稿和链接的文件也都在该文件夹下。该文件夹可用以改变演示文稿排列的顺序、添加演示文稿名称或删除演示文稿名称，同时也改变播放演示文稿的顺序。需要注意的是，要添加演示文稿名称，必须要保证对应的演示文稿文件和链接的文件也要保存到该文件夹下。双击扩展名为 ppt 的演示文稿，打开演示文稿，此时弹出【密码】对话框，输入打开文件的密码，单击【确定】按钮后，如密码不正确，则会弹出【密码不对】对话框并无法打开演示文稿，如密码正确，则弹出【密码】对话框，输入修改文件的密码。此处应注意的是，要是以只读方式打开，则单击【只读】按钮，要想编辑，则单击【确定】按钮，如密码不正确，则弹出【密码不对】对话框并无法打开演示文稿，如密码正确，则打开演示文稿。Autorun.inf 是播放演示文稿的配置文件。

5.6.3 打印演示文稿

应用打印功能可以将幻灯片打印到纸上，也可以打印到其他介质上，如 35 厘米幻灯片，还可以选择打印备注、讲义等。

打印演示文稿的操作步骤如下：

(1)选择【文件】|【页面设置】命令，弹出【页面设置】对话框，如图 5-20 所示。

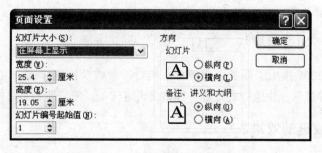

图 5-20 "页面设置"对话框

(2)在【幻灯片大小】下拉列表中选择纸张大小或选择其他介质，在【宽度】、【高度】等数值框内设置打印的大小，在【方向】选项区中选择幻灯片打印出来的纸张方向，在【幻灯片编号起始值】数值框内选择打印出来的幻灯片编号起始值。设置完成，单击【确定】按钮。

(3)选择【文件】|【打印预览】命令，弹出【打印预览】对话框，可以看到打印幻灯片的预览效果。单击　选择前一张或后一张幻灯片。单击【打印】按钮弹出【打印】对话框。单击 ，选择打印的内容为幻灯片、讲义、备注页和大纲视图，并选择显示的比例。选择【选项】|【页眉和页脚】命令，弹出【页眉和页脚】对话框，设置幻灯片的页眉和页脚。还可以通过选择【选项】|【幻灯片加框】命令为幻灯片加线框。单击【关闭】按钮，退出【打印预览】状态。

(4)选择【文件】|【打印】命令，弹出【打印】对话框。在打印范围可选择全部幻灯片、当前的幻灯片或选择打印范围，如输入 2～4 即打印第 2 张到第 4 张幻灯片。在【打印内容】下拉列表中选择幻灯片、备注、讲义、大纲等，并调整相应项目。例如打印幻灯片讲义时，在【讲义】选项区中可选择每页打印的讲义张数及摆放顺序。设置完成，单击【确定】按钮即可。

5.7　PowerPoint 2007 的特性

PowerPoint 2007 与 PowerPoint 2003 相比，变化极大，还增加了新的文档格式等。下面介绍 PowerPoint 2007 的新特性。

5.7.1　用户界面新颖直观

PowerPoint 2007 含有称为功能区的全新直观使用界面。当进入 PowerPoint 2007 之后，从界面上很明显地可以看到，与 PowerPoint 2003 最大的差别就是将所有的功能由图案式按钮的引导改以分页分类的方式呈现在上方，使用者可以很直观、很快速地找到想要的功能。PowerPoint 2003 只提供了常用的功能按钮，以各类别的工具按钮分列提供，使用者必须寻找相关工具列的工具按钮，当功能没有提供出工具按钮时，就要寻求各级菜单，然而太丰富的菜单下面又有各级联菜单，有时让使用者寻找起来很麻烦。

另外，PowerPoint 2007 还提供了新增的幻灯片应用模板及强化格式设定选项，可使用户只需花费小部分时间就可建立美观的演示文稿。

5.7.2　增加了新的应用模板、幻灯片版式及快速样式

PowerPoint 2007 推出了新的应用模板、幻灯片版式及快速样式，以便用户在制作幻灯片时，可有多种选项。快速样式集合各种格式设定选项，使文件和对象格式化更为简单。

5.7.3　新增加改进的效果

PowerPoint 2007 中的图案、图形、表格、文字、艺术字等增加了阴影、反射、光晕、柔边、变形、浮雕及立体旋转等效果。还提供了新的文字样式、更多的文字选项。

5.7.4　有效共享

在 PowerPoint 2003 中，演示文稿无法使不同计算机系统的人员共用。而在 PowerPoint 2007 中，用户可与其他人共用并进行共同作业。

5.7.5　新的文档格式

PowerPoint 2007 中有一项重大的改变，这就是新的文档格式。PowerPoint 2007 引入 XML 格式，组成新的文档格式，称为 Office Open XML Formats。XML 格式拥有以下优点：

(1)包含指令码或巨集的档案，更轻松地辨别及封锁不想要的指令码或巨集，提高文件的安全性。

(2)缩小文档的存储量。

(3)降低文档损毁的几率。

PowerPoint 2007 有四种文档格式，扩展名分别为 pptx、potx、pptm、potm。可以看出，它比 PowerPoint 2003 的两种文档格式(扩展名为 ppt、pot)多了 x、m。

习题 5

1. 选择

(1)在 PowerPoint 2003 中，默认情况下，放映当前幻灯片的快捷操作是_____。

A.F5　　　　　　　　　B.Ctrl+S　　　　　　　　C.Shift+F5

(2)在幻灯片的放映过程中要中断放映，可以直接按_____键。

A.Alt　　　　　　　　　B.Ctrl　　　　　　　　　C.Esc

(3)在 PowerPoint 2003 中，_____可在幻灯片浏览视图中进行。

A. 设置幻灯片的动画效果　　　　　　　　B. 幻灯片文本的编辑修改

C. 改变幻灯片的次序

(4)在 PowerPoint 2003 的大纲视图中，大纲由每张幻灯片的_____组成。

A.图形和标题　　　　　B.标题和图片　　　　　C.标题和正文

(5)移动页眉和页脚的位置需要利用_____。

A.幻灯片的母版　　　　B.普通视图　　　　　　C.幻灯片浏览视图

(6)在 PowerPoint 2003 中，如果想设置动画效果，可以使用_____菜单项中的"自定义动画"命令。

A.格式　　　　　　　　B.视图　　　　　　　　　C.幻灯片放映

(7)PowerPoint 2003 可以指定每个动画发生的时间，以下_____设置能实现将当前动画与前一个动画同时出现。

A.在自定义动画的"开始"中选择"单击时"

B.在自定义动画的"开始"中选择"之前"

C.在自定义动画的"开始"中选择"之后"

(8)PowerPoint 2003 演示文稿模板文件的扩展名是_____。

A.pot　　　　　　　　　B.ppt　　　　　　　　　C.pps

(9)在幻灯片播放时，如果要结束放映，可以按键盘上的_____键。

A.Esc　　　　　　　　　B.Enter　　　　　　　　C.Space

(10)PowerPoint 2003 的"幻灯片设计"一般包含_____。

A.设计模板、配色方案和动画方案

B.幻灯片版式、配色方案和动画方案

C.幻灯片背景颜色、配色方案和动画方案

2. 实际操作

(1)在新幻灯片内输入"搜狐网"3 个字，并为这 3 个字(所在的文本框)添加超链接，链接到网址 http://www.sohu.com。

(2)设置第 3 张幻灯片(标题框)在前一事件 3 秒后自动播放。

(3)第 3 张幻灯片的文字区域设置动画效果为"从下部缓慢移入"。

(4)如何将一个复杂的演示文稿安装到另一台无 PowerPoint 软件的计算机上进行演示？

(5)制作一个自定义放映，只包括第一张和最后一张幻灯片，并播放。

第 6 章　网络基础知识与 Internet 应用

　　21 世纪是一个以网络为核心的信息时代，计算机网络理论与技术的发展及其广泛应用，已经对人们的生产、生活产生了深远的影响。在计算机网络的基础上实现政府管理信息化、企业经营信息化，以及国防信息化将成为不可阻挡的趋势。因此，掌握必要的计算机网络基础知识与 Internet 应用知识，对于人们的日常学习、工作和适应信息时代的发展具有十分重要的现实意义。

6.1　计算机网络基础知识

　　计算机网络是利用通信设备和线路将地理位置不同、功能相互独立的多个计算机系统连接起来，以功能完善的网络软件实现网络中的硬件、软件及数据等资源共享和信息传递的系统。简单地说，即连接两台或多台计算机进行通信的系统。

6.1.1　计算机网络的发展

6.1.1.1　Internet 的发展简史

　　Internet 最早起源于美国国防部高级研究计划署 DARPA(Defense Advanced Research Projects Agency)建立的名为 ARPAnet 的网络，该网于 1969 年投入使用。由此，ARPAnet 成为现代计算机网络诞生的标志。

　　从 20 世纪 60 年代起，由 ARPA 提供经费，联合计算机公司和大学共同研制和开发了 ARPAnet 网络。最初，ARPAnet 主要用于军事研究目的，它主要是基于这样的指导思想：网络必须经受得住故障的考验而维持正常的工作，一旦发生战争，当网络的某一部分因遭受攻击而失去工作能力时，网络的其他部分应能维持正常的通信工作。ARPAnet 在技术上的另一个重大贡献是 TCP/IP 协议族的开发和利用。作为 Internet 的早期骨干网，ARPAnet 奠定了 Internet 存在和发展的基础，较好地解决了异种机网络互联的一系列理论和技术问题。

　　1977~1979 年，ARPAnet 推出了目前形式的 TCP/IP 体系结构和协议。1980 年前后，ARPAnet 上的所有计算机开始了 TCP/IP 协议的转换工作，并以 ARPAnet 为主干网建立了初期的 Internet。

　　1983 年 ARPAnet 分裂为两部分，ARPAnet 和纯军事用的 MILNET，同时，局域网和广域网的产生和蓬勃发展对 Internet 的进一步发展起到了重要作用。其中最引人注目的是美国国家科学基金会(National Science Foundation)建立的 NSFnet。NSF 在全美国建立了按地区划分的计算机广域网，并将这些地区网络和超级计算机中心互联起来。NSFnet 于 1990 年 6 月彻底取代了 ARPAnet 而成为 Internet 的主干网。

　　1988 年 Internet 开始对外开放。

1991 年 6 月，在连通 Internet 的计算机中，商业用户首次超过了学术界用户，这是 Internet 发展史上的一个里程碑。

Internet 的商业化也是 Internet 的第二次飞跃。商业机构一进入 Internet 这一陌生世界，很快发现了它在通信、资料检索、客户服务等方面的巨大潜力。于是世界各地的无数企业纷纷涌入 Internet，带来了 Internet 发展史上的一个新的飞跃。

6.1.1.2　Internet 在我国的发展进程及现状

我国目前在 Internet 网络基础设施方面已进行了大规模投入，例如建成了中国公用分组交换数据网 ChinaPAC 和中国公用数字数据网 ChinaDDN。覆盖全国范围的数据通信网络已初具规模，为 Internet 在我国的普及打下了良好的基础。

Internet 在中国的发展历程可以大略地分为三个阶段：

第一阶段为 1987~1993 年，也是研究试验阶段。在此期间中国一些科研部门和高等院校开始研究 Internet 技术，并开展了科研课题和科技合作工作，但这个阶段的网络应用仅限于小范围内的电子邮件服务。

第二阶段为 1994~1996 年，同样是起步阶段。1994 年 4 月，中关村地区教育与科研示范网络工程进入 Internet，从此我国被国际上正式承认为有 Internet 的国家。之后，ChinaNET、CERNET、CSTNET、ChinaGBN 等多个 Internet 网络项目在全国范围相继启动，Internet 开始进入公众生活，并在我国得到了迅速的发展。至 1996 年年底，我国 Internet 用户总人数已达 20 万人，利用 Internet 开展的业务与应用逐步增多。

第三阶段从 1997 年至今，是 Internet 在我国发展最为快速的阶段。国内 Internet 用户数在 1997 年以后基本保持每半年翻一番的增长速度。据中国 Internet 网络信息中心 (CNNIC)公布的第 15 次中国互联网络发展状况统计报告，截至 2004 年年底，我国上网用户总人数为 9 400 万人。

根据国务院的规定，有权直接与国际 Internet 连接的网络有 4 个(见表 6-1)：中国科学技术网 CSTNET、中国教育科研网 CERNET、中国公用计算机互联网 ChinaNET、中国金桥信息网 ChinaGBN。

表 6-1　我国四大网络

网络名称	运行管理单位	国际联网时间	业务性质
CSTNET	中国科学院	1994 年 4 月	科技
ChinaNET	原邮电部	1995 年 5 月	商业
CERNET	国家教育部	1995 年 11 月	教育、科研
ChinaGBN	原电子工业部	1996 年 9 月	商业

6.1.1.3　Internet 网络带来的机遇与挑战

Interent 网络给全世界带来了非同寻常的机遇。人类经历了农业社会、工业社会，当前正在迈进信息社会。信息作为继材料、能源之后的又一重要战略资源，它的有效开发和充分利用，已经成为社会和经济发展的重要推动力和取得经济发展的重要生产要素，它正在改变着人们的生产方式、工作方式、生活方式和学习方式。

首先，网络缩短了时空的距离，大大加快了信息的传递，使得社会的各种资源得以共享。其次，网络创造了更多的机会，可以有效地提高传统产业的生产效率，有力地拉动消费需求，从而促进经济增长，推动生产力进步。再次，网络也为各个层次的文化交流提供了良好的平台。

互联网的确创造了一个奇迹，但在奇迹背后，存在着日益突出的问题，给人们提出了极大的挑战。比如，信息贫富差距开始扩大，财富分配出现不平等。网络的开放性和全球化，促进了人类知识的共享和经济的全球化，但也使得网络安全和信息安全成为非常严峻的问题；网络竞争已成为国家间与企业间高技术的竞争和人才的竞争；网络带来信息的全球性流通，也加剧了文化渗透，各国都在为捍卫自己的文化而努力，我国拥有悠久的文化，如何使得这种厚重的文化在网络上得以延伸，这个问题显得尤其突出。

6.1.2　计算机网络定义

随着计算机应用的深入，特别是家用计算机越来越普及，一方面希望众多用户能共享信息资源，另一方面也希望各计算机之间能相互传递信息进行通信。个人计算机的硬件和软件配置一般都比较低，其功能有限，因此要求大型与巨型计算机的硬件与软件资源，以及它们所管理的信息资源应该为众多的微型计算机所共享，以便充分利用这些资源。基于这些原因，促使计算机向网络化发展，将分散的计算机连接成网，组成计算机网络。

6.1.2.1　基于物理意义上的概念

从物理意义上看，计算机网络是一系列(两台以上)具有独立功能或独立操作系统的计算机，通过某些介质连接而形成的一个多用户的集合体。计算机之间存在多种连接方式，连接也不一定用导线直接相连，既可以通过电话线路，也可以利用双绞线、同轴电缆、光纤等线路，还可以采用激光、微波和卫星等介质来实现。

6.1.2.2　基于共享意义上的概念

在计算机应用的早期，每一个用户都是独占硬件资源，然而，随着应用的不断扩展，计算机彼此间越来越需要交换信息。如果计算机间能够直接交换信息，我们就称它们是互联的。当一个人或一个群体的计算机需要与其他人的计算机共享信息或某些计算机硬件资源(如磁盘、打印机、磁带机、通信处理器)，这时就需要将它们通过某种介质、运行某种系统软件、按某种拓扑结构连接起来，这就是计算机网络。

计算机网络意味着信息与服务的共享，因此无论采用何种物理连接方式，联入网络的计算机之间都必须能够互相交换信息。

计算机网络所具备的能力可以概括为：

(1)从资源观点来看，它具有共享某种硬件资源(如昂贵的打印机、大容量磁盘、专用设备和通信设备)和软件资源以及公共信息(如数据库)的能力；从用户观点来看，它具有把个人与集体连接在一起的能力。

(2)从管理的观点来看，它具有共享集中数据处理的能力，如备份服务、软件安装升级服务。

6.1.2.3　计算机网络的定义

计算机网络可以从不同侧面进行描述，因此给它下一个确切完整的定义是比较困难的。计算机网络是现代通信技术与计算机技术相结合的产物。一般来说，凡将地理位置不同且具有独立功能或独立操作系统的多个计算机系统，通过通信设备和线路连接起来，有功能完善的网络软件(网络协议、信息交换方式、控制程序和网络操作系统)，实现网络资源共享的系统统称为计算机网络。

6.1.3　计算机网络的功能

计算机网络的设计初衷是为了数据通信和资源共享，但是，随着网络技术的不断发展，其功能也在不断地进行拓展。计算机网络的主要功能包括如下几个方面。

6.1.3.1　数据通信

数据通信即实现计算机与终端、计算机与计算机之间的数据传输，是计算机网络的最基本功能，也是实现其他功能的基础，如电子邮件、传真、远程数据交换等。

6.1.3.2　资源共享

建立计算机网络的主要目的是资源共享。一般情况下，网络中可共享的资源有硬件资源(如打印机、CPU 计算资源)、软件资源和数据资源，其中共享数据资源最为普遍。

6.1.3.3　远程传输

计算机已经由科学计算向数据处理方面发展，由单机向网络方面发展，且发展的速度很快。分布很远的用户可以互相传输数据信息、互相交流，以及协同工作。

6.1.3.4　集中管理

计算机网络技术的发展和应用，已使得现代办公、经营管理等发生了很大的变化。目前，已经有了许多 MIS 系统、OA 系统等，通过这些系统可以实现日常工作的集中管理，提高工作效率，增加经济效益。

6.1.3.5　实现分布式处理

网络技术的发展，使得分布式计算成为可能。对于大型的课题，可以分为许许多多的小题目，由不同的计算机分别完成，然后集中起来解决问题。

6.1.3.6　负载平衡

负载平衡是指工作均匀地分配给网络上的各台计算机。网络控制中心负责分配和检测，当某台计算机负载过重时，系统会自动转移部分工作到负载较轻的计算机中去处理。

6.1.4　计算机网络的分类

计算机网络的分类方法对于网络本身并无实质的意义，只是便于人们从不同角度讨论问题。按照不同的分类标准，可以有多种分类方法。例如：按网络拓扑结构，可分为环型网、星型网、总线型网、树型网等；按通信介质，可分为双绞线网、同轴电缆网、光纤网和无线卫星网等；按信号频带占用方式，可分为基带网和宽带网；按网络规模和覆盖范围，可分为局域网、城域网和广域网等。各种计算机的网络形态各异，因此可以根据不同的分类标准对计算机网络进行分类。常用的分类标准有按网络的作用范围进行分类、按网络的使用者进行分类、按网络的拓扑结构进行分类等。

6.1.4.1　按网络规模(地理位置)分类

按网络规模，计算机网络可分为局域网、广域网和城域网。

1. 局域网(Local Area Network，LAN)

局域网一般用微型计算机或工作站通过高速通信线路相连(100 Mbps 以上)，但地理上则局限在较小的范围(如 1 km 左右)，如一个办公室，或者一个楼层。早期的局域网网络技术都由各个不同厂家所专有，互不兼容。后来，IEEE(国际电气和电子工程师协会)推动了局域网技术的标准化，由此产生了 IEEE 802 系列标准。这使得在建设局域网时可以选用不同厂家的设备，并能保证其兼容性。这一系列标准覆盖了双绞线、同轴电缆、光纤和无线等多种传输媒介和组网方式，并包括网络测试和管理的内容。随着新技术的不断出现，这一系列标准仍在不断地更新变化之中。

以太网(IEEE 802.3 标准)是目前最常用的局域网组网方式。以太网使用双绞线作为传输媒介。在没有中继的情况下，最远可以覆盖 200 m 的范围。最普及的以太网类型数据传输速率为 100 Mbps，更新的标准则支持 1000 Mbps 的速率。

近年来，随着 IEEE 802.11 标准的制定，无线局域网的应用大为普及。无线局域网(Wireless LAN，WLAN)是使用无线连接的局域网。它使用无线电波作为数据传送的媒介。传送距离一般为几十米。无线局域网的主干网络通常使用电缆(CABLE)，无线局域网用户必须配置无线网卡，并通过一个或更多无线接取器(Wireless Access Points，WAP)接入无线局域网。无线局域网现在已经广泛应用于商务区、大学、机场及其他公共区域。无线局域网最通用的标准是 IEEE 定义的 802.11 系列标准。

2. 广域网(Wide Area Network，WAN)

当主机之间的距离较远时，例如相隔几十千米或几百千米，甚至几千千米，局域网显然无法完成主机之间的通信任务，这时必须通过广域网来实现远距离的通信。然而，广域网并没有严格的定义。通常广域网是指覆盖范围很广(远远超过一个城市的范围，跨国家或跨洲)的长距离大范围的网络，例如一家大型公司在各地的分公司的内部网络互相连接组成一个网络。广域网的造价较高，一般都是由国家或较大的电信公司出资建造的。

3. 城域网(Metropolitan Area Network，MAN)

城域网的作用范围在广域网和局域网之间，例如作用范围可跨越一个城市的几个街区，甚至整个城市。城域网可以为一个或几个单位所拥有，但也可以是一种公用设施，用来将多个局域网进行互联。城域网的传输速率比局域网更高，作用距离为 5 ～ 50 km。从网络的层次看，城域网是广域网和局域网之间的桥接区。城域网因为要和很多的局域网连接，因此必须适应多种业务、多种网络协议，以及多种数据传输速率，并要保证能够很方便地将各种局域网连接到广域网中。

6.1.4.2　按网络的使用者分类

从网络的使用者来看，计算机网络可划分为公用网(公网)和专用网(专网)。

1. 公用网(public network)

公用网由电信部门或其他提供通信服务的经营部门组建、管理和控制，网络内的传输和转接装置可供任何部门和个人使用。公用网常用于广域网的构造，支持用户的远程通信，如我国的电信网、广电网、联通网等。

2. 专用网(private network)

专用网为用户部门为本单位的特殊业务工作的需要而组建经营的网络，不容许其他用户和部门使用。由于投资的因素，专用网通常为局域网，或者是通过租借电信部门的线路组建的广域网。例如军队、铁路、电力等系统均有本系统的专用网，学校组建的校园网、企业组建的企业网等也属于专用网。显然，专用网因其业务性质的重要性，对网络安全的要求更高。因此，当专用网因业务需要而与公用网相联时，必须采取相应的安全措施，例如配置防火墙及其他安全手段，对专用网实施相应的保护。

6.1.4.3　按网络的拓扑结构分类

网络中的计算机和设备通过通信线路连接到一起，可以使用不同的传输介质以不同的方式进行连接。网络拓扑结构是指用传输介质连接各种设备的布局，也就是局域网中多台计算机或设备之间的连接所形成的结构。拓扑结构是区分局域网类型和特性的一个重要因素。不同拓扑结构的局域网所采用的信号技术、协议以及所能达到的网络性能，会有很大的差别。从网络的拓扑结构来看，一般可划分为星型网、总线型网、环型网和树型网。

1. 星型网(star network)

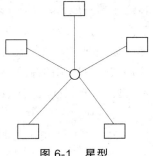

星型网是指网络中的各节点设备通过一个网络集中设备(如交换机 Switch)连接在一起，各节点呈星状分布的网络连接方式，如图 6-1 所示。这种结构易于维护，采用交换电缆或工作站的简单方法可以很容易地确定网络故障点。另外，由于通道分离，整个网络不会因一个站点的故障而受到影响，网络节

图 6-1　星型

点的增删方便、快捷。星型网络结构是现在最常用的网络拓扑结构。

2. 总线型网(bus network)

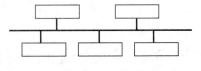

在总线型网络结构中所有的站点共享一条数据通道，如图 6-2 所示。总线型网络安装简单方便，需要铺设的电缆最短，成本低，某个站点的故障一般不会影响

图 6-2　总线型

整个网络，但介质的故障会导致整个网络瘫痪。总线型网安全性低，监控比较困难，增加新站点也不如星型网容易。总线型结构是最经济、最简单、最有效的网络结构之一，具有频带较宽，数据传送不易受干扰的特点，但由于总线结构是由一根电缆连接着所有设备，一段线路断路将导致整个网络运行中断，稳定性较差。

3. 环型网(ring network)

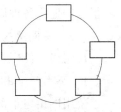

环型网络结构的各站点通过通信介质连成一个封闭的环形，如图 6-3 所示。环型网络容易安装和监控，但容量有限，网络建成后，难以增加新的站点。环型结构中各节点通过信息线路组成闭合环路。环中数据沿一个方向传输。其特点是结构简单，容易实现，传输延迟确定。环中任何一个节点出现线路故障，都将造成网络瘫痪。因此，现在组建局域网已经基本上不使用环型网络结构。

图 6-3　环型

4. 树型网(tree network)

树型网由总线型拓扑演变而来，其结构看上去像一棵倒挂的树，如图 6-4 所示。树最上端的结点叫根结点，一个结点发送信息时，根结点接收该信息并向全树广播。树型拓扑易于扩展与故障隔离，但对根结点依赖性太大。

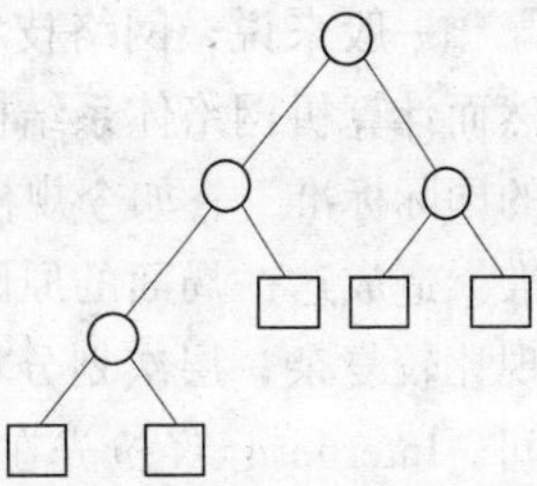

图 6-4　树型

6.1.5　计算机网络体系结构

6.1.5.1　网络体系结构的基本概念

计算机网络是一个非常复杂的系统。两台计算机要通过计算机网络进行有效的通信有许多复杂的问题需要解决，例如如何激活通信线路，如何在网络中有效地识别接收数据的计算机，出现差错或意外事故如何处理等。要想从整体上周密地设计出有效的计算机网络是非常困难的。因此，人们在设计计算机网络时采用了一种"分层"的思想。"分层"可将庞大而复杂的问题，转化为若干较小的局部问题，而这些较小的局部问题就比较易于研究和处理。将整个网络通信过程划分为由高到低若干个层，各层都被分配了一定的功能。每一层在完成了自己的功能之后就将任务递交给自己的下一层，即下一层为上一层提供服务，因此可以说，服务是"垂直的"。采用"分层"思想设计的网络体系结构具有灵活性好、结构上易分割、易于实现和维护、能促进标准化工作等一系列优点。

为进行网络中的数据交换而建立的规则、标准或约定即网络协议(Network Protocal)，简称为协议。

网络协议是计算机网络不可缺少的组成部分，它主要由以下 3 个要素组成：

(1)语法：数据与控制信息的结构或格式。

(2)语义：需要发出何种控制信息，完成何种动作及做出何种响应。

(3)同步：事件实现顺序的详细说明。

计算机网络体系结构(Network Architecture)就是计算机网络层次结构模型和各层协议的集合。

基于分层的方法，1974 年美国的 IBM 公司宣布了它研制的系统网络体系结构 SNA，成为一种使用广泛的网络体系结构。不久后，其他一些公司也相继推出本公司的体系结构，并采用了不同的名称，例如 DEC 公司的 DNA。网络体系结构的出现，使得一个公司所生产的网络设备能够很容易地互联成网。但各种网络体系结构互不兼容，采用不同网络体系结构的网络之间就很难互相连接了。这成为计算机网络发展的主要障碍，有必要制定通用的计算机网络体系结构标准，于是出现了网络体系结构的标准 OSI / RM 和 TCP / IP。

6.1.5.2　ISO / OSI

国际标准化组织(ISO)于 1977 年成立了专门的机构，研究网络体系结构的标准化问题。不久，他们提出了一个试图使各种计算机在世界范围内互连成网的标准框架，即著名的开放系统互连参考模型(Open System Interconnection Reference Model，OSI / RM)。1983 年形成了开放系统互联参考模型的正式文件，即著名的 ISO 7498 国际标准，也就是所谓的七层协议的体系结构，它将网络体系结构划分为应用层、表示层、会话层、传输层、网络层、数据链路层、物理层七层，如图 6-5 所示。

　　一般来说，网络技术和设备只有符合有关的国际标准才能获得大范围的工程应用。然而计算机网络体系结构的国际标准却并非如此。尽管 OSI 是网络体系结构的"法律上的国际标准"，如今规模最大的、覆盖全球的计算机网络 Internet，却并没有使用 OSI 标准。造成这一局面的原因是多方面的。一方面是 OSI 自身的一些设计缺陷，例如协议实现比较复杂，层次划分不太合理等；另一方面，OSI 标准的制定周期太长，在其设计期间，Internet 已经抢先在全世界覆盖了相当大的范围，得到了事实上的使用。尽管如此，OSI 所取得的理论研究成果还是受到了计算机界和通信界的广泛关注。

6.1.5.3　TCP／IP

　　Internet 采用的网络体系结构是非国际标准的 TCP／IP(Transmission Control Protocol/Internet Protocol)，因此 TCP／IP 也被称为"事实上的国际标准"。它将网络体系结构划分为四层(应用层、传输层、网络层、网络接口层)，每一层都包含了许多协议，每个协议用来完成特定的功能，如图 6-6 所示。1983 年 1 月 1 日，在因特网的前身(ARPAnet 网)中，TCP／IP 协议取代了旧的网络核心协议(NetWork Core Protocol，NCP)，从而成为今天的互联网的基石。

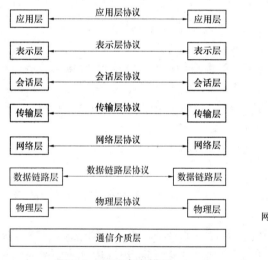

图 6-5　OSI 参考模型

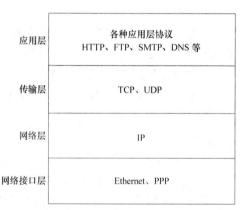

图 6-6　TCP/IP 网络体系结构

　　1. 应用层(application layer)

　　应用层是体系结构中的最高层。应用层直接为用户的应用进程提供服务。这里的进程就是指正在运行的程序。在因特网中的应用层协议很多，如支持万维网应用的 HTTP 协议，支持电子邮件服务的 SMTP 协议，支持文件传输的 FTP 协议等。

　　2. 传输层(transport layer)

　　传输层的任务就是负责为两个主机中的进程之间的通信提供服务。由于一个主机可同时运行多个程序，因此传输层必须有能力识别每一个通信进程，例如通信的源进程和目的进程。传输层是通过"端口"实现对进程的识别的，每个进程都会有一个标识号，这就是端口号。这样，传输层具有复用和分用的功能。复用就是传输层在用目的端口对多个应用层进程进行区分之后统一使用传输层的服务，分用则是传输层将收到的信息根据不同的目的端口交付给上面应用层中的相应的进程。传输层主要使用两种协议，即 TCP 协议和 UDP 协议。

3. 网络层(network layer)

网络层负责为分组交换网上的不同主机提供通信服务。在发送数据时，网络层将传输层产生的报文段封装成分组或数据包进行传送。在封装数据包时，网络层在数据包头中添加了相关的网络层信息，其中最重要的是源 IP 地址和目的 IP 地址。这样，网络中的路由器可以根据这个目的地址找到相应的路由，并最终找到目的主机。

因特网是一个很大的互联网，它由大量的异构网络通过路由器相互连接而成。因特网最主要的网络层协议就是 IP(Internet Protocol)协议，因此网络层也称为 IP 层。

4. 网络接口层(network interface layer)

网络接口层为 TCP / IP 协议的底层，又称为"网络访问层"，主要负责接收和处理上一层(IP 层)的数据包，并通过特定的网络接口向网络传输介质发送。在接收端，网络接口层通过网络接口，从传输介质上接收数据后，进行处理，并抽取 IP 数据报交给 IP 层。也就是说，被发送的数据在网络接口层才真正脱离主机发送到网络上，而在接收端，被接收的数据在这一层从网络进入主机。网络接口层没有定义自己的协议，但是支持多种逻辑链路控制和媒体访问协议，如各种局域网和广域网协议中能够用于 IP 数据报交换的分组传输协议，包括局域网的 Ethernet、Token Ring，分组交换网的 x.25 等。

在因特网所使用的各种协议中，最重要的和最著名的就是 TCP 和 IP 两个协议。现在人们经常提到的 TCP / IP 并不单指 TCP 和 IP 这两个具体的协议，而往往是表示因特网所使用的整个 TCP / IP 协议族(protocol suite)。

6.2　计算机网络的物理构成

从物理构成上看，计算机网络由 4 个部分组成：应用服务器、工作站、网络传输介质、网络通信设备。网络传输介质通过网络通信设备将应用服务器和工作站连接起来。

6.2.1　网络传输介质

网络传输介质是网络中传输数据、连接各网络的物理通路，其中常用的网络传输介质有双绞线、同轴电缆、光纤等。

6.2.1.1　双绞线(Twisted Pairwire)

双绞线是综合布线工程中最常用的一种传输介质。双绞线由两根具有绝缘保护层的铜导线组成。把两根绝缘的铜导线按一定密度互相绞在一起，可降低信号干扰的程度，每一根导线在传输中辐射的电波会被另一根线上发出的电波抵消，"双绞线"的名字也是由此而来。如果把一对或多对双绞线放在一个绝缘套管中，便成为双绞线电缆，如图 6-7 所示。

双绞线分为屏蔽双绞线 STP(Shielded Twisted Pair)与非屏蔽双绞线 UTP(Unshielded Twisted Pair)。屏蔽双绞线在双绞线与外层绝缘封套之间有一个金属屏蔽层。屏蔽层可减少辐射，防止信息被窃听，也可阻止

图 6-7　双绞线电缆

外部电磁的干扰，因此屏蔽双绞线相对于同类的非屏蔽双绞线，价格也更高一些。

另外，美国电子工业协会 EIA 和电信行业协会 TIA 定义了多种不同型号的双绞线。计算机网络综合布线使用其中的第 3、4、5 类。目前使用最为广泛的是 5 类及超 5 类线，提供 100 MHz / 1000 MHz 的频宽，常用在快速以太网及千兆以太网中。在现实应用中，一段双绞线的最大长度为 100 m，每端需要一个 RJ-45 插件(头或座)，用于将计算机与集线器或交换机连接起来。

6.2.1.2 同轴电缆(Coaxial Cable)

同轴电缆以硬铜线为芯，外包一层绝缘材料。这层绝缘材料用密织的网状导体环绕，网外又覆盖一层保护性材料，如图 6-8 所示。有两种广泛使用的同轴电缆，一种是 50 Ω 电缆，用于数字信号传输；另一种是 75 Ω 电缆，用于模拟信号传输。

图 6-8 同轴电缆

在局域网发展的初期，曾广泛地使用同轴电缆作为传输介质。但随着技术的进步，在局域网领域基本都采用双绞线为传输介质。目前同轴电缆主要用在有线电视网中，高质量的同轴电缆的带宽已接近 1 GHz。

6.2.1.3 光导纤维(Optical Fiber)

光导纤维，简称光纤，是一种利用光在玻璃或塑料制成的纤维中的全反射原理而制作的光传导工具。微细的光纤封装在塑料护套中，使得它能够弯曲而不至于断裂。通常，光纤一端的发射装置使用发光二极管(Light Emitting Diode，LED)或一束激光将光脉冲传送至光纤，光纤另一端的接收装置使用光敏元件检测脉冲。光导纤维电缆由一捆纤维组成，简称为光缆。光缆是数据传输中最有效的一种传输介质。

为了在光纤中传输数据，需要通过光缆接口设备将电子信号转换成光信号。在光缆中传输的光脉冲通过光纤到达目的地后，光缆接口再将它们转为电子信号。与其他传输介质比较，光纤的电磁绝缘性能好、信号衰减较小、频带宽、传输速度快、传输距离大，主要用于要求传输距离较长、布线条件特殊的主干网连接。

6.2.2 网络通信设备

6.2.2.1 网络适配器(Network Interface Card)

网络适配器又称网卡或网络接口卡，它是计算机联网的设备。网络适配器插在计算机主板插槽中，负责将用户要传递的数据转换为网络上其他设备能够识别的格式，如图 6-9 所示。网络适配器是计算机网络中最基本的元素。由于网络有多种连接方式，网卡的种类也非常多。如果按照接口类型来划分，有 ISA 接口网卡、PCI 接口网卡、PCI-X 总线网卡、PCMCIA 网卡、USB 接口网卡。其中，在计算机网络发展的早期使用的是 ISA 接口网卡，PCI 接口网卡则是目前台式机上最主流的网卡，PCI-X 总线网卡应用于服务器上，PCMCIA

图 6-9 网络适配器

网卡则应用于笔记本电脑。另外，如果想通过计算机无线上网，则必须在计算机上安装无线网卡。从支持的带宽来看，目前主流的网卡主要有 100 Mbps 以太网卡、10 Mbps / 100 Mbps 自适应网卡、1000 Mbps (千兆)以太网卡等。每一个网卡都有一个被称为 MAC 地址的独一无二的 48 位序列号，它被写在卡上的一块 ROM 中。在网络上的每一个计算机都必须拥有一个独一无二的 MAC 地址。没有任何两块生产出来的网卡有同样的地址。这是因为国际电气和电子工程师协会(IEEE)负责为网络接口控制器的销售商分配唯一的 MAC 地址。

6.2.2.2　调制解调器(Modem)

计算机内的信息是由"0"和"1"组成的数字信号，而在电话线上却只能传递模拟信号。于是，当两台计算机要通过电话线进行数据传输时，就需要一个设备负责数模的转换。这就需要用到调制解调器(Modem)。计算机在发送数据时，先由 Modem 将数字信号转换为相应的模拟信号，这个过程称为"调制"。经过调制的信号通过电话载波传送到另一台计算机之前，也要经由接收方的 Modem 负责将模拟信号还原为计算机能识别的数字信号，这个过程称为"解调"。正是通过这样一个"调制"与"解调"的数模转换过程，从而实现了两台计算机之间的远程通信。

Modem 其实是 Modulator(调制器)与 Demodulator(解调器)的合称，中文称为调制解调器。在口语中，根据英语的语音取其首音节，很多人将调制解调器称为"猫"。根据不同的应用场合，调制解调器可以使用不同的手段传送模拟信号，例如使用光纤、射频无线电或电话线等，使用普通电话线音频波段进行数据通信的电话调制解调器是人们最常接触到的调制解调器，如图 6-10 所示。

图 6-10　调制解调器

6.2.2.3　集线器(Hub)

集线器的英文名称为"Hub"，如图 6-11 所示。"Hub"是"中心"的意思。集线器的主要功能是在逻辑上构造出一条总线，并提供多个接口将多个计算机连接起来，这条总线实际上就是一条数据通道，从而实现多个计算机的互联。

图 6-11　集线器

集线器工作于 OSI 参考模型第一层，即物理层。集线器与网卡、网线等传输介质一样属于局域网中的基础设备，采用 CSMA / CD(一种检测协议)访问方式。集线器属于纯硬件网络底层设备，基本上不具有类似于交换机的"智能记忆"能力和"学习"能力。它也不具备交换机所具有的 MAC 地址表，所以它发送数据时是没有针对性的，而是采用广播方式发送。也就是说，当它要向某节点发送数据时，不是直接将数据发送到目的节点，而是将数据包发送到与集线器相连的所有节点。

集线器曾经是构建小型局域网最常用的设备，但由于其不具备任何智能性(只是提供了一个数据通道)，随着小型交换机价格的下降，人们在构建小型局域网时往往直接使用交换机连接计算机。

6.2.2.4　交换机(Switch)

交换机是目前使用最为广泛的通信设备，如图 6-12 所示。在计算机网络系统中，交换概念的提出是对共享工作模式的改进。前面介绍的集线器就是一种共享设备，集线器本身不能识别目的地址，当同一局域网内的 A 主机给 B 主机传输数据时，集线器会把这个数据传输给每个与之

图 6-12　交换机

相连的主机，由每一台主机通过验证目的地址信息确定是否接收。

交换机比集线器更"智能"，是一种基于 MAC 地址识别，能完成封装转发数据包功能的网络设备。前面介绍网卡时提到过，每张网卡都有唯一的标识，即 MAC 地址。当计算机的网卡通过网线与交换机相连后，交换机可以"学习"到该计算机的 MAC 地址，并把其存放在内部地址表中，这样交换机在交换数据时可以根据数据的源 MAC 地址和目的 MAC 地址，在始发者和目标接收者之间建立临时的交换路径，使数据(以数据帧为单位)直接由源地址到达目的地址，而不是像集线器那样把数据广播给每一个与之相连的计算机。因此，交换机的转发效率比集线器要高得多，也比集线器更加安全。

6.2.2.5　路由器(Router)

我们使用的计算机网络往往是由许多不同类型的网络互连而成的。那么这些网络是怎么连接起来的呢?是通过许许多多的路由器，如图 6-13 所示。路由器是互联网的主要节

图 6-13　路由器

点设备。作为不同网络之间互相连接的枢纽，路由器系统构成了基于 TCP／IP 的国际互联网络 Internet 的主体脉络，也可以说，路由器构成了 Internet 的骨架。它的处理速度是网络通信的主要瓶颈之一，它的可靠性则直接影响着网络传输的质量。因此，在校园网、地区网乃至整个 Internet 研究领域中，路由器技术始终处于核心地位。

路由器的主要工作就是为经过路由器的每个数据包寻找一条最佳传输路径，并将该数据包有效地传送到目的站点。由此可见，选择最佳路径的策略即路由算法是路由器的关键所在。为了完成这项工作，在路由器中保存着各种传输路径的相关数据——路由表，供路由选择时使用。路由表中保存着子网的标志信息、网上路由器的个数和下一个路由器的名字等内容。路由表可以是由系统管理员固定设置好的，也可以由系统动态修改；可以由路由器自动调整，也可以由主机控制。

前面介绍的交换机在转发数据时，是根据数据帧中的目的 MAC 地址确定转发目的地的，其工作范围仅限于同一网络内部。而路由器则要把数据包从一个网络发送到另一个网络中去，其间可能还要跨过若干个网络。它能够根据数据包中的目的 IP 地址确定目的地。根据目的 IP 地址和子网掩码，并参照其路由表，路由器可以计算出数据包要发往哪一个网络，并从相应的端口发送出去。

6.2.2.6　服务器(Server)

从计算机网络的逻辑组成来看，计算机网络由通信子网和资源子网组成。计算机网络中实现网络通信功能的设备及其软件的集合称为网络的通信子网，前面介绍的这些通信设备都是构成通信子网的重要组成部分。网络中实现资源共享功能的设备及其软件的集合称为资源子网。资源子网主要由服务器、工作站和一些共享设备(如打印机)等组成。其中，服务器是资源子网中最重要的设备。服务器的功能是通过网络为网络用户提供资源服务。与普通计算机一样，服务器也由软件和硬件两部分组成。软件部分的功能是管理服务器上的资源，并为用户提供通信服务，将客户请求的资源发送到客户端。服务器的硬件部分具有较高的计算能力，能够同时让多个用户使用，为多个用户提供服务。服

器与主机不同，主机是通过终端给用户使用的，而服务器是通过网络给客户端用户使用的。

因提供的服务不同，服务器可以分为许多种，如数据库服务器、文件服务器、邮件服务器、Web 服务器等。

6.3　Internet 基础知识

6.3.1　地址和协议的概念

Internet 的本质是电脑与电脑之间互相通信并交换信息，而且大多是"小电脑"从"大电脑"获取各类信息。这种通信跟人与人之间信息交流一样必须具备一些条件。比如：您给一位美国朋友写信，首先必须使用一种对方也能看懂的语言，然后还得知道对方的通信地址，才能把信发出去。同样，电脑与电脑之间通信首先也得使用一种双方都能接受的"语言"——通信协议，然后还得知道电脑彼此的地址。通过协议和地址，电脑和电脑之间就能进行信息交流，这就形成了网络。Internet 中广泛使用 TCP/IP 协议来进行信息交换。

IP 协议是 Internet 中最重要的协议，对应于 TCP/IP 参考模型的网络层。IP 协议详细定义了 IP 数据报(Datagram)的组成格式。数据报由数据报正文和报头两部分组成，报头包括发送主机的网络地址、接收主机的网络地址、数据报的报头校验和数据报的长度等。

IP 协议的主要功能包括数据报的传输、数据报的路由选择和拥塞控制。IP 协议用统一的 IP 数据报格式在帧格式不同的物理网络之间传递数据，数据报的传递采用一种所谓的无连接的方式。这里的无连接指两台主机在通信之间不需要建立好确定的连接。一台主机发出一个数据报，如果目的主机是同一子网内的一台计算机，那么它将直接被送到那台计算机上；如果这个数据报送往子网外的另一台主机上，该数据报被送往子网中一台叫路由器的计算机，然后再由路由器送到 Internet 上进行传递。

路由器是 Internet 中负责路由选择的节点设备。路由选择也叫做"寻径"，就是在网络中找到一条最适合的传输路径，将分组报文从发送端的子网送到接收端的子网的过程。路由器接收到一个分组报文后，取出其中报头部分的有关目的地址的信息，根据目的地址将数据报发到合适路径上的下一个路由器。如果这个路由器和目的子网直接相连，那么这个数据报就直接被送到目的主机。就像邮局处理信件一样，路由器并不关心数据报送往目的主机的整个路径，而只是把数据报转发到当前路径的下一站。

TCP/IP 模型由四层组成，如表 6-2 所示。

表 6-2　TCP/IP 协议的主要内容

层次	主要协议
应用层	SMTP、DNS、DSP、FTP、TELNET、GOPHER、WAIS、HTTP…
传输层	TCP、UDP、DVP…
网络层	IP、ICMP、AKP、PARP、UUCP…
网络接口层	Ethernet、ARPAnet、PDN…

6.3.2　IP 地址

为了研究计算机网络，首先要建立全局的地址系统，解决互联网中主机、路由器及其他设备的全局唯一地址标识问题。

6.3.2.1　IP 地址的构造

TCP／IP 协议的网络层使用的地址称为 IP 地址，是给 Internet 上的每一个主机或路由器的每个接口分配一个在世界范围内唯一的地址。在目前使用的 IPv4 协议版本中，它是一个 32 位的二进制标识符。在 Internet 中，不允许有两个设备具有同样的 IP 地址。每个主机或路由器至少有一个 IP 地址，其中发送信息的主机地址称为源地址，接收信息的主机地址称为目的地址。

6.3.2.2　IP 地址的分类

如果简单地将前 2 个字节划为网络号，那么由于一个网络所包含的主机数量一般都不可能达到 2^{16}(65536)台，许多非常宝贵的地址空间就被浪费了。为了有效地利用有限的地址空间，IP 地址根据头几位划分为 5 类，即 A 类、B 类、C 类、D 类和 E 类，如图 6-14所示。A 类地址的网络号为 1 字节，第一位固定为 0，只有 7 位可供使用，可以指派的网络号为 $2^7-2=126$(个)。减 2 的原因是 IP 地址中的全 0 为保留地址，网络号 127 保留用做本地软件回路测试和本机进程间通信。

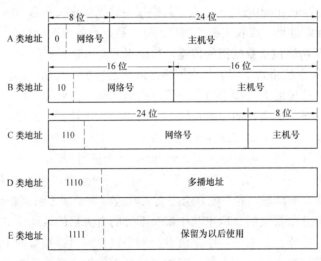

图 6-14　IP 地址的分类

A 类地址的主机号占有 3 个字节，因此每一个 A 类网络中的最大主机数为 $2^{24}-2=16777214$。减 2 的原因是全 0 的主机号字段是"本主机"所连接到的单个网络地址，全 1 表示该网络上的广播位。IP 地址空间共有 2^{32} 个地址。整个 A 类地址空间共有 2^{31} 个地址，占了整个 IP 地址空间的 50%。

B 类地址的网络号占有 2 个字节，前两位固定为"10"，剩下 14 位可以分配。由于 B 类地址的 128.0.0.0 不指派，所以 B 类地址可以指派的网络数为 $2^{14}-1=16383$。B 类地址每一个网络上最大的主机数是 $2^{16}-2=65534$。整个 B 类地址空间约有 2^{30} 个地址，占整个 IP 地址空间的 25%。

C 类地址有 3 个字节的网络号，最前面 3 位是"110"，还有 21 位可以分配。C 类网络地址的 192.0.0.0 也是不指派的，可以指派的 C 类最小网络地址是 192.0.1.0，因此 C 类地址可以指派的网络总数是 $2^{21}-1=2097151$。每一个 C 类地址的最大主机数是 $2^8-2=254$。整个 C 类地址空间共有 2^{29} 个地址，占整个 IP 地址的 12.5%。

D 类地址前四位为 1110，用于多播(一对多通信)。

E 类地址前四位为 1111，保留为以后使用。

6.3.2.3 私有 IP 地址

由于 IP 地址作为一种网络资源，需要花钱购买或租用，所以 ICANN 将 A、B、C 类地址的一部分保留下来，作为私有 IP 地址，供各类专有网络(如企业小型局域网)无偿使用。私有 IP 地址段见表 6-3。小型局域网可以选择 192.168.0.0 地址段，大中型局域网则可以选择 172.16.0.0 或 10.0.0.0 地址段。

表 6-3　私有 IP 地址段

类别	IP 地址范围	网络号	网络数
A	10.0.0.0 ~ 10.255.255.255	10	1
B	172.16.0.0 ~ 172.31.255.255	172.16 ~ 172.31	6
C	192.168.0.0 ~ 192.168.255.255	192.168.0 ~ 192.168.255	255

私有地址是不可路由的，也就是说，当局域网通过路由设备与广域网连接时，路由设备会自动将该地址段的信号隔离在局域网内部，因此不用担心所使用的私有 IP 地址与其他局域网中使用的同一地址段的私有 IP 地址发生冲突(即 IP 地址完全相同)。同时，也意味着这些地址只能在这些局域网中使用，一旦要连入广域网或 Internet，还是需要拥有公有 IP 地址。

6.3.2.4 子网掩码

子网掩码是与 IP 地址结合使用的一种技术。它的主要作用有两个：①用于确定 IP 地址中的网络号和主机号；②用于将一个大的 IP 网络划分为若干个小的子网络。例如 C 类 IP 地址，每个网络大约允许有 254 台主机，但有的网络只需要 10 台主机，某些 IP 地址就被浪费掉了。这个时候，就可以借助于子网掩码对网络进行划分。

子网掩码以 4 个字节表示，IP 地址的每一类都具有默认的子网掩码，它定义了在每个地址类别中，IP 地址的多少位用来表示子网的网络地址。A、B、C 类地址默认的掩码见表 6-4。

表 6-4　默认子网掩码

类别	子网掩码(以二进制表示)	子网掩码(以十进制表示)
A	11111111 00000000 00000000 00000000	255.0.0.0
B	11111111 11111111 00000000 00000000	255.255.0.0
C	11111111 11111111 11111111 00000000	255.255.255.0

子网掩码中为 1 的部分定为网络号，为 0 的部分定为主机号。因此，当 IP 地址与子网掩码二者相"与"(AND)时，所得结果的非零部分即为网络号，为零部分即为主机号。例如，当 IP 地址为 192.168.1.1，子网掩码为 255.255.255.0 时，计算网络号过程如下。

IP 地址：11000000．10101000．00000001．00000001

子网掩码：11111111．11111111．11111111．00000000

AND 运算：11000000．10101000．00000001．00000000

转化为十进制后为 192.168.1.0，所以，网络号为 192.168.1。

既然子网掩码可以决定 IP 地址的哪一部分是网络号，而子网掩码又可以人工进行设定，因此就可以通过修改子网掩码的方式改变原有地址分类中规定的网络号和主机号。即根据实际需要，既可以使用 B 类或 C 类地址的子网掩码(即 255.255.0.0 或 255.255.255.0)，将原有的 A 类地址的网络号由一个字节改变为 2 个或 3 个字节，或者使用 C 类地址的子网掩码(即 255.255.255.0)，将原有 B 类地址的网络号由 2 个字节改变为 3 个字节，从而增加网络数量，减少每个网络中的主机容量；也可以使用 B 类地址的子网掩码(即 255.255.0.0)，将 C 类地址的子网掩码由 3 个字节改变为 2 个字节，从而增加每个网络中的主机容量，减少网络数。

6.3.3　域名系统 DNS

6.3.3.1　基本概念

IP 地址为 Internet 提供了统一的编址方式，直接使用 IP 地址就可以访问 Internet 中的主机，但是一般用户很难记住 IP 地址。例如，新浪 www 服务器的 IP 地址是 202.108.33.95，用户很难记住这一串数字。但是如果写成 www.sina.com，这样的名字结构有层次，每个字符都有意义，容易理解记忆。

TCP／IP 协议中规定的层次型名字管理机制称为域名系统 DNS，Internet 的域名结构是由 TCP／IP 协议集的域名系统定义的，采用层次结构。

6.3.3.2　域名结构

一个连接在 Internet 上的主机或路由器，可以有一个唯一的层次结构的名字，即域名(Domain Name)。域名的层次结构给域名的管理带来了方便，每一部分授权给某机构管理，该授权机构可以继续划分子域，如二级域、三级域等。

域名的结构由若干个分量组成，各分量之间用点隔开，如：×××．三级域名．二级域名．顶级域名。各分量分别代表不同级别的域名。每一级的域名都由英文字母和数字组成(不超过 63 个字符，并且不区分大小写字母)，级别最低的域名写在最左边，级别最高的顶级域名写在最右边。完整的域名不超过 255 个字符。

顶级域名由 Internet 管理机构规定，可分成如下 3 大类。

国家顶级域名：例如 cn 代表中国，us 代表美国，uk 代表英国。

通用顶级域名：例如 com、net、org、edu 等。

基础结构域名：只有一个：arpa。

在国家顶级域名下注册的二级域名均由该国自行确定。例如，我国将教育机构的二级域名确定为 edu。

　　域名系统不规定一个域名需要包含多少个下级域名，也不规定每一级域名表示什么意思。各级域名由其上一级的域名管理机构管理，而最高的顶级域名则由 Internet 的有关机构管理。这样可以确定每一个名字唯一，并且也容易设置查找域名的机制。

　　域名只是一个逻辑概念，不代表计算机所在的物理地点。域名中的"点"和点分十进制 IP 地址中的"点"并无一一对应的关系。点分十进制 IP 地址中一定是包含 3 个"点"的，但每一个域名中"点"的数目则不一定正好是 3 个。图 6-15 显示了 Internet 域名空间的结构，最高层是顶级域名，顶级域名可往下划分子域，即二级域名。再往下划分就是三级域名、四级域名等。图中列举了一些域名作为例子。一旦某一个单位拥有了一个域名，他就可以自己决定是否要进一步划分其下属的子域，不必由上级机构批准。

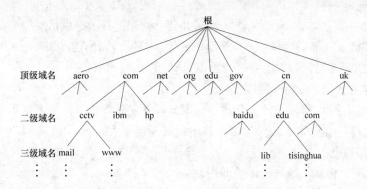

图 6-15　Internet 域名空间的结构

6.3.3.3　域名服务器

　　域名服务器的作用是将用户输入的域名转换成设备能识别的 IP 地址。

　　整个域名系统以一个大型的分布式数据库的方式工作。大多数具有 Internet 连接的组织都有一个域名服务器。每个服务器包含连向其他域名服务器的信息。这些服务器以多层次的形式连接起来，每个域名服务器都只对域名体系中的一部分进行管辖。

　　每当需要将域名转换成对应的 IP 地址时，就发送报文到本地域名服务器，这个服务器的地址存放在网络配置中。

　　本地域名服务器离用户较近，当所要查询的主机也属于同一个地域范围时，本地域名服务器立刻就能将所查询到的主机名转换为 IP 地址。

　　如果在本地域名服务器上查不到信息，它会以 DNS 客户的身份向它的上层服务器查询。

6.4　Internet 接入方式

　　接入 Internet 有两种常见的方式，即电话拨号方式和非电话拨号方式(也称专线方式)。对于学校、企业来说，通过局域网以专线接入 Internet 是最常见的接入方式。对于住宅小区或个人用户而言，普通电话拨号、ISDN 拨号、ADSL(专线方式的一种)则是目前流行的接入方式。

6.4.1　拨号上网

个人利用电话线连接 Internet，通常采用的是 PPP(Point-to-Point　Protocol，点对点协议)拨号上网。主机拨号上网又分成普通电话拨号上网和 ISDN 拨号上网。在建立连接前，需要先向 Internet 服务提供者(ISP)提出申请，安装和配置调制解调器(Modem)。

拨号上网的基本步骤如下：

向 ISP 提出申请，并获取上网的相关信息，如拨入电话、用户名、密码等。安装和配置调制解调器、安装拨号软件、创建和配置拨号连接。

6.4.1.1　ISP 的选择

提供 Internet 的接入、访问和信息服务的公司或机构称为 Internet 服务提供者(ISP)。它可以配置它的用户和 Internet 相连的设备并建立通信连接，提供信息服务。无论是专线接入还是拨号接入，都要选择 ISP。例如，一般高校的校园网连入 Internet 的 ISP 是中国教育科研网(CERNET)，个人拨号上网可以选择相关电信 ISP。

6.4.1.2　连接方式和 Modem 的安装

ISDN 拨号上网和普通拨号上网基本相同，以下主要以普通拨号上网为例，讲述拨号上网的基本过程。首先建立硬件连接，将电话线连接到 Modem 的 Line 口上，将 Modem 与计算机的串口相连。

目前大部分 Modem 都属于即插即用设备，只需将 Modem 安装盘放入光驱，系统将自动安装驱动程序，具体的驱动安装过程可以参看产品说明书。

操作系统如果为 Windows 2000 / XP / Vista 版本，也无须对 Modem 进行额外配置和协议安装。

6.4.1.3　创建拨号连接

在硬件连接完成后，还需要创建拨号连接(即与 ISP 主机的连接)。通过该连接，可将计算机连接到 Internet。创建拨号连接之前，需要知道 ISP 提供的拨入电话号码、用户名和密码。

以 Windows XP 操作系统为例，首先选择【开始】|【程序】|【附件】|【通讯】|【新建连接向导】命令，弹出【新建连接向导】对话框，如图 6-16 所示。

单击【下一步】按钮，然后默认选择【连接到 Internet】选项，如图 6-17 所示。

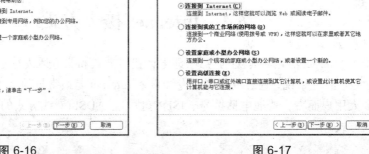

图 6-16　　　　　　　　　　　　　　　　　　　　图 6-17

单击【下一步】按钮，选中【手动设置我的连接】单选按钮，如图 6-18 所示。

单击【下一步】按钮，选中【用拨号调制解调器连接】单选按钮，如图 6-19 所示。
单击【下一步】按钮，在【ISP 名称】文本框中填入 ISP 的名称后，单击【下一步】按钮。
这时填入的是 ISP 的接入码，此号码是申请时 ISP 提供的接入号，例如北京网通的接入
号为 16900，如图 6-20 所示。

单击【下一步】按钮，输入从 ISP 获取的用户名和密码，如图 6-21 所示。

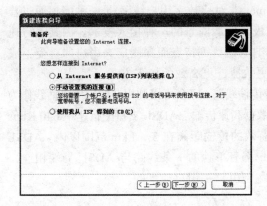

图 6-18 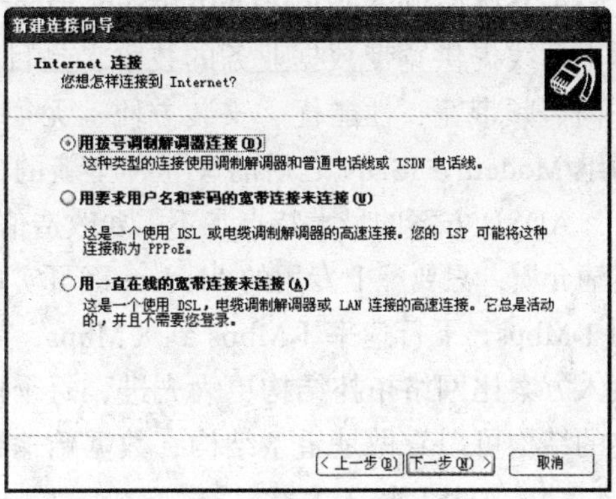　　　　　　　　　　　　　　　　图 6-19

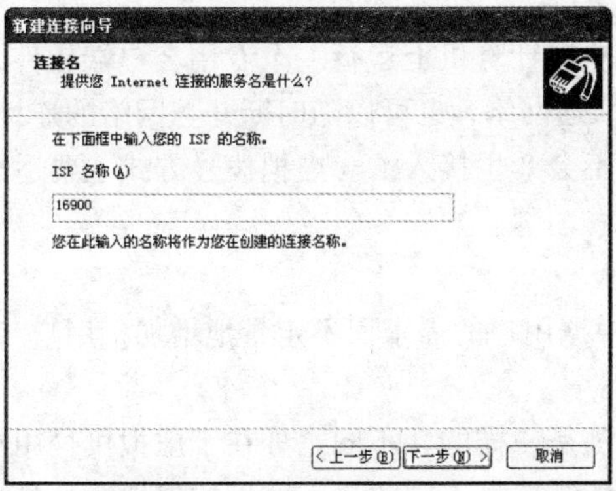

图 6-20 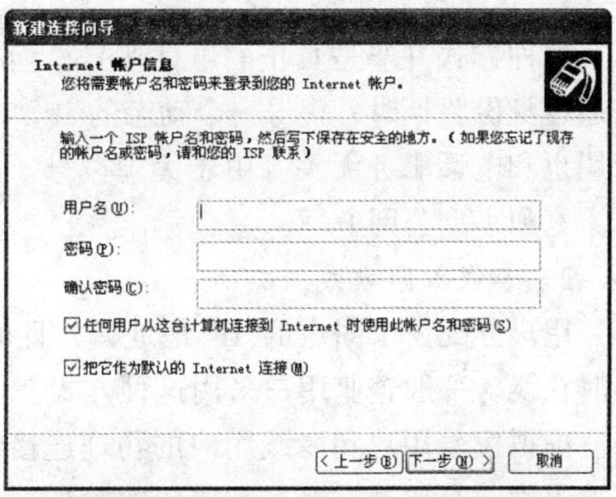　　　　　　　　　　　　　　　　图 6-21

单击【下一步】按钮，再单击【完成】按钮
完成连接，如图 6-22 所示。

在桌面上会出现一个连接的快捷方式，双击
即可连接。

ISDN 和普通电话拨号的速率有限，ISDN 的
最高速率是 128 Kbps，普通拨号一般为 56 Kbps，
并且普通的电话拨号还会占用电话线路，使电话
通话无法进行。所以，目前比较流行的是 ADSL
宽带上网。

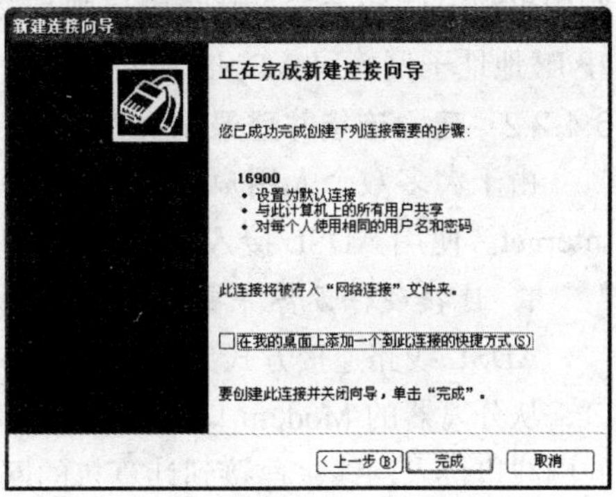

图 6-22

6.4.2 使用 ADSL 接入 Internet

DSL(Digital Subscriber Line，数字用户线路)是以铜质电话线为传输介质的传输技术组合，它包括 HDSL、SDSL、VDSL、ADSL 和 RADSL 等，一般称之为 xDSL 技术。它们主要的区别体现在信号传输速度和有效距离的不同，以及上行速率和下行速率对称性不同这两个方面。

ADSL(Asymmetrical Digital Subscriber Line，非对称数字用户线路)是一种能够通过普通电话线提供宽带数据业务的技术，是目前极具发展前景的一种接入技术。因其下行速率高、频带宽、性能优、安装方便、无须交纳电话费等特点而深受广大用户的喜爱，成为继 Modem、ISDN 之后的又一种全新的，更快捷、更高效的接入方式。

ADSL 方案的最大特点是不需要改造信号传输线路，完全可以利用普通铜质电话线作为传输介质，只要配上专用的 Modem 即可实现数据高速传输。ADSL 支持上行速率 640 Kbps 到 1 Mbps，下行速率 1 Mbps 到 8 Mbps，其有效的传输距离在 3 ~ 5 km 范围以内。ADSL 接入方案比网络拓扑结构更为先进，每个用户都有单独的一条线路与 ADSL 局端相连，它的结构可以看做是星型结构，数据传输带宽是由每一用户独享的。

6.4.2.1　ADSL 接入方式

ADSL 有两种基本的接入方式：虚拟拨号方式和专线入网方式。

1. 虚拟拨号方式

这种方式并非是真正的电话拨号，而是用户在计算机上运行一个专用客户端软件，当通过身份验证时，获得一个动态的 IP，即可联通网络，也可以随时断开与网络的连接，费用也和电话服务无关。由于无须拨号，因此不会产生接入忙。虚拟拨号方式主要适合于家庭和小型公网上网。

2. 专线入网方式

用户分配一个固定的 IP 地址，并且可以根据用户的需求而不定量地增加，用户 24 小时在线。一般企业用户采用这种方式。

虚拟拨号用户和专线用户的物理连接结构都是一样的，不同之处在于虚拟拨号用户每次上网前都要通过账号和密码的验证，但与传统拨号不同的是，这里的虚拟拨号是指根据用户名和口令进行的网络身份验证，方便计费和分配 IP，并没有真正地拨电话号码，费用也和电话费无关；专线用户则是 24 小时在线，可将用户局域网接入，只需要一次设好 IP 地址子网掩码、DNS 和网关后就可以一直在线。

6.4.2.2　建立连接并登录到 Internet

由于大多数个人用户采用的连接方式是虚拟拨号，因此本小节只介绍虚拟拨号接入 Internet。使用 ADSL 接入 Internet 的基本过程如下。

1. 连接硬件设备并安装网卡驱动程序

ADSL 线路连接方式如图 6-23 所示。电话线进入室内后，首先接入话音分离器的 Line 口，从分离器的 Modem 口引出线接入 Modem 背后的电话线接口。同时，从 Modem 后面的网线口接入网线，连接到计算机的网卡接口。如果要接电话机，可以从分离器的 Phone 口接一条电话线到电话机。

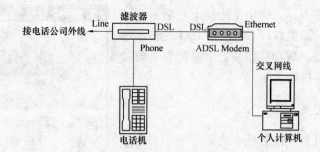

图 6-23 通过 ADSL 接入 Internet

网卡和 ADSL Modem 驱动程序的安装可以参考安装说明书，目前大部分 ADSL Modem 都是免驱动的。

2. 安装拨号软件并创建拨号连接

Windows XP 上自带了拨号软件，可以使用连接向导建立自己的 ADSL 虚拟拨号连接。

操作步骤如下：

选择【开始】|【程序】|【附件】|【通讯】|【新建连接向导】命令，弹出【新建连接向导】对话框，如图 6-16 所示。

单击【下一步】按钮，然后默认选择【连接到 Internet】，单击【下一步】按钮，选中【用要求用户名和密码的宽带连接来连接】单选按钮，如图 6-24 所示。

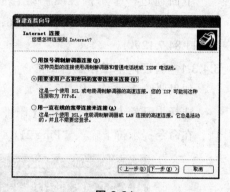

图 6-24

单击【下一步】按钮，在【ISP 名称】文本框中输入连接名，这里只是一个连接的名称，可以随意输入，如图 6-25 所示。

单击【下一步】按钮，可以选择此连接是为任何用户所使用的还是仅自己使用。单击【下一步】按钮，输入 ISP 提供的 ADSL 账号和密码，如图 6-26 所示，并根据向导的提示，对这个上网连接进行其他一些安全方面的设置。单击【下一步】按钮，至此 ADSL 虚拟拨号设置就完成了，桌面上出现一个名为 "ADSL" 的连接图标。

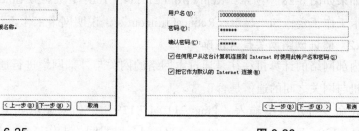

图 6-25   图 6-26

双击桌面上的图标，弹出【连接】对话框，输入用户名和密码，如图 6-27 所示。单击【连接】按钮就可以拨号上网。成功连接后，屏幕的右下角会出现两个计算机连接的图标。

6.4.3　网络连接测试

网络连接好且各项配置结束之后，可能会由于某种原因网络不通，这时可以通过网络部件提供的 Ping 工具进行测试，寻找问题的所在。

网络不通的常见原因主要有：计算机网卡配置错误、网络的网关出错、网络的 DNS 出错。

下面通过一个示例说明网络各部分的测试方法。

图 6-27

法。假设主机 IP 地址为 211.84.7.166，网络的 DNS 地址为 202.102.224.68，网关的地址为 211.84.7.129。

6.4.3.1　验证网卡工作是否正常

如果要验证网卡工作是否正常，可以测试本地计算机的 IP 地址。

选择【开始】|【程序】|【附件】|【命令提示符】命令，打开【命令提示符】窗口，在命令提示符下输入"Ping 211.84.7.166"，如图 6-28 所示。

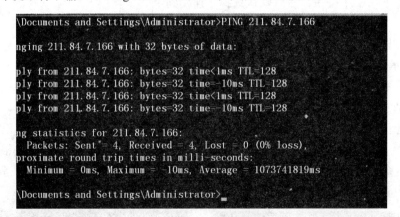

图 6-28　网卡工作正常

如果如图 6-28 中所示"Reply from 211.84.7.166：bytes=32 time<1ms TTL=128"，说明网卡工作正常；如果显示"Request timeout"，说明网卡工作不正常。

6.4.3.2　验证网络网关是否正确

内部网络的计算机往往是通过本网络的网关与外部网络进行通信的，因此需要测试本主机与网关之间的通信是否正常。

在命令提示符下输入"Ping 211.84.7.129"，如果显示如下的信息：Reply from 211.84.7.129：bytes=32 time=10 ms TTL=64，说明网关工作正常，如图 6-29 所示。

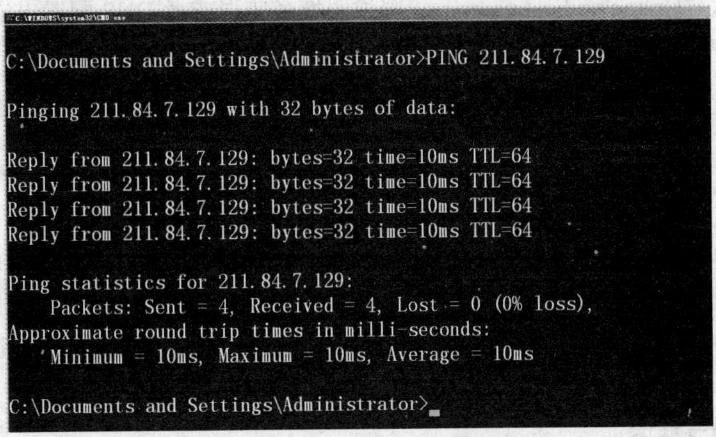

图 6-29　网关工作正常

如果显示"Request timeout"，说明网关可能有错误，应继续检查。

6.4.3.3　验证网络 DNS 是否正确

验证 DNS 是否配置正确的依据是看其是否能将一个域名解析成一个 IP 地址。验证网络 DNS 是否正常工作，可以通过测试一个已知的域名检查是否能得到其 IP 地址。

在命令提示符的状态下，输入"Ping www.sina.com.cn"，如果显示：

Pinging libra.sina.com.cn[202.108.33.95] with 32 bytes of data：

Reply from 202.108.33.95：bytes=32 time=44 ms TTL = 52

说明 DNS 服务器配置正确，如图 6-30 所示。

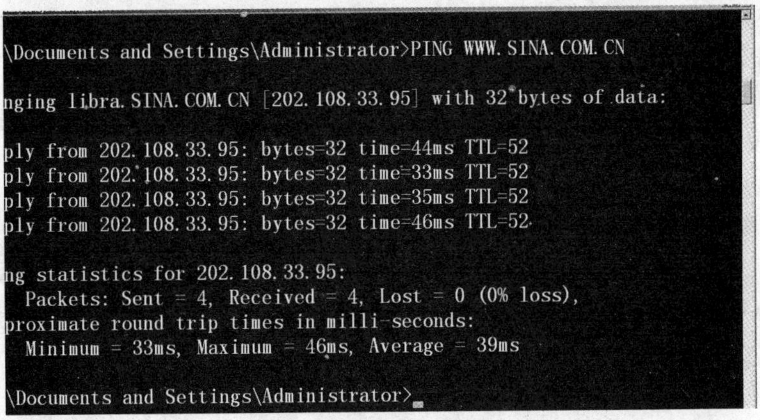

图 6-30　DNS 服务器配置正确

如果显示：

Pinging libra.sina.com.cn[202.108.33.95]with 32 bytes of data：

Request timeout

说明 DNS 服务器配置正确，但是 IP 地址为 202.108.33.95 的服务器有故障或者屏蔽了 Ping 命令的探测。

如果显示"Unknown host name"，则说明域名错误或者 DNS 配置出错。

6.5　Internet 基本服务与操作

6.5.1　WWW

万维网 WWW(World Wide Web)，简称 Web，也称 3W 或 W3，是全球网络资源。Web 最初是欧洲核子物理研究中心 CERN 开发的，目前已经是 Internet 提供的主要服务。要注意的是，万维网并不是某种物理上的网络，它是一个大规模的、联机式的信息储藏所。

6.5.1.1　文档与链接

互联网上有很多的万维网站点，每个站点上都存放着许多文档供网络用户浏览。在这些文档中有些地方的文字是用特殊方式实现的，例如用不同的颜色，或者有下划线，当鼠标移动到这些位置时，鼠标的箭头就会变成一只手的形状，这就标识这里有一个链接，有时也称为超链接(hyper-link)。如果这时单击鼠标，就可以从这个文档链接到其他站点的某一个文档，该站点会把被链接的这个文档通过网络传送到计算机并在显示器上显示该文档的内容。这时，在显示器上显示出来的万维网文档称为页面(page)。万维网上的文档可以分为超文本文档(Hypertext)和超媒体文档(Hypermedia)，它们都包含有指向其他文档的链接。二者的区别是文档的内容不同。超文本文档仅包含文本信息，而超媒体文档还包括其他形式的信息，如图形、图像、声音、动画及视频等。

为了将万维网上众多的文档相互区别，万维网使用统一资源定位符 URL(Uniform Resource Locator)标志万维网上的各种文档，并使每个文档在整个互联网的范围内具有唯一的标识符。URL 的一般形式由以下 4 个部分组成：

<协议>：// <主机>：<端口> / <路径>

其中，协议是指使用什么协议获取该万维网文档，最常用的协议是 HTTP 协议和 FTP 协议，主机则是指该主机在因特网上的域名。

例如，"新浪网"这一文档的 URL 为 http：//www.sina.com.cn /。"http"表示传输协议，"www.sina.com.cn"是 Web 服务器的域名，这里省略了默认的端口号 80。

6.5.1.2　超文本标记语言

为了使任何一台计算机都能显示出万维网服务器上的任何一个页面，就必须解决页面制作的标准化问题。万维网使用了超文本标记语言(Hyper Text Markup Language，HTML)，它是目前网络上应用最为广泛的语言，也是构成网页文档的主要语言。

HTML 文本是由 HTML 命令组成的描述性文本，HTML 命令可以说明文字、图形、动画、声音、表格、链接等。HTML 的结构包括头部(Head)、主体(Body)两大部分，其中头部描述浏览器所需的信息，而主体则包含所要说明的具体内容。

由于 HTML 非常易于掌握且实施简单，因此它被提出之后很快就成为了制作万维网页面的标准语言，是万维网的重要基础。

6.5.1.3　客户服务器方式

万维网以客户服务器方式(Client / Server，C / S)工作。在用户主机上运行的是万维网客户程序。万维网文档所驻留的主机则运行服务器程序，所以这个主机也称为万维网服务器。

客户程序向服务器程序发出请求，服务器程序向客户程序送回客户所要的万维网文档。在这个通信过程中，万维网客户程序和万维网服务器程序必须严格遵守通信规则，这就是超文本传送协议 HTTP(Hyper Text Transfer Protocol)。

HTTP 协议定义了万维网客户怎样向万维网服务器请求万维网文档，以及服务器怎样将文档传送给客户。

目前，使用最多的万维网服务器软件有微软的信息服务器(IIS)和 Apache，而最流行的浏览器有 Internet Explorer、Firefox、Opeira 等。

6.5.2　电子邮件

电子邮件(Electronic Mail，E-mail)是 Internet 应用最广泛的服务。通过电子邮件，用户可以方便快速地交换信息，查询信息。

通过网络的电子邮件系统，用户可以用非常低廉的价格甚至是无偿的，以非常快速的方式，与世界上任何一个角落的网络用户联系，这些电子邮件可以是文字、图像、声音等各种方式。正是由于电子邮件的使用简易、投递迅速、收费低廉、易于保存、全球畅通无阻，使得电子邮件被广泛地应用，它使人们的交流方式得到了极大的改变。

6.5.2.1　邮件地址

在 Internet 中，邮件地址如同用户自己的身份。Internet 邮件地址的统一格式为"收件人邮箱名@邮箱所在主机的域名"，例如"degor@sina.com.cn"。其中"@"读作"at"，表示"在"的意思。"收件人邮箱名"又简称为"用户名"，是收件人自己定义的字符串标识符，该标识符在邮箱所在的邮件服务器上必须是唯一的，这就保证了这个电子邮件地址在世界范围内是唯一的。

要使用电子邮件，首先要申请一个邮件地址。有非常多的电子邮件服务商为用户提供有偿的或者免费的电子邮件服务。用户可以根据自己不同的需求有针对性地选择。如果是经常和国外的客户联系，建议使用国外的电子邮箱，如 Gmail，Hotmail，MSN mail，Yahoo mail 等；如果是想当做网络硬盘使用，经常存放一些图片资料等，那么就应该选择存储量大的邮箱，如 Gmail，Yahoo mail，网易 163 mail，126 mail，yeah mail，TOM mail，21CN mail 等；如果自己有计算机，那么最好选择支持 POP / SMTP 协议的邮箱，可以通过 Outlook、Foxmail 等邮件客户端软件将邮件下载到自己的硬盘上，这样就不用担心邮箱的大小不够用，同时还能避免别人窃取密码以后偷看自己的信件。

6.5.2.2　邮件传输协议

SMTP 协议和 POP3 协议是电子邮件服务中最常用的两个协议。

1. SMTP 协议

SMTP，即简单邮件传输协议(Simple Mail Transfer Protocol)，它是一组用于由源地址到目的地址传送邮件的规则，由它控制信件的中转方式。SMTP 协议属于 TCP / IP 协议族，它帮助每台计算机在发送或中转信件时找到下一个目的地。通过 SMTP 协议所指定的服务器，就可以将电子邮件寄到收信人的服务器上。

　　2. POP3 协议

POP3，即邮局协议的第 3 个版本(Post Office Protocol 3)。它规定怎样将个人计算机连接到 Internet 的邮件服务器和下载电子邮件。POP3 协议允许用户从服务器上把邮件存储到本地主机(即自己的计算机)上，同时删除保存在邮件服务器上的邮件，而 POP3 服务器则是遵循 POP3 协议的服务器，用来接收电子邮件的。

6.5.2.3　电子邮件使用方式

通常，在使用电子邮件服务时，有以下两种方式。

　　1. 基于用户代理的电子邮件

所谓用户代理，实际上就是电子邮件客户端软件，例如 Outlook、Foxmail。通过用户代理，可以撰写电子邮件，然后由它发送到用户设置的邮件服务器上。用户也可以通过用户代理将自己的邮件从邮件服务器上下载到自己的计算机上。

　　2. 基于万维网的电子邮件

通过万维网浏览器也可以方便地使用电子邮件服务。通过浏览器打开邮件服务的页面，用户可以输入自己的用户名和密码，登录到邮件服务器上，然后撰写和发送自己的邮件。

例如用户 A(a@163. com)向用户 B(b@sina. com)发送邮件。A 可以通过用户代理或者网站登录的方式先撰写邮件，然后发送到 163 的邮件服务器，如图 6-31 所示。但要注意的是，用户代理是采用 SMTP 协议将邮件发送到 163 邮件服务器的，而浏览器 IE 是用 HTTP 协议发送邮件的。然后，163 邮件服务器采用 SMTP 协议将邮件发送到新浪邮件服务器。用户 B 在接收邮件时也可以采用上述两种方式。当使用 Outlook 接收时，采用的是 POP3 协议，当 Outlook 将邮件从邮件服务器下载到本地计算机之后，邮件服务器将自动地把这些邮件从服务器上删除。当利用 IE 浏览或下载邮件时，采用的是 HTTP 协议。

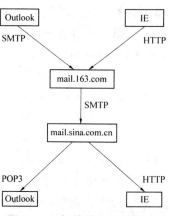

图 6-31　邮件的发送与接收

6.5.3　文件传输服务

文件传输服务是由文件传输协议(File Transfer Protocol)完成的，所以又称为 FTP 服务，它是 Internet 中最早提供的服务功能之一，目前仍然在广泛地使用中。

6.5.3.1　FTP 的功能

FTP 的主要功能是在两台联网的计算机之间传输文件。除此之外，FTP 还提供登录、目录查询、文件操作、命令执行及其他会话控制功能。

文件传输服务由 FTP 应用程序提供，FTP 应用程序遵循 TCP / IP 协议族中的文件传输协议，它允许用户将文件从一台计算机传输到另一台计算机，并且能保证传输的可靠性；在 Internet 中，许多公司、大学的主机上含有数量众多的各种程序与文件，这是

Internet 巨大、宝贵的信息资源。通过使用 FTP 服务，用户就可以方便地访问这些信息资源。

FTP 服务采用客户机 / 服务器模式。FTP 客户机是请求端，FTP 服务器是服务端。FTP 客户机根据用户需求发出文件传输请求，FTP 服务器响应请求，两者协同完成文件传输任务。一个 FTP 可以同时为多个客户端进程提供服务。

在 FTP 的使用中，用户经常遇到两个概念：下载(Download)和上传(Upload)。下载文件就是将文件从 FTP 服务器中复制到客户计算机上，上传文件就是将文件从客户计算机中复制到 FTP 服务器上。

6.5.3.2　FTP 服务方式

FTP 服务方式可分为非匿名 FTP 服务和匿名 FTP 服务。对于非匿名 FTP 服务，用户必须先在服务器上注册，获得用户名和口令。在使用 FTP 时必须提交自己的用户名和口令，在服务器上获得相应的权限后，才能上传或下载文件。匿名 FTP 则是这样一种机制：用户可通过它连接到服务器，并从其中下载文件，而无须成为其注册用户。系统管理员建立了一个特殊的用户 ID，名为 anonymous，Internet 上的任何人在任何地方都可使用该用户 ID，并用自己的 E-mail 地址作为口令，使系统维护程序能够记录下来。作为一种安全措施，大多数匿名 FTP 主机都允许用户从其中下载文件，而不允许用户向其中上传文件。

有很多途径可以使用户登录到 FTP 服务器并享受 FTP 服务。例如，打开 IE 浏览器，在地址栏里输入"ftp：//ftp.znuel.net"，即可进入到中南财经政法大学的 FTP 服务器，或者在"命令提示符"窗口中输入"ftp ftp.znuel.net"也可以登录该服务器。另外，使用专门软件从 FTP 服务器上下载文件也是常用的途径，例如 NetAnts、FlashGet 等，这些软件采用了断点续传方法，即使遇上网络断线，先前下载的文件片段依然有效，可以等网络连上后继续下载。

6.5.4　搜索引擎

搜索引擎(search engine)是指根据一定的策略、运用特定的计算机程序搜集互联网上的信息，再对信息进行组织和处理后，为用户提供检索服务的系统。

从使用者的角度看，搜索引擎提供一个包含搜索框的页面，在搜索框输入词语，通过浏览器提交给搜索引擎后，搜索引擎就会返回与用户输入的内容相关的信息列表。

下面以目前流行的搜索引擎 Google 为例，介绍搜索引擎的用法。

Google 数据库存有超过 100 亿个 Web 文件，目前 Google 每天处理的搜索请求已达 2 亿次，而且这一数字还在不断增长。

图 6-32 是 Google 的中文界面，界面简洁，易于操作。主体部分包括一个长长的搜索框，两个搜索按钮、LOGO 及搜索分类标签。

6.5.4.1　使用具体关键字搜索

目前 Google 目录中收录了上百亿网页资料库，这在同类搜索引擎中是首屈一指的，并且这些网站的内容涉猎广泛，无所不有。而 Google 的默认搜索选项为网页搜索，用户只需要在查询框中输入想要查询的关键字信息，单击【Google 搜索】按钮，瞬间就可以获得想要查询的资料。

图 6-32　Google 中文界面

6.5.4.2　在类别中搜索

许多搜索引擎都提供类别选择。如果单击其中一个类别，然后使用搜索引擎，就可以将搜索范围限定在特定的范围内。显然，在一个特定类别下进行搜索所耗费的时间较少，而且能够避免大量无关的 Web 站点，提高了搜索的准确度。

6.5.4.3　使用多个关键字

通过使用多个关键字可以缩小搜索范围。例如，如果想要搜索有关计算机等级考试的信息，则输入两个关键字"计算机"和"等级考试"。一般而言，提供的关键字越多，搜索引擎返回的结果越精确。

6.5.4.4　高级搜索

Google 还开发了一些高级搜索功能，供有特殊需要的用户使用。高级搜索相当于一个多条件的组合搜索，它可以根据用户的需要更加灵活地按照不同的条件组合进行搜索，如图 6-33 所示。

图 6-33　Google 高级搜索

6.5.4.5　保留字搜索

Google 提供了一种特别的功能，可以通过 Google 专门定义的一些保留字执行一些特殊的搜索。

1. 通过保留字"filetype"查找非 HTML 格式的文件

Google 已经可以支持 13 种非 HTML 文件的搜索。Google 现在可以指定搜索 Microsft Office(doc，ppt，xls，rtf)、Shockwave Flash(swf)、PostScript(ps)、PDF 文档和其他类型文档。例如，如果只想查找 PDF 格式的文件，而不要一般网页，只需输入关键词"filetype：pdf"就可以了。

2. 通过保留字"site"在指定网站内搜索

例如，在搜索框内输入"新闻 site：www.sina.com.cn"即可搜索到所有包含关键字"新闻"的文档，并且搜索范围仅限于"www.sina.com.cn"。

3. 通过保留字"define"查看字词或词组的定义

要查看字词或词组的定义，只需输入"define："，然后输入需要其定义的词。如果在网络上用 Google 搜索该字词或词组的定义，则会检索该信息并在搜索结果的顶部显示，如，搜索"define：计算机"将显示从各种在线来源收集到的"计算机"定义的列表。

6.5.4.6　中英文字典

作为一种使用频率较高的工具，Google 也提供了一个中英文字典，可以很方便地使用。用户可以在搜索框中输入"fy 关键词"，获取该关键词的中／英文翻译，如图 6-34 所示。

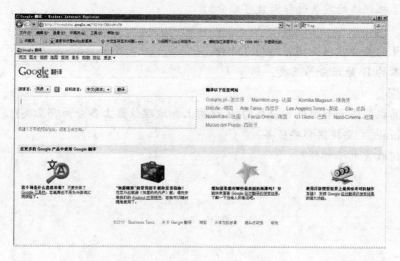

图 6-34　Google 的在线翻译功能

6.5.4.7　Google 的其他功能

在 Google 主界面上单击"更多"超链接，可以进入到 Google 的工具页面，如图 6-35 所示。在此页面中，用户可以选择更多 Google 的搜索产品。

图 6-35　Google 的其他功能

掌握搜索引擎的使用方法和技巧，对于我们的工作、学习和生活十分重要，它将极大地提高获取信息的效率。

习题 6

1. 填空

(1)计算机网络的发展过程大致可以分为_____、_____、_____三个阶段。

(2)常见的办公室网络拓扑结构有 4 种：_____、_____、_____、_____。

(3)基本的 IP 地址分为三类：_____、_____、_____。

2. 简答

(1)计算机网络是如何进行分类的(从结构上和地理位置上各分为哪几类)?

(2)Internet 主要提供哪些服务?

(3)如何收发电子邮件?

第 7 章　计算机信息系统安全基础

我们所处的时代是信息时代，在这个时代背景下，信息系统的安全显得尤为重要。本章将讨论和研究计算机信息系统安全，其主要内容包括计算机信息系统安全的重要性和必要性。

计算机信息系统安全主要包括计算机安全、计算机网络安全和电子商务安全等方面。其中计算机安全是计算机信息系统安全的核心内容。除此之外，计算机信息系统的安全还涉及计算机犯罪的特征、类型、方式和基本的防范方法，计算机病毒的产生、分类、特征及危害，如何使用杀毒和防毒软件，系统安全规划与管理，以及计算机人员应具有的社会责任与职业道德规范，软件知识产权和国家相关法规。

7.1　基本概念

计算机信息系统就是平时人们所说的信息系统。

信息系统安全主要包括对计算机犯罪的认识和防范、对计算机病毒的查杀和预防，以及系统安全的规划与管理、当代人应具有的社会责任与职业道德规范和国家的相关法规等。

7.1.1　定义

计算机信息系统安全是一个发展中的概念，到现在还没有一个统一的定义。

《中华人民共和国计算机信息系统安全保护条例》(以下简称《保护条例》)(1994 年 2 月 18 日中华人民共和国国务院令 147 号发布，见附录)中，对计算机信息系统的定义如下：

本条例所称的计算机信息系统，是指由计算机及其相关的和配套的设备、设施(含网络)构成的，按照一定的应用目标和规则对信息进行采集、加工、存储、传输、检索等处理的人机系统(见《保护条例》第二条)。

而对于信息系统安全的保护，在该条例的第三条中指出：计算机信息系统的安全保护，应当保障计算机及其相关的和配套的设备、设施(含网络)的安全，运行环境的安全，保障信息的安全，保障计算机功能的正常发挥，以维护计算机信息系统的安全运行。

从以上的定义可以看出，计算机信息系统的安全，首先是计算机安全。

计算机安全即计算机系统的安全，涉及硬件、操作系统、应用软件和网络等方面的安全。硬件安全主要体现在计算机系统所在环境的安全保护，以及计算机部件的安全保护方面，包括设备的防盗、防毁，电磁信息的泄漏及设备的可靠性等；操作系统安全指操作系统对计算机硬件和软件资源能进行有效的控制，并为所管理的资源提供相应的安全保护；应用软件安全要求尽可能减少被攻击者利用的漏洞；由于计算机网络具有开放性和互联性等特征，网络易受黑客、病毒、恶意软件和其他行为的攻击，因此网络安全主要指如何保证网络系统中信息存储的安全和信息传递的安全。

ISO(国际标准化组织)将计算机安全定义为：为数据处理系统建立、采取的技术和管理的安全保护，保护计算机硬件、软件数据不因偶然或恶意的原因而遭到破坏、更改和泄露。

这个计算机安全定义偏重于静态信息保护。

也有这样的计算机安全定义：计算机的硬件、软件和数据受到保护，不因偶然和恶意的原因而遭到破坏、更改和泄漏，保证系统连续正常运行。

这是从计算机安全的内容方面定义的。

计算机安全的内容一般包括两方面：物理安全和逻辑安全。物理安全指系统设备及相关设施受到物理保护，免予破坏、损失等；逻辑安全包括信息的完整性、保密性和可用性。

物理安全又称为实体安全，是保护计算机设备、设施免遭地震、水灾、火灾、有害气体和其他环境事故(如电磁污染等)破坏的措施与过程。实体安全主要考虑的问题是环境、场地和设备的安全，及实体访问控制和应急处置计划等。实体安全技术主要是指对计算机系统的环境、场地、设备和人员等采取的安全技术措施。

为保证计算机系统的正常工作，首先要保证正常供电。要采取一系列保护设施，如稳压器、不间断电源、应急发电设备等。供电系统应避免异常中断、异常状态、瞬变、冲击、噪声等事件的影响。此外，还应保证机房有合适的温度、湿度和洁净度，并有防静电措施等。为防止火灾的破坏，应有符合要求的消防、报警和管理措施。要对接地系统进行合理设计，减少干扰，防止静电，避免雷击等，以保证设备的安全。

物理安全的核心是硬件安全。

硬件(Hardware)是组成计算机及其网络系统的基础。硬件防护，一方面指在计算机硬件(CPU、存储器、外设等)上采取的安全防护措施，另一方面是指通过增加硬件而达到安全保密的措施。硬件防护是实体安全的一个重要组成部分。硬件上的防护措施如上所述包括环境、供电、接地等方面，增加硬件措施包括计算机加锁，加专门的信息保护卡(如防病毒卡、防拷贝卡、硬盘保护卡)，加插座式的数据变换硬件(如安装在并行口上的加密狗等)等。

逻辑安全的核心是软件安全。

软件(Software)是包括程序、数据及其相关文档的完整集合。软件的安全就是为计算机软件系统建立、采取的技术和管理方面的安全保护，保护计算机软件、数据不因偶然或恶意的原因而遭到破坏、更改、泄露、盗版、非法复制，保证软件系统能正常连续地运行。

计算机软件安全保护的内容主要有软件的完整性、可用性、保密性、运行安全性，具体包括如下 5 个方面：

(1)软件的自身安全。即防止软件丢失、被破坏、被篡改、被伪造，其核心就是要保护软件的完整，也就是保证操作系统软件、数据库管理软件、网络软件、应用软件及相关资料(包括软件开发规程、软件安全保密测试、软件的修复与复制、口令加密与限制技术、防动态跟踪技术等)的完整。另外，由于软件和数据可以放在一张 U 盘上，不露痕迹地被装在口袋里带走，这种偷窃行为所造成的损失可能远远超过计算机本身的价值。因此，必须采取严格的防范措施，以确保计算机软件不会丢失。

(2)软件的存储安全。即保证软件的可靠存储、保密存储、压缩存储、备份存储，包括存储控制备份与恢复等。

(3)软件的通信安全。是指软件的安全传输、加密传输、网络安全下载、完整下载。即系统拥有的和产生的数据信息完整、有效，不被破坏或泄露，包括输入、输出、识别用户、审计与追踪等。

(4)软件的使用安全。主要涉及合法使用的问题，包括区别合法用户与非法用户，授权访问，防止软件滥用，防止软件被窃取和非法复制。

(5)软件的运行安全。确保软件的正常运行，实现正常的功能需求，包括电源、环境、机房管理、运行管理等。

影响计算机软件安全的因素很多，认真分析这些因素之后会发现，要建立一个绝对的软件安全系统是不可能的。确保计算机软件的安全，必须采取两个方面的措施：一是非技术性措施，如制定有关法律、法规，加强各方面的管理；二是技术性措施，如软件安全的各种防复制加密技术、防静态分析技术、防动态跟踪技术等。

7.1.2　安全影响

7.1.2.1　计算机是不安全的

我们知道，目前的计算机几乎全部是冯·诺依曼结构。早在 1947 年，冯·诺依曼在建立其计算机理论时，就已经指出了计算机系统本质的脆弱性。这种脆弱性正是各种计算机犯罪和计算机病毒等计算机不安全现象产生的基础。只不过在计算机诞生后的 60 多年中，这些现象不是特别严重而没有引起人们的关注。从而，冯·诺依曼的警告没有受到重视。

20 世纪 80 年代后，诸如计算机病毒和计算机犯罪的现象直接涉及计算机安全，这时人们不能不佩服冯·诺依曼的远见卓识。只要不抛弃冯·诺依曼结构体系，则计算机的脆弱性就存在，计算机的不安全因素也存在，这要求我们不得不警惕和注意。

冯·诺依曼结构的"存储程序"体系决定了计算机的本性(这也是计算机系统固有的缺陷和遗憾)。很清楚，一个有指令能编写程序的系统，它的指令的某种组合一定能构成对系统起作用的程序，即系统具有产生类似病毒的功能；程序是由操作者编写的，如果掌握这门技术的人员没有高尚的道德品质和责任感，当然就有丢失数据、泄露机密、产生错误的可能。

计算机系统的信息共享性、传递性，信息解释的通用性和计算机网络，为计算机系统的开发应用带来了巨大的便利，同时也使得计算机信息在处理、存储、传输和使用上非常脆弱，很容易受到干扰、滥用、遗漏和丢失，为计算机病毒的广泛传播大开方便之门，为黑客(Hacker)的入侵提供了便利条件，使欺诈、盗窃、泄露、篡改、冒充、诈骗和破坏等犯罪行为都成为可能。

7.1.2.2　计算机系统面临的威胁

计算机系统所面临的威胁大体可分为两种：一是针对计算机及网络中信息的威胁，

二是针对计算机及网络中设备的威胁。如果按威胁的对象、性质，则可以细分为四类：第一类是针对硬件实体设施的威胁，第二类是针对软件、数据和文档资料的威胁，第三类是包含前两类的攻击破坏，第四类是计算机犯罪。

　　1. 对硬件实体的威胁和攻击

这类威胁和攻击是对计算机本身、外部设备乃至网络和通信线路而言的，如各种自然灾害、人为破坏、操作失误、设备故障、电磁干扰、被盗和各种不同类型的不安全因素所致的物质财产损失、数据资料损失等。

　　2. 对信息的威胁和攻击

这类威胁和攻击是针对计算机系统处理所涉及的国家、部门、各类组织团体和个人的机密、重要及敏感性信息而言的。由于种种原因，这些信息往往成为敌对势力、不法分子和黑客(Hacker)攻击的主要对象。无论是无意的泄露，或是有意的窃取，都会造成直接或间接的经济损失或社会重大损失。

　　3. 同时攻击软、硬件系统

这类情况除战争攻击、武力破坏外，最典型的就是病毒的危害。

　　4. 计算机犯罪

计算机犯罪是指一切借助计算机技术或利用暴力、非暴力手段攻击、破坏计算机及网络系统的不法行为。

7.1.2.3　计算机安全威胁的来源

　　影响计算机安全的因素很多，这些因素可能是有意的，也可能是无意的；可能是天灾，也可能是人为的。归结起来，针对计算机系统的安全威胁的来源主要有3个：

　　(1)天灾。指不可控制的自然灾害，如地震、雷击。天灾轻则造成业务工作混乱，重则造成系统中断或造成无法估量的损失。如1999年8月吉林省某电信业务部门的通信设备被雷击中，造成惊人的损失。

　　(2)人祸。分为有意的和无意的。有意的指人为的恶意攻击、违纪、违法和犯罪。人为的无意失误有文件的错误删除、输入错误的数据、操作员安全配置不当、用户口令选择不慎等。

　　(3)计算机系统本身的原因。

　　①计算机硬件系统的故障。由于生产工艺或制造商的原因，计算机硬件系统本身有故障，如电路短路、断线、接触不良引起的不稳定、电压波动的干扰等。

　　②软件的"后门"。软件的"后门"是软件公司的程序设计人员为了自便而在开发时预留设置的，一方面为软件调试、进一步开发或远程维护提供了方便，但另一方面也为非法入侵提供了通道。这些"后门"一般不为外人所知，但一旦"后门"洞开，其造成的后果将不堪设想。

　　③软件的漏洞。软件漏洞主要是系统漏洞。什么是系统漏洞?系统漏洞是指应用软件或操作系统软件在逻辑设计上的缺陷或在程序编写时产生的错误，软件不可能是百分之百的无缺陷和无漏洞的，这个缺陷或错误即漏洞可以被不法者或者黑客所利用，成了他们进行攻击的首选目标。这些人通过植入木马、病毒等方式攻击或控制整个计算机，从而窃取计算机中的重要资料和信息，甚至破坏这些计算机系统。

计算机安全保障体系应尽量避免天灾造成的计算机危害，控制、预防、减少人祸，以及系统本身原因造成的计算机危害。

7.1.3　安全保护的策略和措施

信息安全保护的策略是指为保证提供一定级别的安全保护所必须遵守的规则。实现信息安全，不但靠先进的技术，而且也要依靠严格的安全管理、法律约束和安全教育。

先进的信息安全技术是网络安全的根本保证。用户对自身面临的威胁进行风险评估，决定其所需要的安全服务种类，选择相应的安全机制，然后集成先进的安全技术，形成一个全方位的安全系统。

进行严格的安全管理。各计算机网络使用机构、企业和单位应建立相应的网络安全管理办法，加强内部管理；建立合适的网络安全管理系统，加强用户管理和授权管理；建立安全审计和跟踪体系，提高整体网络安全意识。

制定严格的法律、法规。计算机网络是一种新生事物。它的许多行为无法可依，无章可循，导致网络上计算机犯罪处于无序状态。面对日趋严重的网络犯罪，必须建立与网络安全相关的法律、法规，使非法分子慑于法律，不敢轻举妄动。

随着人类社会的发展和科学技术的进步，人们越来越重视计算机安全。

7.1.3.1　计算机安全的层次

计算机安全的实质就是安全立法、安全管理和安全技术的综合实施。这 3 个层次体现了安全策略的限制、监视和保障职能。

7.1.3.2　信息安全意识

信息安全意识(Information Security Consciousness)是指人们在信息时代对个人、社会和国家在信息领域的利益进行保护的一种强烈意识形态。例如：人们对自己银行密码信息的隐藏，不告诉他人，或不让其他人偷袭、剽窃等，这种行为则表现了人们在潜意识下，对个人财产的保护。诸如这样的信息安全意识形态还有很多例子，但除一些日常生活、工作中的信息安全保护行为外，还有很多本应具有的信息安全意识，人们却没有，例如：Word 宏病毒的传播和 E-mail 附件病毒的传播都是个人原因造成的，人们往往忽视对自己信息采取有效措施进行保护。又如，人们在使用 QQ 聊天时，也很少采取安全措施，保护自己的密码和聊天记录，以至于 QQ 密码被他人盗取，或者聊天记录被他人窃取。

随着信息技术的飞速发展，计算机的不断普及，信息安全问题越来越突出，要更好地保护好国家、社会、团体和个人在信息领域中的利益，只有加强国民的信息安全意识教育，不断提高人们的信息安全意识，使之合理合法地使用信息、传播信息，同时仍需要建立和完善信息安全法律、法规，合法地保护国家、社会、团体和个人的信息。

7.1.3.3　信息安全法规

法律是规范人们一般社会行为的准则。有关计算机方面的法律、法规和条例从内容上大体可以分为两类，即社会规范和技术规范。

社会规范是调整信息活动中人与人之间行为的准则。它发布阻止任何违反规定要求的法令或禁令，明确系统人员和最终用户应该履行的权利和义务，包括宪法、保密法、数据保护法、计算机安全条例、计算机犯罪法，等等。

当今社会中，计算机犯罪活动猖獗的一个主要原因在于，各国的计算机安全立法都不健全，尤其是没有制定相应的法律。惩罚不严、失之宽松，因此使犯罪活动屡禁不止。1987 年出现了世界上第一部计算机犯罪法——《佛罗里达计算机犯罪法》。它首次将计算机犯罪定为侵犯知识产权罪。计算机软件也逐渐被列入知识产权的范畴，从而受到法律的保护。而在此之前，对窃取信息、篡改信息是否有罪尚无法律依据。随着全球信息化的发展、计算机的广泛应用和计算机网络的普及，如何确保计算机网络信息系统的安全，已成为我国信息化建设过程中必须解决的重大问题。由于我国信息系统安全在技术、产品和管理等方面相对落后，所以在国际联网之后，信息安全问题变得十分重要。在这种形势下，为尽快制定适应和保障我国信息化发展的计算机信息系统安全总体策略，全面提高安全水平，规范安全管理，国务院、公安部等有关单位制定发布了一系列信息系统安全方面的法规。如 1994 年国务院颁布施行的《中华人民共和国计算机信息系统安全保护条例》，1996 年国务院颁布施行的《中华人民共和国计算机信息网络国际联网管理暂行规定》，1996 年公安部发布的《公安部关于对国际联网的计算机信息系统进行备案工作的通知》，1997 年公安部发布的《中华人民共和国计算机信息网络国际联网安全保护管理办法》，2000 年国家保密局发布的《计算机信息系统国际联网保密管理规定》，原邮电部发布的《计算机信息网络国际联网出入口信道管理办法》和《中国公共计算机互联网国际联网管理办法》等。这些法规主要涉及信息系统安全保护、国际联网管理、商用密码管理、计算机病毒防治和安全产品检测与销售 5 个方面。

美国计算机安全研究始于 20 世纪 50 年代。在安全与犯罪方面，1952 年，美国总统杜鲁门设立了计算机安全中心。1983 年，美国出台《计算机安全法》。1984 年，里根总统签署了《计算机安全法》。1985 年 1 月 1 日之前，美国有 34 个州为计算机犯罪立法，一年之后的 1986 年，全美各州均有关于这一方面的立法。

这方面立法涉及的犯罪行为主要有以下几项。

1. 计算机诈骗罪

擅自存取、修改、破坏和损坏任何计算机，旨在蓄谋或从事某种阴谋，进行诈骗或欺诈，或通过徇私舞弊、冒充蒙骗、伪造单据文件等手法，控制财富和服务等。

2. 非法侵入罪

擅自存取即构成犯罪，包括通过电话线进入计算机的破坏者或恶作剧者。任何故意或擅自直接或间接地存取、修改、破坏、毁坏任何计算机系统者，处以罚金、判处监禁等。

3. 信用信息非法窃取罪

非法侵入计算机系统，获得未经授权的信用信息。

4. 窃取公司秘密罪

公司秘密包括计算机中存储的秘密文件、数据等。窃取、获取、带出或使用公司秘密即构成犯罪。

5. 中断计算机服务

中断或降低计算机服务质量，属非法行为。

技术规范是调整人和物、人和自然界之间关系的准则。其内容十分广泛，包括各种技术标准和规程，如计算机安全标准、网络安全标准、操作系统安全标准、数据和信息安全标准、电磁泄漏安全极限标准等。

这些法律和技术标准是保证计算机系统安全的依据和主要的社会保障。

7.1.3.4　安全管理

加强计算机及其网络系统安全管理的法规建设，建立健全各项管理制度是确保计算机系统安全不可缺少的措施。如制定人员管理制度，加强人员审查；组织管理上，避免单独作业，操作与设计分离等。这些强制执行的制度和法规限制了作案的可能性。

安全管理是安全的第二个层次，从人事资源管理到资产物业管理，从教育培训、资格认证到人事考核鉴定制度，从动态运行机制到日常工作规范、岗位责任制度，方方面面的规章制度是一切技术措施得以贯彻实施的重要保证。

7.1.3.5　安全保护技术措施

安全保护技术措施是计算机安全的重要保证，是方法、工具、设备、手段乃至需求、环境的综合，也是整个系统安全的物质技术基础。计算机安全技术涉及的内容很多，尤其是在网络技术高速发展的今天，不仅涉及计算机的外部、外围设备，通信和网络系统实体，还涉及数据安全、软件安全、网络安全、数据库安全、运行安全、防病毒技术、站点的安全，以及系统结构、工艺和保密、压缩技术。

安全技术措施的实施应贯彻落实在系统开发的各个阶段。

7.1.3.6　计算机安全学

计算机安全包括：防止对硬件资源的非法访问，保证系统信息的机密性，确保信息系统的完整性，等等。围绕这些内容，产生了一个所谓的计算机安全学。计算机安全学是研究保护计算机系统及其信息，防止它们遭到偶然的破坏或蓄意的进攻的有关概念、技术和方法的科学。

计算机安全的基本原则如下：

(1)尽早确定系统的安全目标。

(2)预先估计系统将来的安全需求。

(3)尽量进行信息和数据的隔离。

(4)实行最小特权，尽量分散权利。

(5)多级安全控制，做好互控。

(6)限制访问次数和访问人所做的事情。

(7)建立口令制，最好设立多级口令。

(8)尽量对系统和数据加密。

7.1.4　信息系统安全管理

7.1.4.1　信息系统的安全问题

信息系统本身的脆弱性和易于攻击的弱点，使得信息系统的安全问题越来越受到人们的广泛重视。这里主要介绍信息系统安全的基本概念及信息系统安全管理。

信息系统即计算机信息系统，是指由计算机及其相关的和配套的设备、设施(含网络)构成的，按照一定的应用目标和规则对信息进行采集、加工、存储、传输、检索等处理的人机系统。

信息系统的复杂性使其各个环节都可能存在不安全因素。

(1)数据输入部分：数据通过输入部分进入系统，输入数据容易被篡改或输入假数据；

(2)数据处理部分：数据处理部分的硬件容易被破坏或盗窃，并且容易受电磁干扰或因电磁辐射而造成信息泄露；

(3)通信线路：通信线路上的信息容易被截获，线路容易被破坏或盗窃；

(4)软件：操作系统、数据库系统和程序容易被修改或破坏；

(5)输出部分：输出信息的设备容易被破坏或盗窃，从而造成信息泄露或窃取。

信息系统的特点与安全因素也密切相关：

(1)介质存储密度高；

(2)数据的可访问性；

(3)信息的聚生性；

(4)保密的困难性；

(5)介质的剩磁效应；

(6)电磁的泄漏性；

(7)通信网络的弱点。

7.1.4.2　信息系统面临的威胁和攻击

信息系统的开放性和资源共享性，使它存在潜在的威胁和容易受到攻击。这主要表现在两个方面：一方面是对实体的威胁和攻击，另一方面是对信息的威胁和攻击。计算机犯罪和计算机病毒则包括了对信息系统实体和信息两方面的威胁与攻击。

7.1.4.3　信息系统的安全性

信息系统的安全性主要体现在以下几个方面：

(1)保密性。对信息的存储、传输进行保护，确保信息不暴露未授权的实体或进程。

(2)可控性。可以控制授权范围内的信息流向及行为方式，保证合法用户能正确使用而不会拒绝访问或拒绝使用，并且防止合法用户对系统的非法操作或使用。

(3)可审查性。对出现的系统安全问题提供查询的依据和手段，应能够判断某些程序和数据是否已被删改、复制和破坏。它是防止信息系统内信息资源不被非法篡改，并保证其真实性和有效性的一种技术手段。

(4)抗攻击性。对来自系统外部的非法用户进入系统进行访问、窃取系统资源和破坏系统，特别是对信息资源不合法的使用和访问，或有意、无意的破坏的抵抗能力。

信息系统安全是十分重要，也是十分复杂的技术问题。

7.1.4.4　信息系统的安全策略和措施

从信息系统的安全性可以看出，信息系统安全主要包含两方面的含义：一方面是防止实体和信息遭受破坏而使系统不能正常工作，另一方面是防止信息被泄露和窃取。因此，对信息系统所采取的安全策略主要包括4个方面。

1. 法规保护

有关信息系统的法规大体上可以分为社会规范和技术规范两类。

社会规范是调整信息活动中人与人之间行为的准则，技术规范则是调整人与自然界之间关系的准则。合法的信息活动受到法律保护，并且应当遵循以下原则：合法信息系统原则、合法用户原则、信息公开原则、信息利用原则、资源限制原则。

2. 行政管理

行政管理是安全管理的一般行政措施，是依据系统的实践活动，为维护系统安全而建立和指定的规章制度及职能机构。这些制度主要有：组织及人员制度，运行维护和管理制度，计算机处理的控制与管理制度，机房保卫制度，资料设备管理制度(对各种凭证、账表、资料要妥善保管，严格控制；记账要交叉复核，各类人员所掌握的资料要与其身份相适应；进行信息处理用的机器要专机专用，不允许兼作其他用机)。

3. 人员教育

对系统的工作人员，如终端操作员、系统管理员、系统设计人员等，要进行全面的安全保密教育，进行职业道德和法制教育，因为他们对系统的功能、结构熟悉，对系统的威胁很大。要挑选素质好、品质可靠的人员担任。

4. 技术措施

技术措施是信息系统安全的重要保障。实施安全技术，不仅涉及计算机外部设备及其通信和网络等实体，还涉及数据安全、软件安全、网络安全、运行安全和防病毒技术。安全技术应贯穿于系统分析、设计、运行和维护及管理的各个阶段。

信息系统的安全保证措施是系统的有机组成部分，应将系统工程的思想、系统分析的方法、对系统的安全需求、威胁、风险和代价进行综合分析，从整体上综合最优考虑，采取相应对策。只有这样，才能建立起一个有一定安全保障的计算机信息系统。

7.1.4.5　信息系统的安全技术

信息系统的安全技术主要包括以下几个方面：实体安全、数据安全、软件安全、网络安全、安全管理、病毒防治等。

7.1.4.6　信息系统的安全管理

首先要建立良好的安全管理机构。安全管理机构是实施系统安全、进行安全管理的必要保证。

1. 安全管理机构的工作

制定安全计划及应急救灾措施；制定防止越权存取数据和非法使用系统资源的方法、措施；规定系统使用人员及其安全标志，实行进出管理，对进入机房的人员进行识别，防止非法冒充；对系统进行安全分析、设计、测试、监测和控制；随时记录和掌握系统安全运行情况，防止信息泄露与破坏；定期巡回检查系统设施的安全防范措施，及时发现不正常情况。

2. 安全管理机构的构成及职能

安全管理机构的设置，随信息系统的大小而定。若一个系统在地理上覆盖很大的范围，则在每个区域内就应有一个这样的安全管理机构。

对信息系统这样一个复杂系统进行安全管理，需要多方面的人才。一般要由安全、审计、系统分析、软件硬件、通信、保安等有关方面的人员组成。

安全管理人员具体负责本区域内安全策略的实现。安全审计人员负责安全审计，实际可归入安全管理。保安人员主要负责非技术性的、常规的安全工作。系统管理人员是系统安全运行的重要组成部分，主要任务是安装和升级系统，控制系统操作，维护、管理系统时刻处于最佳状态。

在安全管理机构中，安全管理机构负责人的责任最大，负责整个系统的安全。

7.1.4.7　安全管理的原则和内容

信息系统的安全管理主要基于三个原则：多人负责原则、任期有限原则和职责分离原则。

安全管理包括用户同一性检查、使用权限检查和建立运行日志等内容。

7.2　计算机安全

计算机安全是计算机信息系统安全的根本。

7.2.1　概述

从理论上说，任何计算机系统都有薄弱点，任何操作系统都不可能尽善尽美，故设计的各种计算机系统，没有一种系统能幸免于病毒的攻击、黑客的攻击等。因此，保证计算机安全是重要的内容。

计算机安全并不是一个抽象的无实际意义的概念，也不是一个新概念。只不过计算机从诞生至今，前一阶段的功能相对来说不是很强大，使用不是很普及，因而计算机的安全问题不是很明显。随着越来越广泛的普及应用，计算机已深入事业单位、政府、保险、银行、卫生、商业、保卫等各个部门和领域，随之又出现了更多的计算机犯罪、更广泛的计算机病毒、更恶毒的黑客攻击等，使得人们不得不越来越重视计算机的安全问题。

7.2.2　计算机病毒

7.2.2.1　计算机病毒的定义

计算机病毒最早是由美国计算机病毒研究专家 F．Cohen 博士提出的，在这之前的1977 年夏天，美国作家托马斯·捷·瑞安(Thomas J．Ryan)出版了一本科幻小说《P–1 的春天》(The Adolescence of P–1)，该书立即成为当时美国的畅销书。作者在该书中幻想出世界上第一个计算机病毒，它不断地从一台计算机传播到另一台计算机，最终控制了 7000多台计算机的操作系统，造成一场灾难。几年后，计算机病毒真的出现并泛滥，这位作家的幻想得到了验证。

事实上，计算机病毒与我们平时所见所用的各种软件程序没有什么区别，只不过正常的程序是帮助人们解决某些问题的，病毒程序则是专门搞破坏或使计算机不能正常工作的。也就是说，病毒程序是一种有害的程序。

那么，什么是计算机病毒呢?国外最流行的定义为"计算机病毒，是一段附着在其他程序上的可以实现自我繁殖的程序代码"。1994 年 2 月 18 日，我国正式颁布实施的《中华人民共和国计算机信息系统安全保护条例》第二十八条对计算机病毒的定义是："计算机病毒，是指编制或者在计算机程序中插入的破坏计算机功能或者毁坏数据，影响计算机使用，并能自我复制的一组计算机指令或者程序代码。"这个定义明确地表明了计算机病毒就是具有破坏性的程序。

7.2.2.2　计算机病毒的来源

计算机病毒的来源有以下几个方面：

(1)计算机工作人员或业余爱好者恶作剧、寻开心、从中取乐。

(2)软件公司及用户维护自己开发的软件不被非法复制而采取的防范措施，甚至是报复性措施，试图对非法复制者予以打击。

(3)旨在攻击和摧毁信息系统和计算机系统的恶意破坏的"杰作"。

(4)用于研究或达到某个目的而设计的程序，由于某种原因失控而产生了意想不到的后果。

7.2.2.3　计算机病毒的发展历史

计算机病毒一词最早出现在 1977 年夏天，Thomas J. Ryan 出版的一部幻想小说《The Adolescence of P-1》中。

在 1983 年，美国计算机安全专家 Frederik Cohen 通过实验证明了计算机病毒实现的可能性。至此，计算机病毒由幻想变成了现实。

1984 年，Cohen 在美国国家计算机安全会议上演示了计算机病毒的实验，接着 Cohen 的计算机病毒论文被收入论文集，并被杂志刊登，于是传向了社会。人们普遍认为这是世界上第一例计算机病毒。直到 1987 年以前，大多数计算机安全人员对计算机病毒不以为然，认为不可能发生。

到了 1987 年，当全球的各个地区，相继出现了各种各样的计算机病毒时，大家才惊讶起来。

1988 年 11 月，美国政府"Internet 网络事件"首创了计算机病毒大规模攻击破坏的先例。1988 年 11 月 2 日晚，美国康奈尔大学研究生罗特·莫里斯将计算机病毒蠕虫投放到网络中。该病毒程序迅速扩展，至第二天凌晨，病毒从美国东海岸传到西海岸，造成了大批计算机瘫痪，甚至欧洲联网的计算机都受到影响，直接经济损失近亿美元。这是自计算机出现以来最严重的一次计算机病毒侵袭事件，它引起了世界各国的关注。

世界上第一例被证实的计算机病毒产生于 1983 年，大范围流行始于 20 世纪 90 年代。早期出现的病毒程序是一种特洛伊木马程序，它是一段隐藏在计算机中的恶意程序，当计算机运行一段时间或一定次数后就使计算机发生故障。但由于当时计算机的功能有限，因此并未广泛传播。

1983 年出现了计算机病毒传播的研究报告，公布了病毒程序的编写方法，同时有人提出了蠕虫(Worm)病毒程序的设计思想。

1984 年，美国人 Thompson 开发出了针对 UNIX 操作系统的病毒程序(当时未给它命名)。这个程序用 C 语言写了一段自我复制的程序，还插入一段特洛伊木马程序，用来寻找 UNIX 注册命令的代码。当它通过 UNIX 的口令监测作为合法用户注册，并顺利进入系统后，再在 C 编译程序中增加另一个特洛伊木马程序，修改源程序，生成可传播的二进制代码并遥控它，直至特洛伊木马程序不断传播、复制，使系统瘫痪。这是一个真正实用的、攻击计算机的病毒。

在对抗传统的杀毒软件的基础上，计算机病毒也在不断推陈出新。1981 年，病毒突破 NetWare 的网络安全机制，1982 年出现了首例 Windows 中的病毒，之后，世界各地接连不断地发现更为恶毒的自身代码变换病毒，如变形金刚、幽灵王等。特别是 1986 年在北美地区流行的宏病毒，是在文件型和引导型病毒的基础上发展出来的，它不仅可由磁盘传播，而且还可由 Internet 上的 E-mail 和下载文件传播，危害极大。

当年 Internet 的骨干网是国际数据网 DDN，它由美国国防部通信局 DCA 管理。当时的 Internet 是世界上最大的网络和具有较高保密性的远程军用网，对那些天才的计算机痴子即黑客(Computer Hackers)来说，是极富诱惑力的。1988 年 11 月 2 日，23 岁的 Kobert T. Morris 在美国康奈尔(Cornell)大学他自己的计算机上，用远程命令将一个 Worm(蠕虫)送上了 Internet。他希望这个"无害"的蠕虫慢慢地渗透到政府与研究机构网络中，悄悄地呆在那儿，不为人知。然而他的程序犯了一个小错误，导致 Worm 疯狂地不断复制，迅速向整个 Internet 蔓延，这个小小的程序一夜之间袭击了庞大的 Internet，攻击了 6200 台 VAX 系列的小型机和 Sun 工作站，300 多所大学、医院和研究中心也未能幸免。其中军用的 Milnet 网中，也有几台主机被袭击，经济损失达 9200 多万美元。

"Internet 事件"曾使人们人心惶惶，许多网络管理员、安全专家和研究人员急切而又灰心，甚至不敢相信眼前发生的事情，有的新闻媒体惊呼计算机系统的末日来了……

这的确是一场灾难，也给计算机安全专家敲响了警钟，具有战斗力的计算机安全志士们当时就指出："这个病毒是件好事，它无法扼杀我们，反而能使我们更加强壮!既然未能从成功中得到经验，那就让我们从失败中汲取教训吧!"

到现在，世界上的计算机病毒种类，包括它们的派生和变种，数目大得惊人，且无时无刻不在增长。

人类并不是眼睁睁地看着计算机病毒的横行肆虐，也并非束手无策，越来越多的计算机专家在致力于抗病毒工具的研究。一般在某种病毒被发现后不久，就能迅速推出一种检测病毒与免疫工具。

然而，任何一种抗病毒工具都是针对某种特定环境下的某一类病毒的，病毒或变种不断涌现是不可判定的，因而在同病毒的斗争过程中，查毒杀毒工具是被动的、滞后的。我们无法控制病毒的新品和变种、杂种、异种的出现。而且，新品派生往往是后代凶狠于前代，越来越恶毒和狡猾，隐蔽性更好，危害性更大，大多数能狡猾地躲避杀毒程序的清扫。

计算机系统本身的脆弱性是病毒产生的客观原因，计算机系统信息共享是病毒传播的基础。在今后相当长的一段时间内不可能抛弃冯·诺依曼结构体系，也不可能限制信息的共享。这就是说，计算机病毒滋生的土壤是存在的，我们自此不得不遗憾地承认，计算机病毒是不可避免的，它将永远伴随着计算机的存在而存在，永远伴随着计算机持有者和使用者，这是不以人们的意志为转移的。我们同病毒的作战是长期的持久战，那种希望计算机病毒"自生自灭"的想象是决不可能实现的，这只不过是人们良好的愿望。残酷的现实告诫人们，不要对计算机病毒存以任何幻想。一曲优美的音乐、一个引人注目的"小礼品"、一张精致的贺卡、一封温馨的 E-mail……当你还在惊奇迷惑时，你的系统已经被摧毁了!

在我国，20 世纪 80 年代后期已发现计算机病毒，80 年代末，有关计算机病毒问题的研究和防范已成为计算机安全方面的重大课题。许多科学家和技术人员纷纷从事杀毒软件和防病毒卡的研究，并取得了一些成果。

1985 年在国内发现更为危险的"病毒生产机"，它能自动生成大量"同族"新病毒，并且这些病毒可加密、解密，生存能力和破坏能力极强。这类病毒有 1537、CLME 等。CIH 病毒是首例攻击计算机硬件的病毒，它可攻击计算机的主板，并可造成网络的瘫痪。CIH 病毒是由我国台湾的一名学生编写的(CIH 是中国台湾人陈盈豪的英文缩写)，目前发现有 3 个版本，发作时间一般是每月 26 日。其中 1.3 版为 6 月 26 日发作，1.4 版为每月的 26 日发作。由于该病毒一般隐藏在盗版光盘、软件、游戏程序中，并能通过 Internet 迅速传播到世界各地，因此破坏性极大。病毒发作时，通过复制的代码不断覆盖硬盘系统区，损坏 BIOS 和主引导区数据，发作时硬盘灯在闪烁，但再次启动时，计算机屏幕便一片漆黑，此时用户硬盘上的分区表已被破坏，数据很难再恢复，它对于网络系统的损失更严重。遭到袭击的不仅有国家机关、企事业单位、金融系统，还有公安机关、军事部门等。大量计算机系统受到病毒侵害而不能工作，造成的损失始料不及。

从第一个病毒出世以来，世界上究竟有多少种病毒，说法不一。据国外统计，计算机病毒以 10 种 / 周的速度递增。另据我国公安部统计，国内以 4 种 / 月的速度递增。目前全世界已知的计算机病毒已超过 4 万余种，并以每年 40% 的速度增加，主要病毒已从过去的引导型、文件型发展为宏病毒和网络病毒，传播速度越来越快，其破坏性也在不断上升。

随着计算机在各行各业的大量应用，计算机病毒也随之渗透到计算机世界的每个角落，常以人们意想不到的方式侵入计算机系统。计算机病毒的流行引起了人们的普遍关注，成为影响计算机及其网络安全运行的一个重要因素。

7.2.2.4　计算机病毒的分类

计算机病毒种类众多，目前对计算机病毒的分类方法也不尽相同，常规地分类如下。

1. **按传染方式分为引导型、文件型和混合型病毒**

引导型病毒利用软盘或硬盘的启动原理工作，它们修改系统的引导扇区，在计算机启动时首先取得控制权，减少系统内存，修改磁盘读写中断向量，在系统存取操作磁盘时进行传播，影响系统工作效率。

文件型病毒一般只传染磁盘上的可执行文件。如：.com、.exe 等。在用户调用染毒的执行文件时，病毒首先运行，然后病毒驻留内存，伺机传染给其他文件或直接传染其他文件。其特点是附着于正常程序文件中，成为程序文件的一个外壳或部件。这是较为常见的传染方式。

宏病毒是近几年才出现的，按方式分类属于文件型病毒。

混合型病毒兼有以上两种病毒特点，既感染引导区又感染文件，因此这种病毒更易传染。

2. **按连接方式分为源码型、入侵型、操作系统型和外壳型病毒**

源码型病毒较为少见，亦难编写、传播。因为它要攻击高级语言编写的源程序，在源程序编译之前插入其中，并随源程序一起编译、连接成可执行文件。这样刚刚生成的可执行文件便已经带毒了。

入侵型病毒可用自身代替正常程序中的部分模块或堆栈区。因此，这类病毒只攻击某些特定程序，针对性强。一般情况下也难以发现和清除。

操作系统型病毒可用自身部分加入或者替代操作系统的部分功能。因其直接感染操作系统，这类病毒的危害性也较大。

外壳型病毒将自身附在正常程序的开头或结尾，相当于给正常程序加了个外壳。大部分的文件型病毒都属于这一类。

3. 按破坏性可分为良性病毒和恶性病毒

良性病毒只是为了表现其存在，如发作时只显示某项信息，或播放一段音乐，或仅显示几张图片，开开玩笑，对源程序不做修改，也不直接破坏计算机的软硬件，对系统的危害极小。但是这类病毒的潜在破坏还是有的，它使内存空间减少，占用磁盘空间，与操作系统和应用程序争抢 CPU 的控制权，降低系统运行效率等。

而恶性病毒则会对计算机的软件和硬件进行恶意的攻击，使系统遭到不同程度的破坏，如破坏数据、删除文件、格式化磁盘、破坏主板，导致系统崩溃、死机、网络瘫痪，等等。因此，恶性病毒非常危险。

4. 嵌入式病毒

这种病毒将自身代码嵌入到被感染文件中，当文件被感染后，查杀和清除病毒都非常不易。不过编写嵌入式病毒比较困难，所以这种病毒数量不多。

5. 网络病毒

网络病毒指基于在网上运行和传播，影响和破坏网络系统的病毒。

随着计算机网络的发展和普及应用，尤其是 Internet 的广泛应用，通过网络传播病毒已经是当前病毒发展的主要趋势，影响最大的病毒当属计算机蠕虫病毒。计算机蠕虫病毒是通过网络的通信功能将自身从一个节点发送到另一个节点并自行启动的程序，它往往导致网络堵塞或网络服务拒绝，最终造成整个系统瘫痪。如 W97M_MELISSA(美丽杀手)、ExploreZip(探险蠕虫)等，都是以邮件附件的形式藏匿在回复的电子邮件中，用户一不小心打开名为 Zipfiles.exe 的附件，探险蠕虫就成功地钻进了该用户的计算机中，并在后台进行自我复制，将这种副本作为附件向收件箱中所有未读邮件发一封回信。此病毒还疯狂地删除硬盘上的 Office 文档和各种语言程序的源程序文件，造成用户无法挽回的损失。

Trojan Horse(特洛伊木马)病毒是借用古希腊士兵藏在木马内进入敌方城市从而占领城市的故事，比喻从网上下载的应用程序或游戏中包含了可以控制用户计算机系统的程序，这会造成用户的系统被破坏甚至瘫痪。木马病毒也是目前网络病毒中比较流行且破坏性较大的一种病毒。这种病毒是网络病毒的典型，在本书 7.3 节计算机网络安全中还要提及。

应该指出，上面这些分类是相对的，同一种病毒按不同分类可属于不同类型。

6. 病毒生成工具

这一类病毒通常是以菜单形式驱动的。只要是具备一些计算机知识的人，利用病毒生成工具就可以像点菜一样轻易地制造出计算机病毒，而且可以设计出非常复杂的具有偷盗和多型性特征的病毒。

7.2.2.5 计算机病毒的特点

根据对计算机病毒的产生、传染和破坏行为的分析，总结出病毒的几个主要特点。

1. 刻意编写，人为破坏

计算机病毒不是偶然自发产生的，而是人为编写、有意破坏、严谨精巧的程序段，能与所在环境相互适应并紧密配合。编写病毒程序的动机一般有以下几种情况：为了表现和证明自己，出于对社会、对上级的不满，出于好奇的"恶作剧"，为了报复，为了纪念某一事件等。也有因为政治、军事、民族、宗教、专利等方面的需要而专门编写的。有的病毒编制者为了相互交流或合作，甚至形成了专门的病毒组织。

2. 传染性，自我复制能力

自我复制能力也称"再生"或"传染"。

计算机病毒具有强再生机制。计算机病毒可以从一个程序传染到另一个程序，从一台计算机传染到另一台计算机，从一个计算机网络传染到另一个计算机网络。在各系统上传染、蔓延，同时使被传染的计算机程序、计算机、计算机网络成为计算机病毒的生存环境及新的传染源。

再生机制是判断计算机病毒最重要的依据。在一定条件下，病毒通过某种渠道从一个文件或一台计算机传染到另外没有被感染的文件或计算机，病毒代码就是靠这种机制大量传播和扩散的。携带病毒代码的文件成为计算机病毒载体或带毒程序。一台感染了病毒的计算机，本身既是一个受害者，又是计算机病毒的传播者，它通过各种可能的渠道，如软盘、光盘、活动硬盘或网络传染其他的计算机。

3. 寄生性

病毒程序依附在其他程序体内，当这个程序运行时，病毒就通过自我复制而进行繁衍，并一直生存下去。

4. 夺取系统控制权

病毒为了完成感染、破坏系统的目的，必然要取得系统的控制权，这是计算机病毒另外一个重要特点。计算机病毒在系统中运行时，首先要进行初始化工作，在内存中找到一个安身之地，随后执行一系列操作取得系统控制权。系统每执行一次操作，病毒就有机会完成病毒代码的传播或进行破坏活动。反病毒技术也正是抓住计算机病毒的这一特点，提前取得系统控制权，阻止病毒取得系统控制权，然后识别出计算机病毒的代码和行为。

5. 隐蔽性

隐蔽性表现在两个方面：一是传染过程很快，在其传播时多数没有外部表现；二是病毒程序隐蔽在正常程序中，当病毒发作时，实际病毒已经扩散，系统已经遭到不同程度的破坏。

在感染上病毒后，计算机系统一般仍然能够运行，被感染的程序也能正常执行，用户不会感到明显的异常，这便是计算机病毒的隐蔽性。正是由于这种隐蔽性，计算机病毒得以在用户没有察觉的情况下扩散传播。计算机病毒的隐蔽性还表现在病毒代码本身设计得非常短小，一般只有几百 KB，非常便于隐藏到其他程序中或磁盘的某一特定区域内。不经过程序代码分析或计算机病毒代码扫描，人们是很难区分病毒程序与正常程序的。随着病毒编写技巧的提高，病毒代码本身还进行加密或变形，使得对计算机病毒的查找和分析更为困难，很容易造成漏查或错杀。

6. 潜伏性

计算机病毒侵入系统后，大部分病毒一般不会马上发作，它可长期隐藏在系统中，除传染外，不表现出破坏性，这样的状态可能保持几天、几个月甚至几年，只有在满足其特定的触发条件后才启动其表现模块，显示发作信息或进行系统破坏。

病毒的触发是由发作条件确定的。而在发作条件满足前，病毒可能在系统中没有表现症状，不影响系统的正常运行。

7. 破坏性

不同计算机病毒的破坏情况表现不一，有的干扰计算机工作，有的占用系统资源，有的破坏计算机硬件等。

8. 不可预见性

由于计算机病毒的种类繁多，不同种类病毒的代码千差万别，新的变种不断出现，病毒的制作技术也在不断提高。因此，病毒对于反病毒软件来说，是不可预见的、超前的。同反病毒软件相比，病毒永远是超前的。新的操作系统和应用系统的出现，软件技术的不断发展，也为计算机病毒提供了新的发展空间，对未来病毒的预测将更加困难，这就要求人们不断提高对病毒的认识，增强防范意识。

7.2.2.6 病毒的传播与传染

在一般情况下，病毒有以下 3 种传播途径。

1. 存储设备

大多数计算机病毒通过一些存储设备进行传播，例如，软盘、硬盘和光盘等。

2. 计算机网络

计算机病毒利用网络通信可以从一个节点传染到另一个节点，也可以从一个网络传染到另一个网络。其传染速度是所有媒体中最快的一种，严重时可迅速造成网络中的所有计算机瘫痪。例如，电子邮件炸弹病毒可以不断重复地将电子邮件寄予同一个收件人。由于在短时间内收到上千个电子邮件，一个电子炸弹的总容量很容易就超过相应网络 E-mail 信箱容量所能够承受的负荷，随时会因为"超载"而导致计算机瘫痪。

3. 通信系统

计算机病毒也可通过点对点通信系统和无线通道传播，随着信息时代的迅速发展，这种途径很可能成为主要传播渠道。

计算机病毒的传染过程大致经过 3 个步骤，分析如下：

入驻内存。计算机只有驻留内存后才有可能取得对计算机系统的控制。

等待条件。计算机病毒驻留内存并实现对系统的控制后，便时刻监视系统的运行。一面寻找可攻击的对象，一面判断病毒的传染条件是否满足。

实施传染。当病毒的传染条件满足时，通常借助中断服务程序将其写入磁盘系统，完成全部病毒的传染过程。

7.2.2.7 计算机病毒的检测与防范

1. 检测

计算机病毒对系统的破坏离不开当前计算机的资源和技术水平。对病毒的检测主要从检查系统资源的异常情况入手，逐步深入。

1)异常情况判断

计算机工作正常时，如出现下列异常现象，则有可能感染了病毒：

● 屏幕出现异常图形或画面，这些画面可能是一些鬼怪，也可能是一些下落的雨点、字符、树叶等，并且系统很难退出或恢复。

- 扬声器发出与正常操作无关的声音，如演奏乐曲或是随意组合的、杂乱的声音。
- 磁盘可用空间减少，出现大量坏簇，且坏簇数目不断增多，直到无法继续工作。
- 磁盘不能引导系统。
- 磁盘上的文件或程序丢失。
- 磁盘读／写文件明显变慢，访问的时间加长。
- 系统引导变慢或出现问题，有时出现"写保护错"提示。
- 经常死机或出现异常的重启动现象。
- 原来运行的程序突然不能运行，总是出现出错提示。
- 打印机不能正常启动。

观察上述异常后，可初步判断系统的哪部分资源受到了病毒侵袭，为进一步诊断和清除做好准备。

2)计算机病毒的检查

(1)检查磁盘主引导扇区。硬盘的主引导扇区、分区表，以及文件分配表、文件目录区是病毒攻击的主要目标。引导病毒主要攻击磁盘上的引导扇区。硬盘存放主引导记录的主引导扇区一般位于 0 磁道 0 柱面 1 扇区。该扇区的前 3 个字节是跳转指令，接下来的 8 个字符是厂商、版本信息，再向下 18 个字节是 BIOS 参数，记录有磁盘空间、FAT 表和文件目录的相对位置等，其余字节是引导程序代码。病毒侵犯引导扇区的重点是前面的几十个字节。

当发现系统有异常现象时，特别是当发现与系统引导信息有关的异常现象时，可通过检查主引导扇区的内容诊断故障。方法是使用工具软件，将当前主引导扇区的内容与干净的备份相比较，如发现有异常，则可能是感染了病毒。

(2)检查 FAT 表。病毒隐藏在磁盘上，一般要对存放的位置做出"坏簇"信息标志反映在 FAT 表中。因此，可通过检查 FAT 表，查看有无意外坏簇，判断是否感染了病毒。

(3)检查中断向量。计算机病毒平时隐藏在磁盘上，在系统启动后，随系统或随调用的可执行文件进入内存并驻留下来，一旦时机成熟，它就开始发起攻击。病毒隐藏和激活一般是采用中断的方法，即修改中断向量，使系统在适当的时候转向执行病毒代码。病毒代码执行和达到了破坏的目的后，再转回到原中断处理程序执行。因此，可通过检查中断向量表有无变化确定是否感染了病毒。

检查中断向量的变化主要是查系统的中断向量表，其备份文件一般为 INT.DAT。

(4)检查可执行文件。检查.com 或.exe 可执行文件的内容、长度、属性等，可判断是否感染了病毒。

(5)检查内存空间。计算机病毒在传染或执行时，必然要占据一定的内存空间，并驻留在内存中，等待时机再进行传染或攻击。病毒占用的内存空间一般是用户不能覆盖的。因此，可通过检查内存的大小和内存中的数据判断是否感染病毒。通常采用一些简单的工具软件，如 PCTOOLS、DEBUG 等进行检查。

(6)根据特征查找。一些经常出现的病毒具有明显的特征，即有特殊的字符串。根据它们的特征，可通过工具软件检查、搜索，以确定病毒的存在和种类。杀毒软件一般都收集了各种已知病毒的特征字符串并构造出病毒特征数据库，这样，在检查、搜索可疑文件时，就可用特征数据库中的病毒特征字符串逐一比较，确定被检查文件感染了何种病毒。

2. 防范

病毒防范，是指通过建立合理的计算机病毒防范体系和制度，及时发现计算机病毒侵入，并采取有效的手段阻止计算机病毒的传播和破坏，恢复受影响的计算机系统和数据。

计算机病毒泛滥成灾，几乎无孔不入。其种类可以说不计其数。据统计，它以每年40%的速度递增，而且传播速度越来越快，破坏性也越来越强。我们对病毒要以防为主，尽可能地做到防患于未然。

(1)首先在思想上要有足够的重视，采取预防为主、防治结合的方针；其次是尽可能切断病毒的传播途径，经常做病毒检测工作，装防、杀和检测病毒的软件。一旦检测到病毒，就应想办法将病毒尽早清除，减少病毒继续传染的可能性，将病毒的危害降低到最小限度。

(2)新购置的计算机硬、软件系统的测试。新购置的计算机是有可能携带计算机病毒的。因此，在条件许可的情况下，要用检测计算机病毒软件检查已知计算机病毒，用人工检测方法检查未知计算机病毒，并经过证实，没有计算机病毒感染和破坏迹象后再使用。

新购置计算机的硬盘可以进行检测或进行低级格式化确保没有计算机病毒存在。对硬盘只在 DOS 下进行 FORMAT 格式化是不能去除主引导区(分区表)中的计算机病毒的。软盘在 DOS 下进行 FORMAT 格式化可以去除感染的计算机病毒。

新购置的计算机软件也要进行计算机病毒检测。有些厂商发售的软件，可能无意中已被计算机病毒感染。就算是正版软件也难保证没有携带计算机病毒的可能性，更不要说盗版软件了。这在国内外都是有实例的。这时不仅要用杀毒软件查找已知的计算机病毒，还要用人工检测和实验的方法检测。

(3)计算机系统的启动。在保证硬盘无计算机病毒的情况下，尽量使用硬盘引导系统。启动前，一般应将软盘从软盘驱动器中取出。这是因为即使在不通过软盘启动的情况下，只要软盘在启动时被读过，计算机病毒仍然会进入内存进行传染。在很多计算机中，可以通过设置 CMOS 参数，使启动时直接从硬盘引导启动，而根本不去读软盘。这样即使软盘驱动器中插着软盘，启动时也会跳过软驱，尝试由硬盘进行引导。很多人认为，软盘上如果没有 Command. com 等系统启动文件，就不会携带计算机病毒，其实引导型计算机病毒根本不需要这些系统文件就能进行传染。

(4)单台计算机系统的安全使用。在自己的计算机上用别人的软盘前应进行检查。在别人的计算机上使用过自己的已打开了写保护的软盘，再在自己的计算机上使用前，也应进行计算机病毒检测。对重点保护的计算机系统应做到专机、专盘、专人、专用，在封闭的使用环境中是不会自然产生计算机病毒的。

(5)重要数据文件要有备份。硬盘分区表、引导扇区等的关键数据应做备份工作，并妥善保管。在进行系统维护和修复工作时可作为参考。

对重要数据文件要定期进行备份工作，不要等到计算机病毒破坏了计算机硬件或软件，计算机出现故障，用户数据受到损伤时再去急救。

对于软盘，要尽可能将数据和应用程序分别保存，装应用程序的软盘要有写保护。

在任何情况下，总应保留一张写保护的、无计算机病毒的、带有常用 DOS 命令文件的系统启动软盘，用以清除计算机病毒和维护系统。常用的 DOS 应用程序也有副本，计算机修复工作就比较容易进行了。

(6)不要随便直接运行或直接打开电子邮件中夹带的附件文件，不要随意下载软件，尤其是一些可执行文件和 Office 文档。即使下载了，也要先用最新的防杀计算机病毒软件进行检查。

(7)使用杀毒软件。由于病毒防治软件和查杀技术总是滞后于病毒的产生与出现，所以并非有什么病毒就有相应的清除软件，特别是那些新出现、交错杂生的病毒，在一段时间以后才会有对应的杀毒方法。

对计算机病毒的作战是长期的，应该说我们只要使用计算机，就会存在计算机病毒，不可能哪一天就将计算机病毒全部消灭。但我们要有信心，计算机病毒是有害的程序，既然那些人能够编出病毒程序，我们同样可以研究出杀灭病毒的程序，即杀毒软件。

随着世界范围内计算机病毒的大量流行，病毒编制花样不断变化，反病毒软件也在经受一次又一次的考验，各种反病毒产品也在不断地推陈出新、更新换代。这些产品的特点表现为技术领先、误报率低、杀毒效果明显、界面友好、良好的升级和售后服务技术支持、与各种软硬件平台兼容性好等方面。常用的反病毒软件有 KV2010、瑞星(Rising)、卡巴斯基(Kaspersky)、诺顿防毒软件(Norton Anti Virus)等。

表 7-1 是部分杀毒软件公司的站点地址。

表 7-1　杀毒软件公司站点地址

站点或公司名称	网　址
瑞星公司	www.rising.com.cn
江民新技术公司	www.jiangmin.com
卡巴斯基(Kaspersky)公司	www.kaspersky.com.cn
Symantec 公司	www.symantec.com
360 公司	www.360.cn
金山网络公司	www.duba.com

杀毒软件的安装和使用都比较简单，这里就不进行过多的介绍。

如图 7-1 所示是卡巴斯基(Kaspersky)反病毒软件 2011 版的主界面。

Kaspersky Labs 是国际著名的信息安全领导厂商。公司为个人用户、企业网络提供反病毒、防黑客和反垃圾邮件产品。卡巴斯基具备独特的知识和技术，使得卡巴斯基成为了病毒防卫的技术领导者和专家。该公司的旗舰产品——著名的卡巴斯基反病毒软件(Kaspersky Anti-Virus，原名 AVP)被众多计算机专业媒体及反病毒专业评测机构誉为病毒防护的最佳产品。

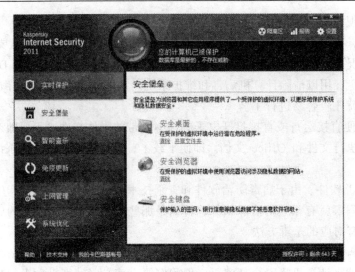

图 7-1　卡巴斯基反病毒软件 2011 版

　　如图 7-2 所示是瑞星杀毒软件 2010 版的主界面。

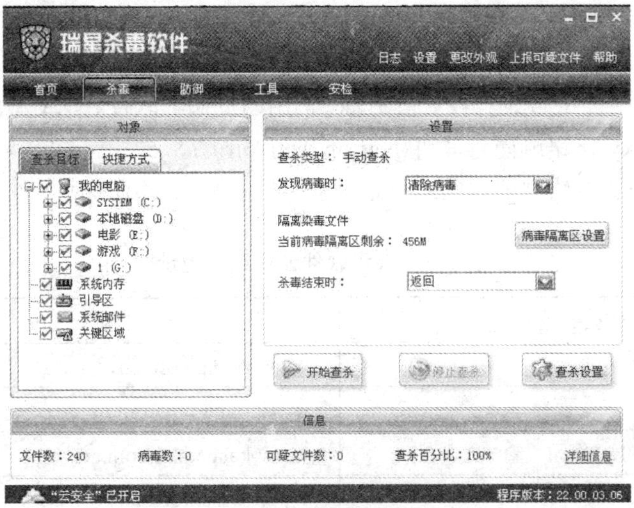

图 7-2　瑞星杀毒软件 2010 版

　　瑞星 2010 是一款基于瑞星"云安全"系统设计的新一代杀毒软件。其"整体防御系统"可将所有互联网威胁拦截在用户电脑以外。深度应用"云安全"的全新木马引擎、"木马行为分析"和"启发式扫描"等技术保证将病毒彻底拦截和查杀。再结合"云安全"系统的自动分析处理病毒流程，能第一时间极速将未知病毒的解决方案实时提供给用户。

　　除了杀毒软件，还有提供计算机安全保护的软件系统，如 360 公司的"360 安全卫士"就是这种软件。360 安全卫士安全保护系统可以在 360 公司网址 www.360.cn 上面下载使用。

　　如图 7-3 所示是 360 安全卫士 7.3 版的主界面。

　　360 安全卫士拥有查杀木马、清理插件、修复漏洞、电脑体检等多种功能，并独创了"木马防火墙"功能，依靠抢先侦测和云端鉴别，可全面、智能地拦截各类木马，保护

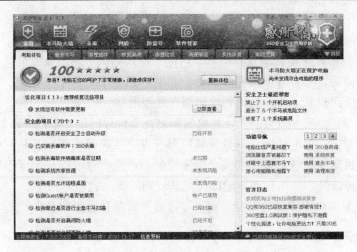

图 7-3　360 安全卫士 7.3 版

用户的账号、隐私等重要信息。目前木马威胁之大已远超病毒，360 安全卫士运用"云安全"技术，能有效防止个人数据和隐私被木马窃取。360 安全卫士自身非常轻巧，同时还具备开机加速、垃圾清理等多种系统优化功能，可大大加快电脑运行速度，内含的 360软件管家还可帮助用户轻松下载、升级和强力卸载各种应用软件。

360 安全卫士系统软件中，还包括 360 杀毒、360 保险箱、360 浏览器等。

7.2.3　计算机犯罪

计算机犯罪是指一切借助计算机技术或利用暴力、非暴力手段攻击、破坏计算机及网络系统的不法行为。暴力事件如武力摧毁、拼杀打击等刑事犯罪；非暴力形式却多种多样，如数据欺诈、制造陷阱、使用逻辑炸弹、监听窃听、黑客攻击等。

计算机犯罪的主要目的或形式包括窃取财产、窃取机密信息和通过损坏软硬件使合法用户的操作受到阻碍等。其犯罪手段包括扩大授权、窃取、偷看、模拟、欺骗、制造计算机病毒等。许多病毒的制造者和施放者往往出于恶作剧，既显示自己的编程能力，又以破坏系统的运行取乐。

早在 1972 年，美国加州警方逮捕了一名学生，其罪行就是通过电话输入了美国最大计算机公司的计算机密码，窃取了价值 100 万美元的电子设备。后因与同伙分赃不均，被同谋告发而败露。具有讽刺意义的是，该学生出狱后，独资开了一家咨询公司，专为别的公司提供如何使计算机系统免遭袭击的技术咨询服务，生意很是红火。

计算机犯罪具有以下明显的特征：

(1)获益高，罪犯作案时间短。计算机犯罪只要千百万分之一秒就可以完成，速度快，获益高，远隔千山万水，作案即可瞬间完成，强烈的刺激诱发犯罪者的冒险行为。

(2)风险低，作案容易而不留痕迹。计算机犯罪不易被人发现和侦破。犯罪操作和正常操作难以区别，而受害单位由于种种原因不愿报案，使报案率不足 20%，而破案率往往不到 10%。

(3)罪犯使用的技术先进，形式复杂多样。犯罪分子为了达到目的往往不择手段，通过电子扫描、电子跟踪等先进技术，使用逻辑炸弹等非法手段。这些都是一般犯罪所不能办到的，因而被称为"白领犯罪"、"高科技犯罪"。

(4)内部人员和青少年犯罪日趋严重。内部工作人员由于熟悉业务情况、计算机技巧娴熟和身份合法等，具有许多便利条件掩护犯罪。青少年由于思维敏捷、法律意识淡薄又缺少社会阅历而犯罪。两者的犯罪比例都在逐年增加。

(5)犯罪区域广，犯罪机会多。计算机犯罪是一个世界问题。罪犯可以做到足不出户，一台调制解调器，一根电话线，一台计算机即可以完成跨国犯罪。凡是有计算机的地方都会发生计算机犯罪，特别是那些安全保密机制不严格、存取管理制度不健全的地方，对此绝对不能掉以轻心，国防和金融部门尤其特别需要注意。

(6)危害大。不仅损坏设备本身，而且会造成严重的社会影响。

7.2.4　数据库安全

数据库系统是由数据库和数据库管理系统(DBMS)所构成的。

数据库是一个通用化的综合性的数据集合，其中存放的信息有两类：一类是用户信息，另一类是计算机系统的各种功能信息。数据库采取集中存储、集中维护的方法存放数据，为多用户共享数据和系统的功能主体提供服务。

数据库管理系统是用户和数据库之间的接口，为用户和应用程序提供访问数据库的途径，在建立、运用和维护时对数据库进行统一的组织、管理、维护、恢复等控制。

数据库系统是一种应用软件，也一样需要安全保护。

7.2.4.1　数据库安全的重要性

数据库的安全之所以重要，主要有以下几方面的原因：

(1)数据库中存放着大量的数据并由许多用户所共享，而各个用户又有各种不同的职责和权限。

(2)在数据库中，由于数据的冗余度小，数据库一旦被更改，原来存储的数值就会被破坏。

(3)数据库的安全涉及应用软件的安全与数据的安全。

7.2.4.2　数据库面临的安全威胁

一个数据库系统的安全受到侵犯，主要是指未经授权的读、写、修改数据库中的数据，或者破坏这些存储在数据库中的信息。

对数据库安全的威胁按其内容可划分为以下 3 类：

(1)系统内部的。包括数据库、计算机系统、通信网络。

(2)人为的。可能来自授权者、操作者、系统程序员、应用程序员和终端用户。

(3)外部环境的。如水灾、火灾、雷电、地震等自然灾害，有意的袭击等。

7.2.4.3　数据库系统安全的主要特点

(1)数据库中信息众多，需要保护的客体也多，其安全管理要求都不尽相同。

(2)数据库中数据的生命周期要长一些，需要长期保护的数据的安全要求自然就更高。

(3)在地理上分布范围较广的开放型网络系统，用户多且分散、敌友杂混。集中的数据信息集的共享访问，使得原本就众多的威胁，变得更加复杂，是对数据库安全的严重挑战。

(4)数据库系统中受保护的客体可能具有复杂的逻辑结构，若干复杂的逻辑结构可能映射到同一物理数据客体上。

(5)不同的结构层，如内模式、概念模式和外模式，要求有不同的安全保护。

(6)数据库安全要涉及数据的语义、语法及数据的物理表示。要防止模糊、歧义而导致泄露的危害。

(7)数据库中有些数据是敏感数据，需要防范由非敏感数据推导出敏感数据的推理攻击。

从上述的特点来看，数据库的安全保护要求更复杂，其控制对象更多，要研究的内容十分广泛。

7.2.4.4 数据库安全性控制的一般方法

数据库的安全技术主要有三种：口令保护、数据加密、存取控制。

1. 数据加密技术

1)数据加密原理

所谓数据加密，就是按确定的加密变换方法(加密算法)对需要保护的数据(明文)进行处理，使其成为难以识别的数据(密文)。其逆过程，即由密文按对应的解密变换方法(解密算法)恢复出明文的过程，称为数据解密。

2)数据加密的两种体制

(1)单密钥体制。

(2)双密钥体制。

2. 数据加密技术的安全性

数据加密技术的安全性主要表现在：

(1)加密、解密算法的设计。

(2)密钥的管理。

数据加密技术的具体内容将在本书 7.3 节中详细叙述。

7.2.4.5 数据库的安全保护机制

为保护数据库的安全，必须有相应的保护机制的支持。首先，数据库管理系统需要在一个安全的操作系统上运行；其次，还应有可供运行的安全的数据库管理系统。

1. 安全的操作系统

操作系统中采用的安全控制方法主要有隔离控制和访问控制。

对于操作系统的安全来说，存储器的保护是一个最基本的要求。

显然，绝对保证安全的操作系统是不存在的。为了克服操作系统在安全方面的弱点，系统设计人员将安全性(可信性)作为系统的设计目标加以实现。这从某种程度上改变了系统的评价方法。那么，在评估一个操作系统或其他计算系统时应遵循什么样的安全准则呢?美国国防部国家计算机安全中心于 1985 年修改发表了“可信计算机安全评价标准(TCSEC)”，指导有关可信计算机系统的研制和促进其商品化工作。可信计算机系统最初就是一种安全操作系统。

2. 安全的数据库管理系统(DBMS)

安全的数据库管理系统实际上是对应用软件的安全要求。由于应用软件是直接面对用户的，其安全设计是目前信息系统安全中最重要却又最薄弱的部分，因此它的安全问题需要特别注意。

在应用软件的开发过程中，需要注意以下三个问题：

(1)在软件开发过程(任务设计、编程、调试)中控制程序中的不安全因素；

(2)在软件开发初始，即考虑安全设计，使得安全设计作为系统设计的一部分；

(3)应用软件的安全设计有其特殊性，除一般安全性外，要特别注意人机接口、人机交互界面的设计。

7.2.5　软件安全与软件质量管理

计算机信息系统安全的关键是计算机安全，而计算机安全的重要内容是软件安全。软件安全与软件质量管理密切相关。

自 20 世纪 60 年代以来，人们认定：设计一个大型而又不出错的软件系统似乎是不可能的，于是惊呼所谓的软件危机到来了。由此可见，软件质量是软件的生命，软件的质量直接影响软件的效用。

目前，软件工程所面临的两个最大问题，一个是软件的生产效率问题，另一个就是软件在系统可用性中所占的重要地位——也就是软件质量问题。

7.2.5.1　软件质量的定义

在现代质量管理中，质量被定义为用户的满意程度。为取得用户的满意，下列两个条件是必不可少的：

(1)设计规格要符合用户要求；

(2)程序要按设计规格所说明的情况正确运行。

把上述的(1)称为"设计质量"，而把(2)称为"程序质量"。

参照 ANSI / IEEE Std 729–1983(软件工程术语词汇标准)，软件质量定义为"与软件产品满足规定的和隐含的需求能力有关的特征和特性的全体"。

M．J．Fisher 将软件质量定义为"所有描述计算机软件优秀程度的特性的组合"。质量与人们对软件期望什么、规定什么或者测量什么无关，它仅依赖于软件的本质。

7.2.5.2　软件质量的主要特性指标

通常，软件质量可由以下 9 个主要特性定义：

(1)功能性；

(2)效率；

(3)可靠性；

(4)安全性；

(5)易使用性；

(6)可维护性；

(7)可扩充性；

(8)可移植性；

(9)重用性。

很明显，以上 9 点主要特性是抽象的。为了引进定量量纲，必须将这些面向用户的特性转化为与软件本身有关的内容，或者说转化成面向技术的特性，这种转化是通过对每个质量特性定义一组二级特性来完成的。从软件设计的观点出发，软件质量的特性应由下列二级质量特性所决定：

(1)可追踪性；

(2)完备性；

(3)一致性；

(4)精确性；

(5)简单性；

(6)可操作性；

(7)培训性；

(8)通信有效性等。

软件质量特性的实际价值就在于它体现了用户的观点。

7.2.5.3　软件生存期

从用户的角度看，软件的生存期可分为：

(1)初期运用；

(2)维护与扩充；

(3)移植和链接。

7.2.5.4　软件质量管理的基本概念

中国质量管理协会对质量管理的定义如下："企业全部职工及有关部门同心协力，综合运用管理技术、专业技术和科学方法，经济地开发、研制、生产和销售用户满意的产品的管理活动。"

软件质量管理是对软件这一特殊产品所进行的质量管理。目前，我国软件质量管理活动还有待于进一步加强。

软件的质量管理实际上是对生产人员的管理。

软件质量管理的内容有：①质量控制；②质量设计。

7.2.5.5　软件开发的标准与规范

软件系统的开发，是一项技术密集、资金密集的大型系统工程，它的开发和应用涉及的范围较广，周期较长，所以要进行标准化。同时，软件生产标准化是推动我国软件产业按系统工程规律健康发展的指南。另外，软件生产标准化是软件资源共享的前提、是提高软件质量的重要保证、是加速建立我国软件产业的强大动力。西方发达国家在 20世纪 70 年代初就意识到建立软件标准的重要性，制定了一系列软件工程标准，特别是美国军用标准代表性较强，应用广泛。

7.2.5.6　软件质量的综合评价

在软件开发的全过程进行质量控制，便于用户和开发人员对最终产品进行综合评价和验收，从而得到一个高质量的软件。这就要进行软件质量的综合评价。

软件质量特性是衡量所开发的软件产品满足用户要求程度的特性，所以软件质量是软件综合特性中最基本的特性，也是软件评价的主要内容。

我国软件工作者根据 ISO 几年来对软件质量的讨论趋势和 ISO／TC97／SC7／的最新建议稿，在参照了国外许多 SQM 模型之后，结合我国的实际情况综合构成了 SSC(Shanghai

Software Center)软件质量模型及其度量方法，从而形成了 SSC 软件质量评价体系。SSC 体系是一个从软件质量要素(factor)、评价准则(riteria)到度量(metric)的三层次模型。

在 SSC 模型中，采用了 6 个软件质量要素，6 个软件质量要素之间的关系见表 7-2。

表 7-2　软件质量要素之间的关系

项目	功能性	可靠性	易使用性	效率	可维护性	可移植性
功能性		↑			↑	
可靠性				↓		↑
易使用性				↓	↑	↑
效率		↓			↓	
可维护性		↑		↓		↓
可移植性		↓		↓		

注：↑为互利影响，↓为不利影响。

7.3　计算机网络安全

计算机系统安全技术包括物理安全技术和网络安全技术。其中，随着互联网的发展和多媒体技术的广泛应用，网络安全技术已成为一项技术热点。代表性的网络安全技术包括防火墙技术、Kerberos 技术、SSL / SHTTP 技术等。

随着计算机网络技术，特别是互联网的不断发展，全球信息化已成为人类发展的趋势；又由于网络具有的开放性和互连性等特征，使得网络极易受攻击。因而，保证网络安全非常重要，网络安全也就逐渐成为人们讨论的热点。

网络安全的主题，技术上包括数据加密、数字签名、防火墙、防反黑客和病毒等，另外就是网络管理和提高上网用户的素质及预防意识。

7.3.1　网络安全的定义

2000 年初，世界上曾掀起一股网络攻击恶潮，这股潮流首先产生在美国，当时美国各大商业网站相继遭黑客攻击，很快就波及世界其他国家和地区，致使世界各地许多著名网站陷于瘫痪，包括 Yahoo、Aol、亚马逊书店等国际知名大型网站。Yahoo 的服务器中断服务近两天之久，中国的网络也未能逃脱厄运，Sina(新浪)等站点也曾因受攻击而瘫痪过。

网络是当前信息的重要来源。长期以来，信息系统安全专家公认信息安全性的目标是维护信息的以下 4 个方面：

(1)保密性(Confidentiality)。使系统只向已被授权的用户提供信息，对于未被授权的用户，这些信息是不可获得或不可理解的。

(2)完整性(Integrity)。使系统只允许授权的用户修改信息，即信息在存储或传输过程中保持不被修改、不被破坏和丢失，以保证所提供给用户的信息是完整的。

(3)可用性(Availability)。使被授权的用户从系统中获得所需的信息资源服务。

(4)可审查性(Accountability)。系统内部所发生的、与安全有关的动作均有说明性记录可查。

由此可见，网络安全是一门涉及计算机科学、网络技术、密码技术、信息安全技术、应用数学、数论、信息论等多种学科的综合性科学。网络安全是指网络系统的硬件、软件及其系统中的数据受到保护，不因偶然的或恶意的原因而遭到破坏、更改和泄露，确保系统能连续可靠正常地运行，网络服务不中断。网络安全从本质上来讲就是网络上的信息安全。从广义上来说，计算机网络的安全性可定义为保障网络信息的保密性、完整性和网络服务的可用性及可审查性。前者要求网络保证其信息系统资源的完整性、准确性及有限的传播范围，后者则要求网络能向所有的合法用户有选择地随时提供各自应得的网络服务。

7.3.2　影响网络安全的主要因素

Internet 的安全威胁主要来自网络黑客、计算机病毒、特洛伊木马程序等方面。

7.3.2.1　网络黑客

网络黑客起源于 20 世纪 50 年代美国麻省理工学院的实验室，他们精力充沛，热衷于解决难题。20 世纪六七十年代，黑客用于指那些独立思考、奉公守法的计算机迷，从事黑客活动意味着对计算机最大潜力的自由探索。到了 20 世纪八九十年代，计算机越来越重要，大型数据库也越来越多，同时，信息越来越集中在少数人的手里。这样一场新时期的"圈地运动"，引起了黑客们的极大反感。黑客们认为，信息应共享而不应被少数人所垄断，于是他们将注意力转移到涉及各种机密的信息数据库上，这时"黑客"就变成了网络犯罪的代名词。

因此，黑客就是利用计算机技术、网络技术，非法侵入、干扰、破坏他人的计算机系统，或擅自操作、使用、窃取他人的计算机信息资源，是对电子信息交流和网络实体安全具有威胁性和危害性的人。黑客攻击网络的方法是不停地寻找因特网上的安全缺陷，以便乘虚而入。

从黑客的动机、目的和对社会造成危害程度来分，黑客可以分为技术挑战型黑客、戏趣型黑客和捣乱破坏型黑客三大类型。

在网络时代，黑客入侵事件屡屡发生。1996 年 8 月 17 日，黑客攻击美国司法部的网络服务器，将其主页改为"美国不公正部"，将司法部长照片换成阿道夫·希特勒，将司法部徽章换成纳粹党旗。同年 9 月 18 日，黑客又光顾美国中央情报局的网络服务器，将主页"中央情报局"，改为"中央愚蠢局"。黑客就是英文 hacker 的音译，hacker 源于 hack，是一个动词，意为劈砍，引申为"干了一件很漂亮的工作"。早期的麻省理工学院校园俚语里的"黑客"有"恶作剧"之意，尤指技术高明、手法巧妙的恶作剧，这里的"黑客"已经有褒贬两重意义了。

黑客就如他的字面意义一样，是网络时代一个有争议的概念。

有些黑客以某种罪恶的目的入侵计算机、网络，例如肆意破坏他人的数据，或者是任意篡改数据，窥探他人隐私，破坏他人系统等。这种黑客就是网上捣乱分子和网上犯罪分子，是人人喊打的过街老鼠！他们是当今信息技术革命方兴未艾的知识经济的反动力量！

　　黑客是网络攻击的实施者，往往是一些非法入侵者，甚至是暴力攻击者。黑客通过猜测程序破译截获的用户账号和口令，以便进入系统后进行进一步的操作；或利用服务器对外提供的某些服务进程的漏洞获取有用信息，深入系统；或者利用网络和系统本身存在的或由于设置错误引起的薄弱环节和安全漏洞实施电子引诱，以获取进一步的有用信息；或者通过系统应用程序的漏洞获得用户口令侵入系统；当然绕过防火墙进入系统更是他们的拿手好戏。政府、军事、邮电和金融网络是他们攻击的主要目标。

　　而人们普遍认为，真正的黑客是为了提高网络安全而去试图突破现有的网络安全设施的人。例如黑客软件 Crack Jack 从事实上否定了 UNIX 安全特性的升级，促进了计算机数学界对密码深入的研究。再如黑客们解密 Windows 9x 的开机密码，用事实指出加密算法性能不佳的缺陷。还有的黑客发现向 Windows NT 的 137 号端口不停地发送信息，则会导致 Windows NT 瘫痪。这样的黑客，要么悄悄地进入系统，要么让系统无法工作，其目的有一个：告诫你，你的系统需要加强安全管理或需要修正错误。我们给这样的黑客下一个定义：喜欢探索软件程序奥秘，从中得到进入系统的其他方法，即发现系统中有可利用的漏洞，并从中增长个人才干。这样的人不像普通计算机使用者那样只规规矩矩地了解别人指定了解的部分知识。

7.3.2.2　计算机病毒

　　计算机病毒的产生是计算机技术和以计算机为核心的社会信息化进程发展到一定阶段的必然产物。其产生的过程可分为程序设计—传播—潜伏—触发—运行—实行攻击。究其产生的原因不外乎为以下几种：

　　(1)一些计算机爱好者出于好奇或兴趣，也有的是为了满足自己的表现欲，故意编制出一些特殊的计算机程序，让别人的计算机出现一些动画或播放声音或提出问题让使用者回答，以显示自己的才干。而此种程序流传出去就演变成计算机病毒，此类病毒破坏性一般不大。

　　(2)产生于个别人的报复心理。如中国台湾的学生陈盈豪，就是出于此种情况。他以前购买了一些杀毒软件，可拿回家一用，并不如厂家所说的那么厉害，杀不了什么病毒。于是他就想亲自编写一个能避过各种杀毒软件的病毒，这样，CIH 就诞生了。此种病毒对计算机用户曾造成灾难。

　　(3)来源于软件加密。一些商业软件公司为了不让自己的软件被非法复制和使用，运用加密技术，编写一些特殊程序附在正版软件上，如遇到非法使用，则此类程序自动激活，于是又会产生一些新病毒，如巴基斯坦病毒。

　　(4)产生于游戏。编程人员在无聊时互相编制一些程序输入计算机，让程序去销毁对方的程序，如最早的"磁芯大战"。这样，另一种病毒也产生了。

　　(5)用于研究或实验而设计的"有用"程序，由于某种原因失去控制而扩散出来。

　　(6)由于政治、经济和军事等特殊目的，一些组织或个人也会编制一些程序用于进攻对方计算机，给对方造成灾难或直接性的经济损失。

　　计算机病毒自被发现以来，其种类呈几何数增长。目前，活体病毒已多达几万种，病毒机理和变种不断演变，为监测和消除带来了很大的难度，特别在网络上，病毒的破坏性尤为猖狂。

　　由于计算机病毒广泛的传染性、隐蔽性，以及侵害的主动性和病毒外形的不确定性，对网络信息的安全构成了极大危险，因此对计算机病毒的防治和研究是信息安全学的一个重要课题。

7.3.2.3　特洛伊木马程序

　　特洛伊木马(Trojan Horse)程序实际上是一种病毒程序。特洛伊木马程序的名称来源于古希腊的历史故事，其寓意为把有预谋的功能藏在公开的功能之中。例如，自己编写了一个程序，起名为 rlogin，其功能是首先将用户输入的口令保存起来，然后删除这个 rlogin 程序，再去调用真正的 rlogin，完成用户要求的功能。这便是一个特洛伊木马程序。用这种方法，当被攻击的用户使用 rlogin 这一命令后，攻击者便会得到这个用户的口令，以这个用户的身份登录另一主机。

7.3.3　威胁和攻击

　　网络信息安全的威胁多种多样，主要是自然因素和人为因素。自然因素是一些意外事故，例如服务器突然断电等；人为因素是指人为的入侵和破坏，危害性大，隐藏性强。人为的破坏主要来自于黑客，造成网络信息安全威胁的原因主要是网络黑客和计算机病毒。网络犯罪也是一个原因，网络犯罪已经成为犯罪学的一个重要部分。

7.3.4　网络安全技术

　　在当代，信息安全领域的网络安全主要涉及以下技术，下面进行简单介绍。

7.3.4.1　数据加密技术

　　数据加密技术即信息加密技术，是网络安全技术之一。

　　为了保证重要数据在网上传输时不被窃取和篡改，有必要对传输的数据进行加密，以保证数据传输的安全。

　　所谓数据加密，就是将被传输的数据转换成表面杂乱无章的数据，这些对于非法窃取者来说，是堆毫无意义的代码。只有合法用户才能正确接收并恢复数据的本来面目。

　　数据加密技术是利用数学或物理手段，对电子信息在传输过程中和存储体内进行保护，以防止技术泄露。保密通信、计算机密钥、防复制软盘等都属于信息加密技术。通信过程中主要是采用密码加密。在数字通信中可利用计算机采用加密法，改变负载信息的数码结构。计算机信息保护则以软件加密为主。目前世界上最流行的几种加密体制和加密算法有 RSA 算法和 CCEP 算法等。为了防止破密，加密软件还常采用硬件加密和加密软盘。数据加密技术是保障信息安全最基本、最重要的技术。它是用名目繁多的加密算法实现的。例如，世界上最早被公认的密码算法标准 DES，就是采用 56 比特长的密钥将 64 比特长的数据加密成等长的密文技术。在多数情况下，数据加密被认为是保证信息机密性的唯一方法。它的特点是用最小的代价获得最大的安全保护。

　　具体地说，没有加密的原始数据称为明文，加密以后的数据称为密文。把明文变换成密文的过程叫加密，把密文还原成明文的过程叫解密。加密解密都需要密钥和相应的算法。密钥一般是一串数字，加密解密算法是作者用于明文或密文，以及对应密钥的一个数学函数。我们举一个简单的例子加以说明：

设明文由自然顺序的字母 a、b、c、d、…、x、y、z 组成，如 bitch。设该明文使用的密钥为 ASCII 码+1，则 bitch 的密文为 cjudi，这对于没有掌握密钥的人，是一串无意义的字符。

这个例子属于对称密钥密码体系的一种对称加密方式，对称密钥密码还有置换加密、变位加密等；非对称密钥密码体系也称为公钥密码体系，这里就不多作介绍了。

加密算法有 DES(美国数据加密标准)、AES(高级加密标准)和 IDEA(欧洲数据加密标准)，等等。

7.3.4.2　数字签名技术

这里的"签名"即确认的意思，让别人能识别例如文件之类的真伪。

数字签名(Digital Signature)是指对网上传输的电子报文进行签名确认的一种方式。

签名主要起到认证、核准和生效的作用。在政治、军事、外交等活动中签署文件，商业上签订契约和合同，以及日常生活中从银行取款等事务的签字，传统上都采用手写签名或印鉴。随着信息技术的发展，人们希望通过数字通信网络进行迅速的、远距离的贸易合同的签名，数字或电子签名应运而生。

数字签名不同于传统的手写签名，手写签名把名字写在纸上即可，数字签名则是对网络通信中传送的报文进行确认，为此，数字签名必须满足以下三点：

(1)接收方能够核实发送方对报文的签名；

(2)发送方不能抵赖对报文的签名；

(3)接收方不能伪造对报文的签名。

设甲在网上发一个报文给乙，为满足以上文件保密的三点，甲乙双方要经过以下三个步骤：

(1)甲用其私钥加密报文后再发出，这就是签字过程。

(2)甲将加密的报文发送给乙。

(3)乙用甲的公钥解开甲的报文。

签字后的报文处于保护状态。只有甲才能对原报文使用甲的私钥进行加密，而且只有甲才知道自己的私钥。这里的签字实际就是一个加密过程。报文签字后是无法被篡改的，因为一旦改动加密后的报文，就再也无法被甲的公钥解开。

数字签名技术广泛应用于网上支付、电子银行、电子证券、电子邮件、电子订票、网上购物等系统中。

能够对明文添加数字签名，必须首先获得一个数字标识即数字证书。数字证书与物理证书一样，起到有效证明的作用。数字证书还具有安全、保密、防篡改的特性，可对网上传输的信息进行有效的保护。

数字证书相当于网上的身份证，它以数字签名的方式通过第三方权威认证中心即身份验证机构 CA(Certificate Authority)有效地进行网上身份认证。数字身份认证是基于国际公钥基础结构 PKI(Public Key Infrastructure)标准的网上身份认证系统，帮助网上各终端用户表明自身身份和识别对方身份。

数字证书一般包括用户的身份信息、公钥信息，以及 CA 的数字签名数据。

CA 的数字签名可以确保证书的真实性,用户公钥信息可以保证数字信息传输的完整性,用户的数字签名可以保证信息的不可否认性。

目前,国内有很多提供数字证书的 CA 中心,供用户申请使用。例如,CFCA——中国人民银行认证中心、CTCA——中国电信认证中心等。可以申请的证书一般有个人数字证书、单位数字证书、安全电子邮件证书、代码签名数字证书等。用户申请时要携带有关证件到当地证书受理点,或直接到证书发放机构即 CA 中心填写申请表,进行身份审核,交纳办理费用,然后就可以获得装有证书的相关介质,如软盘、IC 卡或 Key,以及一个写有密码口令的密码信封。用户到指定的网站登录,在该网站上下载证书私钥,然后就可以在网上操作使用数字证书了。

证书申领的详细情况,国际证书可浏览网站:http://www.Verisign.com,国内可浏览网站:http://www.ca365.com。

数字签名是一种信息认证技术。信息认证的目的有两个:一是验证信息的发送者是真正的发送者,还是冒充的;二是验证信息的完整性,即验证信息在传送或存储过程中是否被篡改、重放或延迟等。认证是防止敌人对系统进行主动攻击的一种重要技术。

数字签名是签署以电子形式存储的消息的一种方法,一则签名消息能在一个通信网络中传输。基于公钥密码体制和私钥密码体制都可以获得数字签名,特别是公钥密码体制的诞生为数字签名的研究和应用开辟了一条广阔的道路。

7.3.4.3 防火墙技术

防火墙(Firewall)是设置在被保护的内部网络和外部网络,如学校的校园网与 Internet 之间的软件和硬件设备的组合。防火墙控制网上通信、检测和限制跨越的数据流,尽可能地对外部网络屏蔽内部网络的结构、信息和运行情况,以防止发生不可预测的、潜在的破坏性入侵和攻击。这是一种行之有效的网络安全技术。

防火墙技术是当前使用最为广泛的网络安全技术之一。它是在被保护的网络和外部网络之间设置一组隔离设备,为地理上比较集中的网络提供抵御外部侵袭的能力。

防火墙通常是一个计算机运行软件。将局域网放置于防火墙之后,可以有效地阻止来自外界的攻击。例如在防火墙之下的一台 WWW 代理服务器,工作中它不是直接处理请求,而是首先验证请求者的身份、请求的目的和请求的内容。验证通过后,这个请求才会被批准送到真正的 WWW 服务器上。当真正的服务器处理完这个请求后,也不直接把结果发送给请求者,而是送交代理服务器,代理服务器会按照事先的规律检查这个结果是否违反安全策略,在验证通过后才把结果发送给请求者。

大部分防火墙软件加装防病毒软件可实现扫毒功能,个人计算机上有专门的病毒防火墙。根据防火墙的不同实现技术,可把防火墙分为包过滤防火墙、应用代理防火墙和状态检测防火墙等。

包过滤防火墙指在网络层对数据包进行分析、选择和过滤。选择的依据是系统内设置的访问控制表或规则表。这种表指定允许哪些类型的数据包流入或流出内部网络。包过滤防火墙可直接集成在路由器上,在进行路由选择的同时完成数据包的选择与过滤,也可以由一台单独的计算机完成数据包的过滤。

这种防火墙的优点是速度快、逻辑简单、成本低、易于安装和使用、网络性能和透明度好。缺点是配置困难，容易出现漏洞等。

其他类型的防火墙这里不再赘述。

防火墙在设计时的安全策略一般有两种方式：

一种是没有允许即禁止。这种过滤规则的安全性较高，但灵活性差，只有被明确允许的数据包才能跨越防火墙，其他数据包将会被丢弃。

另一种是没有被禁止的就是允许。这种安全策略允许所有没有被明确禁止的数据包通过防火墙，这样做当然灵活方便，但同时也存在很大的安全隐患。

实际应用要综合考虑以上两种策略，尽可能做到既安全又灵活。

实际上，防火墙技术还存在许多局限性。

(1)防火墙防外不防内。防火墙一般只能对外屏蔽内部网络的拓扑结构，封锁外部网络上的用户连接内部网络上的重要站点或某些端口，对内也可以屏蔽外部的一些危险站点，但防火墙很难解决内部网络人员的安全问题。内部网络管理人员如果蓄意破坏网络的物理设备，或将内部网络的重要数据复制，防火墙对此无能为力。而网上安全攻击事件，据统计有70%以上是来自网络内部人员的攻击。

(2)由于防火墙的管理和配置相当复杂，对防火墙管理人员的要求比较高，管理人员对系统的各个设备如路由器、代理服务器、网关等，都有相当深刻的了解是很困难的，因而管理上有所疏忽在所难免，容易造成安全漏洞。

要注意的是：防火墙是网络安全技术中非常重要的一个因素，但不等于装了防火墙就可以保证系统百分之百的安全，而从此高枕无忧。

7.3.4.4　网络控制技术

常用的网络控制技术包括防火墙技术、审计技术、访问控制技术和安全协议等。其中，大家所比较熟悉的防火墙技术是一种允许获得授权的外部人员访问网络，而又能够识别和抵制非授权者访问网络的安全技术。它起到指挥网上信息安全、合理、有序流动的作用。审计技术能自动记录网络中机器的使用时间、敏感操作和违纪操作等，它是对系统事故分析的主要依据之一。访问控制技术是能识别用户对其信息库有无访问的权利，并对不同的用户赋予不同的访问权利的一种技术。访问控制技术还可以使系统管理员跟踪用户在网络中的活动，及时发现并拒绝"黑客"的入侵。安全协议则是实现身份鉴别、密钥分配、数据加密等的安全机制。整个网络系统的安全强度实际上取决于所使用的安全协议的安全性。

7.3.4.5　身份识别技术

通信和数据系统的安全性常常取决于能否正确识别通信用户或终端的身份。身份识别技术使识别者能够向对方证明自己的真正身份，确保识别者的合法权益。

在传统方式下，自然人和法人的确立、申报、登记、注册，国家的户籍管理，身份证制度，单位机构的证件和图章等，都是社会责任制的体现和社会管理的需要。有了这些传统的识别信息，人们面对法律，才能进行行为的社会公证、审计和仲裁。

随着社会的信息化，不少学者试图采用电子化生物唯一识别信息，如指纹、掌纹、声纹等进行身份识别。但是，由于代价高，存储空间大，而且准确性较低，不适合计算机读取和判别，只能作为辅助措施应用。而使用密码技术，特别是公钥密码技术，能够设计出安全性高的识别协议。

身份识别的方式主要有两种：通行字方式和持证方式。

7.3.4.6　网络管理

网络安全包含各种安全技术，如防火墙隔离技术、加密技术等。现代计算机网络安全形成了安全结构、安全协议、信息分析、监控及信息安全系统 5 个方面的研究，是一个综合交叉的学科领域。

网络安全问题不是纯技术问题，必须要有全面的考虑和解决方案，尤其是管理方面。

(1)要加强对人们网络安全意识的教育。调查表明，由于职工携带病毒或粗心大意导致失误所造成的损失在每年的网络犯罪所造成的经济损失中占有相当大的比重，远远大于人为的蓄意破坏。

(2)因特网上不健康内容泛滥，诱导少儿犯罪的现象严重，网络安全应提高到关系国家安全、社会稳定、民族文化继承和发展的高度去认知。

(3)上网者的素质教育和道德品质提高也很重要，一些人上网冲浪专门寻找不良信息，因特网上诸如"世界末日"之类的暴力电子游戏等不良内容必须加以限制。

(4)各种垃圾邮件日益增多，大多为商品广告、不着边际的致富经，甚至充斥低级趣味，网络垃圾占用很多宝贵的网络资源，影响正常电子邮件的发送效率。由于垃圾邮件发送者经常盗用 ISP(网络服务提供商)地址，造成 ISP 无端收到大量来信，严重时会造成系统瘫痪。

(5)网络管理漏洞太多，致使入侵者利用漏洞发起进攻、破坏安全，Yahoo 等重要网站就因网络管理漏洞而遭黑客袭击。一定要整顿互联网管理，堵塞漏洞。

(6)建立良好的网络秩序还要有相应的法律，也许这是更加有效的一种方法。例如网上发行权、网上交易合同法、网上个人隐私权，等等，都与传统的法律条文不相适应，都要追加或补充修改。

总之，人们应采用各种方法，通过各种措施减小网络风险，以保证网络的正常运行。

7.3.4.7　网络安全的常规防护措施

网络安全的常规防护措施包括备份、预防引导病毒等措施。

备份是避免损失的有效途径。在发生数据失效时，系统无法使用，但由于保存了一套备份数据，利用恢复措施就能很快将损坏的数据重新建立起来。

预防引导病毒可采取如下措施：尽量用本系统硬盘或专用启动软盘启动系统；尽量多用无盘工作站，不用或少用有盘工作站。

7.3.4.8　计算机网络的安全使用

对于计算机网络系统，应采取下列措施：

(1)安装网络服务器时，应保证没有计算机病毒存在，即安装环境和网络操作系统本身没有感染计算机病毒。

(2)在安装网络服务器时，应将文件系统划分成多个文件卷系统，至少划分成操作系统卷、共享的应用程序卷和各个网络用户可以独占的用户数据卷。这种划分十分有利于维护网络服务器的安全稳定运行和用户数据的安全，并且这种划分十分有利于系统管理员设置网络安全存取权限，保证网络系统不受计算机病毒感染和破坏。

如果系统卷受到某种损伤，导致服务器瘫痪，那么通过重装系统卷，恢复网络操作系统，就可以使服务器马上投入运行。而装在共享的应用程序卷和用户卷内的程序、数据文件不会受到任何损伤。如果用户卷内由于计算机病毒或使用上的原因导致存储空间拥塞，系统卷是不受影响的，不会导致网络系统运行失常。

(3)一定要用硬盘启动网络服务器，否则在受到引导型计算机病毒感染和破坏后，遭受损失的将不是一个人的机器，而会影响到整个网络的中枢。

(4)为各个卷分配不同的用户权限。对一般用户将操作系统卷设置成为只读权限，屏蔽其他网络用户对系统卷除读和执行以外的所有其他操作，如修改、改名、删除、创建文件和写文件等操作权限。对一般用户，应用程序卷也应设置成只读权限，不经授权、不经计算机病毒检测，就不允许在共享的应用程序卷中安装程序。保证除系统管理员外，其他网络用户不可能将计算机病毒感染到系统中，使网络用户总有一个安全的联网工作环境。

(5)在网络服务器上必须安装真正有效的防杀计算机病毒软件，并经常进行升级。必要时还可以在网关、路由器上安装计算机病毒防火墙产品，从网络出入口保护整个网络不受计算机病毒的侵害。在网络工作站上采取必要的防杀计算机病毒措施，可使用户不必担心来自网络内和网络工作站本身的计算机病毒侵害。

网络信息安全十分重要，但是绝对安全也是不可能的。因此，网络的安全技术要根据网络需要达到的安全程度，按照实际需要和所具备的条件，研究采取适当的安全技术措施和采用好的安全机制。

7.4　电子商务安全

目前，上万的电子商务系统已在全球运行，它覆盖了金融、电信、政府、交通、旅游、媒体、工商等各个行业。中国代表性的电子商务示范工程"中国商务交易网"、"上海书城——Visoset 网上书店"等也成功地投入运行。

7.4.1　网络平台

电子商务已有近 20 年的历史，只是目前进入了它的高级阶段。它不仅仅局限于在线交易和服务，还影响到整个过程，包括企业内部商业活动，例如生产、管理、财务等，以及企业间的商业活动，把企业、客户、合作伙伴在 Internet、Intranet 和 Extranet 上利用这个完善的网络平台与现有系统结合起来，进行商务活动。

在 Internet 上进行电子商务有以下主要优点：

(1)突破了空间的约束；

(2)突破了时间的约束；

(3)将传统的商品"间接"流通机制转变为商品"直接"流通机制；

(4)电子商务不同于传统的超市和百货公司，它不需要气派的门面、华丽的装饰、大量的营业员，以及琳琅满目的各种实实在在的商品，大大地减小了资金的压力。

7.4.2　安全要求与安全技术

7.4.2.1　电子商务对安全的要求

电子商务在经历了 E–Commerce 的阶段后，发展到如今的 E–Business，从早期利用 EDI 等方式的企业到企业(Business To Business)的电子交易模式向如今的利用 Internet 方式的企业到客户(Business To Customer')的商务模式。

电子商务对安全有以下几个方面的要求。

1. 可控制性

EC 以电子形式取代了纸张，如何保证这种电子形式的贸易信息的有效性是开展 EC 的前提。要对各种潜在的错误、漏洞、病毒和威胁进行控制和预防，以保证贸易数据在确定的时刻、确定的地点是有效的。

2. 保密性

EC 的信息直接代表着个人、企业或国家的商业机密。EC 建立在开放的网络环境上，维护商业机密是 EC 全面推广的重要保障。

3. 抗攻击性

EC 简化了贸易过程，减少了人为干预，同时也带来了维护贸易各方商业信息的完整、统一的问题。数据传输过程中的信息丢失、信息重复、信息传输的次序差异也会导致贸易各方信息的不同，从而造成贸易失败。

4. 不可抵赖性 / 鉴别性

主要表现在"白纸黑字"的功能在无纸化的 EC 方式下的实现。

5. 审查能力

根据机密性和完整性的要求，应对数据审查的结果进行记录。

7.4.2.2　电子商务的安全技术

电子商务主要采用数据加密和身份认证技术。

7.5　信息时代的安全与行为规范

高新科技特别是计算机技术的发展，使人类进入了信息时代。

在信息时代，人们生活在数字化的环境里。随着信息技术的快速发展，信息量日益增多，这给我们的生活、工作和学习带来了很多好处，可与此同时，也带来了很多不可避免的负面影响。例如：垃圾邮件不时的骚扰；病毒入侵计算机，导致无法正常工作；信息法律意识不强，导致知识产权得不到保障……这些事情随时都在我们身边发生，使我们无法正常的工作、生活和学习。根据哲学的观点，信息技术为人们带来好处的同时，必然隐藏了它的缺陷，不可能存在一种事物全是好的，而没有坏的一面。我们只能正确对待这些缺陷，并积极处理、解决这些事物的不足。我们不会因为造纸污染水资源，而停止纸的使用与制造；同样，也不会因为信息时代信息技术的迅速发展，带来了很多负面影响，而退回非信息时代。我们需要树立正确的信息安全意识，掌握信息安全技术，具备良好的信息安全法律常识，时刻保护我们的数据不被破坏、更改和泄露。同时，不违法地使用他人信息，这样我们将在信息的大海里自由翱翔，而不受阻碍。

因此，信息时代的安全尤为重要。

7.5.1　概念

今天是信息时代吗?是的，因为今天计算机应用于社会生活的各个方面——计算机已经是无处不在了。

有人为这种社会进步感到鼓舞，有人则感到忧心——社会差异!

信息时代创造了奇迹，现在的问题是：你需要创造什么样的奇迹? 有好的，亦有坏的。我们不知道还会有什么样的问题出现。

社会学家们对信息时代的描述中，大多数给出的是光明灿烂的前景：

白领的人数将超过产业工人和农民，越来越多的人依靠文字、数字谋生或者称为发展依靠计算机和网络，创意也成为一种职业。创办一个网站就可以卖东西，软件是一个没有物质形态的商品。桌面机器代替笔和纸，等等。

光明灿烂的前景后面，还有一些令人烦恼的问题。

7.5.1.1　信息安全的概念

信息安全(Information Security)是指信息网络的硬件、软件及其系统中的数据受到保护，不因偶然的或者恶意的原因而遭到破坏、更改、泄露，系统连续、可靠、正常地运行，信息服务不中断。它涉及信息的保密性、完整性、可用性和可控性。保密性就是对抗对手的被动攻击，保证信息不泄露给未经授权的人。完整性就是对抗对手的主动攻击，防止信息被未经授权的用户篡改。可用性就是保证信息及信息系统确实可以为授权使用者所用。可控性就是对信息及信息系统实施安全监控。

对纯粹数据信息的安全保护，以数据库信息的保护最为典型。而对各种功能文件的保护，终端安全十分重要。终端安全主要解决微机信息的安全保护问题，一般的安全功能如下：

(1)基于口令和密码算法的身份验证，防止非法使用机器；

(2)自主和强制存取控制，防止非法访问文件；

(3)多级权限管理，防止越权操作；

(4)存储设备安全管理，防止非法软盘复制和硬盘启动；

(5)数据和程序代码加密存储，防止信息被窃；

(6)预防病毒和黑客，防止病毒和黑客侵袭；

(7)严格的审计跟踪，便于追查责任事故。

7.5.1.2　信息安全的特征

(1)完整性和精确性：指信息在存储或传输过程中保持不被改变、不被破坏和不丢失的特性。

(2)可用性：指信息可被合法用户访问并按要求的特性使用。

(3)保密性：指信息不泄露给非授权的个人、实体和过程或供其使用的特性。

(4)可控性：指具有对信息的传输及存储的控制能力。

7.5.2　社会问题

信息时代会引起下面的一些社会问题。

7.5.2.1　对个人隐私的威胁

隐私权是指公民享有的个人生活不被干扰的权利和个人资料的支配控制权。在信息网络时代，个人隐私权侵犯有 6 种情形：侵害个人通信内容、收集他人私人资料赚钱、散播侵害隐私权的软件、侵入他人系统以获取资料、不当泄露他人资料、在网上发布有害他人的信息。

7.5.2.2　计算机安全与计算机犯罪

因计算机技术和知识起了基本作用而产生的非法行为就是计算机犯罪。在自动数据处理过程中，任何非法的违反职业道德的未经批准的行为都是计算机犯罪。

我国刑法认定的几类计算机犯罪包括以下几种：

(1)违反国家规定，侵入国家事务、国防建设、尖端科学技术领域的计算机信息系统的行为；

(2)违反国家规定，对计算机信息系统功能进行删除、修改、增加、干扰，致使计算机信息系统不能正常运行；

(3)违反国家规定，对计算机信息系统中存储处理或者传输的数据和应用程序进行删除、修改、增加操作；

(4)故意制作和传播计算机病毒等破坏性程序，影响计算机系统正常运行。

7.5.2.3　知识产权(Intellectual Property)和知识产权的保护

知识产权是指由个人或组织创造的无形资产，依法享有专有的权利。

知识产权要有相应的保护措施。软件盗版——软件的非法复制，就破坏了版权的合理性和合法性。

而自由软件可使使用者自由地运用、复制、分发、学习，甚至改变、改善该软件。另外还有共享软件。

我国有关知识产权的法规主要有：

七届人大常委会 1990 年 9 月 7 日通过，1991 年 6 月 1 日施行的《中华人民共和国著作权法》；

1991 年 10 月 11 日实施的《计算机软件保护条例》；

1994 年 7 月 5 日实施的《全国人民代表大会常务委员会关于惩治著作权的犯罪的决定》；

1997 年 10 月 10 日实施的新的《刑法》中，特别增加了一些利用计算机犯罪的有关条款。

7.5.2.4　依赖复杂技术带来的社会不安全因素

构成当今信息社会的三大技术支柱是计算、通信和数据存储。近 50 年来，这 3 项技术有了突飞猛进的发展。美国与因特网连接的主机已超过 1.5 亿台，分析能力也相应地大为提高。在如此广泛和深入的连接状态下，通过网络传输文字、金钱等信息简直就是点指之劳。随之而来的是对国家安全的威胁也呈现出分散化、网络化和动态的特点。

7.5.2.5 "信息高速公路"带来的问题

"信息高速公路"计划的实施，使信息由封闭式变成社会共享式。在人们方便地共享资源的同时，也带来了信息安全的隐患。因此，既要在宏观上采取有效的信息管理措施，又要在微观上解决信息安全及保密的技术问题。

7.5.2.6 计算机犯罪已构成对信息安全的直接危害

计算机犯罪已成为国际化问题，对社会造成严重危害。计算机犯罪主要表现形式有如下几方面：

(1)非法入侵信息系统，窃取重要商贸机密；

(2)蓄意攻击信息系统，如传播病毒或破坏数据；

(3)非法复制、出版及传播非法作品；

(4)非法访问信息系统，占用系统资源或非法修改数据等。

7.5.3 道德问题

目前，世界各国已对计算机犯罪引起高度重视，社会各界不仅希望通过高新信息技术防范这些行为，同时也更希望用社会道德规范约束人们的信息行为。对不道德信息行为已基本形成普遍共识。

实际上，信息时代的计算机人员每天都面对道德问题，超过了道德约束的范畴，就需要通过法律解决问题。

在计算机联合会(ACM)的伦理和专业行为准则中规定了避免危害别人，尊重财产权利(包括知识产权)，尊重隐私的一般道德准则(ACM1993)。

对这些道德准则的进一步表述为 ACM 的专业人员在从事他们的工作时，应考虑到公众的健康、隐私和一般原则，并且在发现任何对公众不利的结果时，向其雇主阐述他们的专业观点。

以下是公众普遍认为的不道德的网络行为：

(1)故意造成网络交通混乱，不经允许而进入他人网络系统；

(2)商业性或欺骗性地利用公有计算机资源；

(3)偷窃资料、设备或智力成果；

(4)未经许可而接近他人文件；

(5)在公共场合做出引起混乱或造成破坏的行为；

(6)伪造电子邮件或电子信息，并发布在网上。

美国计算机伦理协会为计算机伦理学制定了十条戒律：

(1)不应用计算机去伤害他人；

(2)不应干扰别人的计算机工作；

(3)不应窥探别人的文件；

(4)不应用计算机作伪证；

(5)不应用计算机进行偷盗；

(6)不应使用或复制没有付钱的软件；

(7)不应未经许可而使用别人的计算机资源；

(8)不应盗用别人的智力成果；

(9)应该考虑你所编的程序的社会后果；

(10)应该以深思熟虑和慎重的方式使用计算机。

我国政府在针对网络带给青少年负面影响的情况下，制定了《中共中央、国务院关于进一步加强和改进未成年人思想道德建设的若干意见》。

计算机专业人员的道德标准不可忽视，因为他们有极大的机会既可从事善举也可从事恶举。他们有专业知识，有更多的机会接触单位、部门的计算机信息系统的核心问题。

7.5.4　计算机的正确使用

计算机毕竟是一种电子机器，不过它非常精密。不正确地使用它，也会造成不安全问题。

7.5.4.1　正确开关计算机

在我国，计算机的引用电源是 220 V 交流电，由于组成当代计算机的部件都是大规模、超大规模集成电路，或者超大规模集成一代、超大规模集成二代等。在电子工艺上，缩微技术卓有成效。鉴于此，计算机内部使用的是弱电，直流 3 V 和 3 V 以下甚至更低，使用 220 V 交流电作为计算机的引进电源不过是提供使用方便。因为这样的电源随处可见，随时可以连接。像日本、美国也有使用 110 V 电源作计算机引入电源的。

由于开关机瞬间会有较大的冲击电流，而我们保护的对象是主机，所以要求开机时先开外设电源如打印机显示器等，然后开主机。关机时则相反：先关掉主机，再关外设，避免加大主机受外设电源的冲击次数。

关机要求正常关机，而不要非正常关机，即是说关机之前要退出所有运行程序，如果在 DOS 操作系统下，最好使用 "CD\" 命令把控制退到根目录关机；在 Windows 下则一定要按关机步骤关机，而不要任意时刻随机切断电源。这样做是为了保护软件系统不受破坏。一旦非正常关机，可能会造成软件的破坏，造成下次启动的不成功或带来麻烦。在 Windows 下，如果非正常关机，下次启动最少要占一定的时间扫描硬盘，恢复系统。在启动未完成前，正在读硬盘，这时不应切断电源关机，那样可能会划伤高速旋转的硬盘。实际上在硬盘读写时都不应切断电源关机，否则就有可能造成硬盘破坏。软盘也是这样，读写灯亮时强行抽出软盘会划坏软盘，还有可能毁坏贵重的磁头。

7.5.4.2　及时关闭计算机

大多数用户都愿意让计算机开机候用，而不会考虑耗电量与计算机使用寿命方面的问题。据计算，一般情况下，一台 PC 耗电量相当于 2～3 盏 100 W 的家用灯泡，一台 17 英寸的彩色显示器的耗电量则会增加一半，而一台没有节能装置的激光打印机的耗电量相当于 5 盏超过 100 W 的高能灯泡。

目前，最有效降低计算机能耗的方法是不用计算机时关机。美国电子产品市场信息公司进行的研究表明，每隔 15 分钟开关一次计算机，实际上将延长计算机的使用寿命。但这种研究的实际使用并未推出，人们尚未承认这种方法，大家还是认为尽量地减少开关电源的冷启动次数，而在必要时尽量用热启动即键启动代替，可以减少开关电流对部件的冲击。

7.5.4.3　适宜的使用环境

计算机应该有单独的电源，而不能与某些高能电器如大功率电扇、饮水器、电饭煲等电器通用电源，那样会影响供给计算机电压的稳定性。最好是配上稳压器和后备电源(不间断电源)。

要注意经常备份重要信息和数据，以防遇上突发事故时损失惨重。

机器出现故障时，没有维修能力的用户不要随意开机箱拔插件，应请专门维修人员或与维修部门联系。

计算机工作人员应有良好的计算机安全素质，树立基本的职业道德和责任心理。不要随意进入不属于自己的工作范围的系统，"不知者无罪"在计算机行业和计算机工作人员身上不适用，无知会造成极大的危害。

计算机工作人员长时间在计算机屏幕前工作，身体受 X 射线辐射而受损，眼睛由于过度疲劳而使视力低下，身体各部位由于长期处于同一姿态而关节僵硬、肌肉痉挛，紧张的思维会引起大脑亢奋，造成失眠与神经衰弱。这些都要求我们尽量加强防范，同时重视和加强职业保护工作，在考虑机器的环境要求时，重要的还要考虑计算机工作人员的环境要求。计算机工作人员心理不平衡时，实施报复的可能性存在，这会造成很严重的后果。应尽量给他们创造一个公平的工作环境。

称职的计算机安全行家和专业人员有条件成为破坏计算机系统的黑手，这之间仅差在"品质"二字上，而品质是不能定量检测的指标。

充分认识计算机与环境保护的关系，寻求在不牺牲人类生存环境的前提下，创造、使用和发展计算机。

7.5.4.4　绿色计算机

绿色计算机是指具备环保功能的计算机，在设计、生产、销售、使用、回收等整个过程中都必须符合环保要求。

绿色计算机的优点：省电节能，无污染，可再生，符合人体工程学原理。

实际上我们在使用计算机时，计算机与人类的健康密切相关。不注意计算机的环保功能，将会出现肢体重复性劳损(Repetitive Stress Injury，RSI)、计算机视觉综合征(Computer Visual Syndrome，CVS)等。

7.5.5　信息安全工程

计算机信息系统同别的系统一样，从理论上讲，没有绝对的安全系统，但我们必须尽力提高系统的防范能力，以达到最大的安全。

有一种安全理论认为，如果使计算机入侵者的入侵代价比他所得到的代价来得高，那么，入侵者就无利可图，从而可以大大减少入侵者。这种说法在当今可能不全面，因为计算机破坏者大大存在损人而不利己的情况。

自 1946 年第一台计算机 ENIAC 诞生以来，计算机技术在不断地发展和进步，从各个方面服务于人类社会。1956 年提出人工智能概念，60 年代中期实现了实用数据库系统，70 年代普及微型计算机，80 年代后期出现计算机网络。而另一个进程是：从 1946 年 ENIAC 诞生，12 年之后的 1958 年，美国发生了首例计算机犯罪；37 年后的 1983 年，出现了首例计算机病毒；接着的 4 年之后的 1987 年，全球性病毒流行；后来，随着计算机网络的使用，黑客行为、非法入侵、欺诈拐骗等恶意行为都接踵而来。

这就是说，计算机安全问题与计算机共存。爱因斯坦在晚年曾对他在二战期间提请罗斯福制造原子弹而后悔不已，他对访问他的记者说："是的，我按了(放原子弹的)按钮……"这位科学巨匠因原子武器给人类带来灾难和威胁而不安与痛苦，但就科学的发明与发现来说，并不因为潜在威胁而停止探索。核能的出现使人类面临着足够毁灭地球几千遍的核威胁，生物工程的研究带来伦理道德问题，计算机存在犯罪但决不会停止计算机科学研究。

信息安全工程也称计算机安全工程或安全工程。其核心是安全协议的研究。

信息安全工程的本质在于了解系统的潜在威胁，然后选择适当的措施控制这些威胁因素。

计算机安全工程中的重要基础是口令。

安全工程中，计算机和网络安全所依赖的技术基础主要是密码学、可靠性技术、安全印刷和认证、审计等。

在信息时代，信息技术快速发展而带来方便的同时，也带来了很多负面作用。为此，如何面对新形势下的新任务，我们在本章提出了几点常用的解决措施。即是说，人们首先应具有信息安全意识，明确什么是信息安全，以及对当前所遇到的问题，如病毒、版权纠纷等，采取积极有效的策略，如应掌握良好的信息安全技术，了解病毒的产生、特征、类型及传播途径等，这样才能有的放矢地防范各种病毒；同时，应具有良好的法律意识，合理合法地使用他人信息和保护个人知识产权。

习题 7

(1)信息系统安全主要包括哪些方面？

(2)ISO(国际标准化组织)对计算机安全的定义是什么？

(3)计算机安全的内容包括哪些？

(4)试述计算机的不安全性。

(5)计算机系统面临的威胁主要有哪些？

(6)什么是计算机病毒？有哪些特点？

(7)计算机病毒主要有哪些类型？

(8)什么是计算机犯罪？

(9)请使用瑞星杀毒软件或其他杀毒工具对计算机具体查毒杀毒，熟悉杀毒软件的使用疗法。

(10)什么是网络安全？

(11)网络安全包括哪些内容？

(12)数据加密主要有哪些方式？

(13)数字签名必须满足哪些条件？

(14)防火墙的主要功能是什么？

(15)正确使用计算机应注意哪些方面？

第 8 章　计算机多媒体应用

随着计算机技术的日益普及，多媒体已被人们广泛接受，特别是多媒体技术的应用，已成为我们工作、学习和生活不可缺少的一部分。

本章主要介绍多媒体技术有关的基本概念，常用的媒体类型和基本应用，通过学习使读者掌握多媒体技术的基本内涵和实际应用。

8.1　多媒体技术概述

8.1.1　媒体的分类

媒体作为信息表示和传输的载体，其概念范围相当广泛，按照国际电话电报咨询委员会(CCITT)的定义，媒体可作以下归类。

8.1.1.1　感觉媒体

感觉媒体即直接作用于人的感觉器官，使人产生直接感觉(视、听、嗅、味、触觉)的媒体，如因其视觉反应的图像，因其听觉反应的声音等。

8.1.1.2　表示媒体

为了传送感觉媒体而人为研究出来的媒体。借助这一媒体可以更加有效地存储感觉媒体，或者是将感觉媒体从一个地方传送到远处另外一个地方，这种媒体称为表示媒体，如语言编码、电报码、条形码、静止和活动图像编码以及文本编码等。

8.1.1.3　表现媒体

表现媒体是进行信息输入和输出的媒体，如键盘、鼠标、扫描仪、话筒、摄像机等输入媒体，显示器、打印机、喇叭等输出媒体。

8.1.1.4　存储媒体

存储媒体是指用于存储表示媒体，也即存放感觉媒体数字化后的代码的媒体，例如硬盘、软盘、光盘、可移动硬盘等。简而言之，是指存放某种媒体的载体。

8.1.1.5　传输媒体

传输媒体是传输信号的物理载体，例如同轴电缆、光纤、双绞线以及电磁波等。

人们常说的媒体包含两种含义：一是指存储信息的实体，如磁盘、光盘、磁带、半导体存储器等，即 CCITT 定义中的存储媒体；二是指传递信息的载体，例如数字、文字、声音、图形等，即 CCITT 定义中的表示媒体。目前，主要的载体有 CD–ROM、VCD、DVD、网页等。

8.1.2　多媒体技术

"多媒体"一词译自英文"Multimedia"，该词是由 Multiple 和 media 复合而成的，所以在狭义上可以理解为多种媒体的综合。在计算机领域中，"多媒体"常常被当做"多媒体技术"的同义词，然而这里的多媒体不能简单地理解为各种信息媒体的复合，它是一种把文本、图形、图像、动画和声音等形式的信息结合在一起，并通过计算机进行综合处理和控制，使多种媒体信息建立逻辑连接，能支持完成一系列交互式操作的信息技术。多媒体技术所处理的文字、声音、图像、图形等媒体是一个有机的整体，而非单个分离的信息类型的简单堆积，多种媒体间无论在时间上还是在空间上都存在着的联系。因此，多媒体技术的关键特性如下。

8.1.2.1　多样性

多样性是指可综合处理和利用多媒体信息，实质上，多媒体是将不同形式的媒体集成到一个数字化环境中而实现的一种信息综合媒体，包括文本、图形、图像、动画、音频和视频等。如在计算机上播放电影，就实现了声音、图像、动画等多种媒体的综合。

8.1.2.2　集成性

包括两方面含义：一是指多媒体信息的集成，即文本、图像、动画、声音、视频等的集成；二是指操作这些媒体信息的设备和软件的集成。对于前者而言，各种信息媒体按照一定的数据模型和组织结构集成，在多任务系统下能够很好地协同工作，组合成为一个完整的多媒体信息，有较好的同步关系。后者强调了与多媒体相关的各种硬件和软件的集成，为多媒体系统的开发和实现建立一个理想的集成环境，提高了多媒体软件的生产力。

8.1.2.3　实时性

实时性是指在人的感官系统允许的情况下进行的多媒体的处理和交互。当人们给出操作命令时，相应的媒体能够得到实时控制。各种媒体有机组合，在时空上紧密联系，同步、协调而成为一个整体。例如声音及活动图像是实时的，多媒体系统提供同步和实时处理的能力，这样在人的感官系统允许的情况下进行多媒体交互，就好像面对面一样，图像和声音都是连续的。实时多媒体分布系统是把计算机的交互性、通信的分布性和电视的真实性有机地结合在一起。

8.1.2.4　交互性

交互性是指在多媒体信息传播过程中可实现人对信息的主动选择、使用、加工和控制，不再像传统信息交流媒体那样单向地、被动地传播信息。交互性是多媒体技术有别于传统信息媒体的主要特性。多媒体技术的交互性为用户选择和获取信息提供了灵活的手段和方式。如传统电视系统的媒体信息是单向流通的，电视台播放什么内容，用户就只能接收什么内容；而交互电视的出现大大增加了用户的主动性，用户不仅可以坐在家里通过遥控器、机顶盒和屏幕上的菜单来收看自己点播的节目，且还能利用它来购物、学习、经商和享受各种信息服务，进一步引导我们走向"足不出户可做天下事"的更为理想的境界。

8.1.3　多媒体技术的未来发展方向

随着计算机技术的不断发展、低成本高速处理器芯片的应用、高效的多媒体数据压缩与解压缩产品的问世、高质量多媒体数据输入与输出产品的推出，多媒体计算机技术必将进入一个崭新的发展阶段。目前，多媒体技术已进入了高速发展阶段，并将逐步走进千家万户。从现阶段的发展来看，多媒体技术的研究和应用主要体现在以下两个方面：

(1)家庭教育和个人娱乐是目前多媒体技术发展的主流。代表性产品之一是功能强大的游戏机，集文字、声音、图像于一体；另一种产品是交互式电视系统，用户可以按自己的需求选择电视节目。

(2)多媒体通信和分布式多媒体系统是多媒体技术今后发展的方向。目前，多媒体技术应用正从基于 CD-ROM 的单机系统向以网络为中心的多媒体应用过渡。随着高速网络成本的下降、多媒体通信关键技术的突破，在多媒体通信网上提供的多种媒体服务业务会对信息社会带来重大的影响。同时，多台异地互联的多媒体计算机协同工作，可更好地实现信息共享，提高了工作效率，这种环境代表了多媒体应用的发展趋势。从长远发展的观点来看，进一步提高多媒体计算机系统的智能性是不变的主题。发展智能多媒体技术包括各个方面，如文字的识别和输入、汉语语音识别和输入、自然语言的理解和机器翻译、知识工程和人工智能等，这些方面的任何一点新的突破都可能对多媒体技术的发展产生很大的影响。

8.2　多媒体计算机系统

多媒体个人计算机(Multimedia Personal Computer)，一般是指能够综合处理文本、图形、图像、声音、音频和视频等多种媒体信息的计算机。传统的 PC 机处理的信息仅限于文字和数字，人机交互只通过键盘和显示器，多媒体个人计算机是对常规 PC 机性能的升级。完整的多媒体计算机系统由多媒体个人计算机硬件和多媒体个人计算机软件组成。

8.2.1　多媒体个人计算机硬件

多媒体个人计算机硬件结构与 PC 机并无太大区别，可看做是 PC 机上进行了硬件的扩充，除常规的 PC 机的主机、硬盘驱动器、显示器、打印机等硬件外，还有音频信息处理硬件、视频处理硬件及光盘驱动器等。目前用户所购买的个人电脑绝大多数都具有了多媒体应用功能。

8.2.1.1　光盘驱动器

光盘驱动器可分为只读光盘驱动器(CD-ROM)、可读写光盘驱动器(CD-R、CD-RW)、DVD-ROM、DVD-R、DVD-RW 盘片。DVD 的存储量双面可达 17GB，是对 VCD 产品升级换代的理想产品。

8.2.1.2　音频卡

音频卡又称声卡，音频卡具有模/数转换和数/模转换功能，可以合成音乐、混合多种声源，还可以外接 MIDI 电子音乐设备。

8.2.1.3　视频卡

视频卡是通过插入主板扩展槽中与主机相连的。卡上的输入输出接口可以与模拟摄像机、录像机、影碟机以及电视机等设备相连。视频卡采集来自输入设备的模拟视频信号，转换成计算机可辨别的数字信号，存储在计算机中，成为可编辑处理的视频数据文件。

8.2.1.4　交互控制接口

交互控制接口是用来连接触摸屏、鼠标、光笔等人机交互设备的，这些设备将大大方便用户对多媒体个人计算机的使用。

8.2.2　多媒体个人计算机软件系统

多媒体软件系统包括多媒体操作系统、多媒体创作工具、多媒体素材编辑软件、多媒体应用软件。

8.2.2.1　多媒体操作系统

软件运行于操作系统平台上，而具有多媒体设备、数据的管理和控制功能的操作系统是多媒体系统的核心。它能实现多媒体环境下多任务调度，保证音频、视频同步控制及信息处理的实时性，提供多媒体信息的各种基本操作和管理，具有对设备的相对独立性和可操作性。操作系统还具有独立于硬件设备的功能和较强的可扩展性。

现在常用的 Windows、Mac OS X、Linux 操作系统都是多媒体操作系统。

8.2.2.2　多媒体创作工具

多媒体创作工具是帮助开发者制作多媒体应用软件的工具，可以将各种多媒体按照文本结点和链结构形式进行组织，连接成完整的多媒体应用软件，帮助开发人员提高工作效率。多媒体创作工具软件按照媒体组织方式和数据管理可分为以下几类：

(1)基于图标或流程线的创作工具。创作工具提供一条流水线，供放置不同类型的图标使用。多媒体素材的展现是以流程为依据的，在流程图上可以对任一图标进行编辑，典型的如 Authorware。

(2)基于描述语言或描述符号的创作工具。这种创作工具提供一套脚本描述语言或描述符号，用这种语句或符号像写程序那样组织、控制各种元素的呈现、播放。

(3)基于时间序列的创作工具。在这种创作工具中，各种成分和事件按时间路线组织，典型的如 Flash、Director。

8.2.2.3　多媒体素材编辑软件

对多媒体素材进行编辑和制作的软件称为多媒体素材编辑软件。多媒体编辑工具包括字处理软件、绘图软件、图像处理软件、声音编辑软件以及视频编辑软件等。

8.2.2.4　多媒体应用软件

多媒体应用软件是由各种应用领域的专家或开发人员利用多媒体创作工具或计算机语言，组织编排大量的多媒体数据而成为最终多媒体产品，直接面向用户的。如多媒体课件、多媒体演示系统、多媒体模拟系统和多媒体导游系统等。

8.3　多媒体应用系统中的媒体元素

多媒体元素是指多媒体应用中可提供给用户的媒体组成。目前主要包含文本、图形、图像、音频、动画、视频等媒体元素。

8.3.1　文本

文本(Text)就是指各种文字信息，包括文本的字体、字号、格式以及色彩等信息。文本是计算机文字处理程序的处理对象，也是多媒体应用程序的基础。通过对文本显示方式的组织，多媒体应用系统可以更好地把信息传递给用户。

8.3.2　图形和图像

图形一般是指通过绘图软件绘制的由直线、圆、圆弧、任意曲线等组成的画面，图形文件中存放的是描述生成图形的指令(图形的大小、形状及位置等)，以矢量图形文件形式存储。

矢量图又称为向量图形，是由线条和图块组成的，当对矢量图进行放大后，图像仍能保持原来的清晰度，且色彩不失真。矢量图的文件大小与图像大小无关，只与图像的复杂程度有关，因此简单的图像所占的存储空间小。

图像是多媒体软件中最重要的信息表现形式之一，它是决定一个多媒体软件视觉效果的关键因素。图像是通过扫描仪、数字照相机、摄像机等输入设备捕捉的真实场景的画面，数字化后以位图格式存储。

位图也叫做栅格图像，是由多个像素组成的。位图图像放大到一定倍数后，可以看到一个个方形的色块，整体图像也会变得模糊。位图的清晰度与像素的多少有关，单位面积内像素数目越多，则图像越清晰；反之，图像越模糊。对于高分辨率的彩色图像，用位图存储所需的存储空间较大。

像素和分辨率是用来决定图像文件大小和图像质量的两个概念。

像素(Pixels)是构成图像的最小单位，很多个像素组合在一起就构成了图像，但组合成图像的每一个像素只显示一种颜色。

分辨率(Resolution)是指用于描述图像文件信息量的术语，表示单位长度内点、像素或墨点的数量，通常用像素/英寸或像素/厘米等表示。分辨率的高低直接影响到图像的效果。使用过低的分辨率会导致图像粗糙，在排版打印时图片变得非常模糊；使用较高分辨率的图像细腻且清楚，但会增加文件的大小，并降低图像的打印速度。

位深度主要用来度量在图像中使用多少颜色信息来显示或打印像素。位深度越大，图像中的颜色表示就越多，也越精确。

8.3.3　音频

音频(Audio)除包含音乐、语音外，还包括各种声音效果。将音频信号集成到多媒体中可以提供其他任何媒体不能取代的效果，不仅烘托气氛，而且增加活力。音频信息增强了对其他类型媒体所表达的信息的理解。

8.3.4　动画

动画(Animation)与运动着的图像有关，动画在实质上就是一幅幅静态图像的连续播放，因此特别适合描述与运动有关的过程，便于直接有效地理解。动画因此成为重要的媒体元素之一。电脑动画就动画性质而言，可分成帧动画和矢量动画。如果按照动画的表现形式分类，则可分为二维动画、三维动画和变形动画。

8.3.5　视频

视频(Video)是图像数据的一种，若干有联系的图像数据连续播放就形成了视频。计算机视频是数字信号，视频图像可以来自录像带、摄像机等视频信号源的影像，这些视频图像使多媒体应用系统功能更强、更精彩。然而，这些都是模拟视频信号，计算机要处理、显示、存储这些信号，必须经过数字化处理。模拟视频信号数字化一般采取如下形式：

(1)复合数字化。先从复合彩色电视图像中分离出彩色分量，然后数字化。

(2)模拟视频一般采用数字化方式，先把复合视频信号中的亮度和色度分离，得到YUV 或 YIQ 分量，然后用单个模/数转换器对各分量分别进行数字化，最后再转换成 RGB空间。

8.4　常用多媒体文件

8.4.1　音频文件

8.4.1.1　WAV 格式

WAV 是 Microsoft Windows 本身提供的音频格式，由于 Windows 本身的影响力，这个格式已经成为了事实上的通用音频格式。目前，所有的音频播放软件和编辑软件都支持这一格式，并将该格式作为默认文件保存格式之一。

8.4.1.2　MP3 格式

MP3 是 Fraunhofer IIS 研究所的研究成果。MP3 是第一个实用的有损音频压缩编码。在 MP3 出现之前，一般的音频编码即使以有损方式进行压缩，能达到 4:1 的压缩比例已经非常不错了。但是，MP3 可以实现 1:10 甚至 1:12 的压缩率，这使得 MP3 迅速地流行起来。MP3 之所以能够达到如此高的压缩比例同时又能保持相当不错的音质，是因为利用了知觉音频编码技术，也就是利用了人耳的特性，削减音乐中人耳听不到的成分，同时尝试尽可能地维持原来的声音质量。几乎所有的音频编辑工具都支持打开和保存 MP3 文件。

8.4.1.3　Real Media

随着因特网的发展，Real Media 出现了，这种文件格式几乎成了网络流媒体的代名词。RA、RMA 这两种文件类型就是 Real Media 中用于存储音频的两种文件格式。它是由 Real Networks 公司发明的，特点是可以在非常低的带宽下提供足够好的音质，让用户能在线聆听。由于 Real Media 是从极差的网络环境下发展过来的，所以 Real Media 的音质较差，包括在高比特率的时候，甚至比 MP3 差。由于 Real Media 的用途是在线聆听，并不适于编辑，所以相应的处理软件并不多。

8.4.1.4　Windows Media

Windows Media 也是一种网络流媒体技术，本质上跟 Real Media 是相同的，但 Real Media 是有限开放的技术，而 Windows Media 则没有公开任何技术细节。由于微软公司的影响力，支持 Windows Media 的软件非常多。虽然 Windows Media 也是用于聆听用途，不能编辑，但几乎所有的 Windows 平台的音频编辑工具都对它提供了读/写支持。

8.4.1.5　MIDI 格式

MIDI 技术最初并不是为了计算机发明的，该技术最初应用在电子乐器上，用来记录乐手的弹奏，以便以后重播。不过随着在计算机里面引入了支持 MIDI 合成的声音卡之后，MIDI 正式地成为了一种音频格式。由于 MIDI 具有的优点和特殊性，因此可以相信这是一种在相当长的时间里都会继续存在的技术。普通的 MIDI 文件许多播放器都支持，但要达到好的效果，就必须安装软波表。

8.4.1.6　AAC 格式

AAC 就是高级音频编码的缩写，是由 Fraunhofer IIS、杜比和 AT&T 共同开发的一种音频格式，它是 MPEG-2 规范的一部分。AAC 所采用的运算法则与 MP3 的运算法则有所不同，AAC 通过结合其他的功能来提高编码效率。AAC 的音频算法在压缩能力上远远超过了以前的一些压缩算法(如 MP3 等)。它还同时支持多达 48 个音轨、15 个低频音轨、更多种采样率和比特率，具有多种语言的兼容能力、更高的解码效率。总之，AAC 可以在比 MP3 文件缩小 30% 的前提下提供更好的音质。

8.4.1.7　AIFF 格式

AIFF 格式是 Apple 苹果电脑上面的标准音频格式，属于 QuickTime 技术的一部分。这一格式的特点就是格式本身与数据的意义无关，因此受到了微软公司的青睐，并以此开发了 WAV 格式。AIFF 虽然是一种很优秀的文件格式，但由于它是苹果电脑上的格式，因此在 PC 平台上并没有得到很大的流行。由于 Apple 电脑多用于多媒体制作出版行业，因此几乎所有的音频编辑软件和播放软件都或多或少地支持 AIFF 格式。

8.4.2　图形图像文件

8.4.2.1　BMP 格式

BMP 格式是 Windows 系统下的标准位图格式，使用很普遍，其结构简单，未经过压缩，一般图像文件会比较大。

8.4.2.2　JPEG 格式

JPEG 格式是所有压缩格式中最卓越的。虽然它是一种有损失的压缩格式，但是在图像文件压缩时可将不易被人眼察觉的图像颜色删除，这样有效地控制了 JPEG 在压缩时的损失数据量，从而达到较大的压缩比。

8.4.2.3　PSD 格式

这是 Photoshop 软件的专用格式，它能保存图像数据的每一个小细节，可以存储成 RGB 或 CMYK 色彩模式，也能自定义颜色数目进行存储。它可以保存图像中各图层的效果和相互关系，各层之间相互独立，以便于对单独的层进行修改和制作各种特效。其唯一的缺点是存储的图像文件特别大。

8.4.2.4　PCX 格式

PCX 格式是 ZSOFT 公司在开发图像处理软件 Paintbrush 时开发的一种格式，存储格式从 1 位到 24 位。它是经过压缩的格式，占用磁盘空间较少，并具有压缩及全彩色的优点。

8.4.2.5　CDR 格式

CDR 格式是图形设计软件 CorelDRAW 的专用格式，属于矢量图像，最大的优点是

"体重" 很轻，便于再处理。

8.4.2.6　DXF 格式

DXF 格式是三维模型设计软件 AutoCAD 的专用格式，文件小，所绘制的图形尺寸、角度等数据十分准确，是建筑设计的首选。

8.4.2.7　TIFF 格式

TIFF 格式是最常用的图像文件格式。它既能用于 MAC，也能用于 PC。这种格式的文件是以 RGB 的全彩色模式存储的，并且支持通道。

8.4.2.8　EPS 格式

EPS 格式是由 Adobe 公司专门为存储矢量图形而设计的，用于在 PostScript 输出设备上打印。它可以在各软件之间使文件进行相互转换。

8.4.2.9　GIF 格式

GIF 格式的文件是 8 位图像文件，几乎所有的软件都支持该格式。它能存储成背景透明化的图像形式，所以这种格式的文件大多用于网络传输上，并且可以将多张图像存成一个档案，形成动画效果。但其最大的缺点是，只能处理 256 种色彩。

8.4.2.10　AI 格式

AI 格式是一种矢量图形格式，在 Illustrator 中经常用到。它可以把 Photoshop 软件中的路径转化为 "*.AI" 格式，然后在 Illustrator、CorelDRAW 中打开，对其进行颜色和形状的调整。

8.4.2.11　PNG 格式

PNG 格式可以使用无损压缩方式压缩文件。支持带一个 Alpha 通道的 RGB 颜色模式、灰度模式及不带 Alpha 通道的位图、索引颜色模式。它产生的透明背景没有锯齿边缘，但是一些较早版本的 Web 浏览器不支持 PNG 格式。

8.4.3　视频文件

8.4.3.1　AVI 格式

AVI(Audio Video Interleave) 的专业名字叫做音/视频交错格式，AVI 格式一般用于保存电影、电视等各种影像信息，有时也应用于因特网中，主要用于播放新影片的精彩片段。

AVI 格式允许视频和音频交错在一起同步播放，但由于 AVI 文件没有限定压缩标准，由此就造成了 AVI 文件格式不具有兼容性。

8.4.3.2　MOV 格式

MOV 格式是苹果公司创立的一种视频格式，用来保存音频和视频信息。MOV 格式支持 25 位彩色，支持领先的集成压缩技术，提供 150 多种视频效果，并配有提供了 200 多种 MIDI 兼容音响和设备的声音装置。在很长的一段时期里，它都只在苹果公司的 MAC 上存在，后来才发展到支持 Windows 平台的计算机上。MOV 格式因具有跨平台、存储空间要求小等技术特点，得到业界的广泛认可，事实上它已成为目前数字媒体软件技术领域的工业标准。

8.4.3.3　MPEG 格式

MPEG 是运动图像压缩算法的国际标准，现已被几乎所有的 PC 平台共同支持。MPEG

采用有损压缩算法，在保证影像质量的基础上减少运动图像中的冗余信息，从而达到高压缩比的目的。MPEG 压缩标准是针对运动图像而设计的，其基本方法是：在单位时间内采集并保存第一帧信息，然后只存储其余帧相对第一帧发生变化的部分，从而达到压缩的目的。MPEG 压缩效率很高，同时图像和音响的质量也非常好，并且在计算机上有统一的标准格式，兼容性相当好。

8.4.3.4　RM 格式

RM(Real Media)格式是由 Real Networks 公司开发的一种能够在低速率的网上，实时传输音频和视频信息的流式文件格式，可以根据网络数据传输速率的不同制定不同的压缩比，从而实现在低速率的广域网上，进行影像数据的实时传送和实时播放，是目前因特网上最流行的跨平台的客户/服务器结构流媒体应用格式。RM 格式共有 Real Audio、Real Video 和 Real Flash 三类文件。Real Audio 用来传输接近 CD 音质的音频数据的文件。Real Video 用来传输连续视频数据的文件。Real Flash 则是 Real Networks 公司与 Macromedia 公司新近合作推出的一种高压缩比的动画格式。

8.4.3.5　ASF 格式

高级流格式(Advanced Streaming Format，ASF)是微软公司推出的，也是一个在因特网上实时传播多媒体的技术标准，可以直接在网上观看视频节目的视频文件压缩格式。它的视频部分采用了 MPEG-4 压缩算法，音频部分采用了微软新发表的压缩格式 WMA。ASF 的主要优点包括：本地或网络回放、可扩充的媒体类型、部件下载以及扩展性等。

8.4.3.6　DivX 格式

DivX 是目前 MPEG 的最新的视频压缩、解压技术。DivX 是一种对 DVD 造成最大威胁的新生的视频压缩格式。这是因为，DivX 是为了打破 ASF 的种种协定而发展出来的，由 Microsoft MPEG-4V3 改进而来，同样使用了 MPEG-4 的压缩算法。播放这种编码，对机器的要求不高。

8.4.3.7　NAVI 格式

NAVI 是 NewAVI 的缩写，是一个名为 ShadowRealm 的地下组织开发出来的一种新的视频格式。它是由 Microsoft ASF 压缩算法修改而来的。视频格式追求的是压缩率和图像质量，所以 NAVI 为了追求这个目标，改善了原始的 ASF 格式中的一些不足，以牺牲 ASF 的视频流特性作为代价，让 NAVI 可以拥有更高的帧率。

8.5　多媒体软件应用实例

8.5.1　声音素材制作

GoldWave 是一个功能强大的数字音乐编辑器，它可以对音频内容进行播放、录制、编辑以及转换格式等处理。它支持 WAV、OGG、VOC、IFF、AIF、AFC、AU、SND、MP3、MAT、DWD、SMP、VOX、SDS、AVI、MOV、APE 等音频文件格式，还可以从 CD 或 VCD 或 DVD 或其他视频文件中提取声音。下面通过一个实例来讲解

GoldWave 软件处理声音文件的方法。

使用 GoldWave 软件处理一个声音文件，操作步骤如下：

(1)打开 GoldWave 声音处理软件，界面如图 8-1 所示。

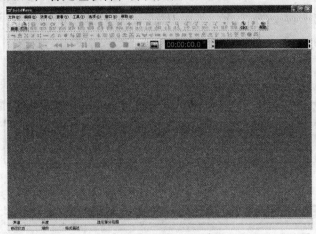

图 8-1　GoldWave 界面

(2)单击【文件】|【打开】命令或工具栏上的【打开】按钮，打开一个声音文件，"GoldWave"的窗口中显示出打开的声音文件的波形，如图 8-2 所示。

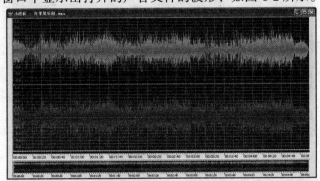

图 8-2　打开一个声音文件

(3)单击软件右侧控制器上的【播放】按钮即可播放声音文件，如图 8-3 所示。在播放的同时会看到一条白色的指示线，如图 8-4 所示，表示当前声音文件所播放的位置。同时还能对声音文件的音量、平衡、速度进行设置。

(4)如果要在波形图上设置音乐的开始点，可在波形图上单击鼠标左键，确定所选波形图的开始点，如图 8-5 所示。

(5)在波形图上面单击鼠标右键，在弹出的菜单上选择【设置开始标记】的命令，即可设置开始标记，如图 8-6 所示。

(6)在需要结束的地方单击鼠标右键，在弹出的菜单中选择【设置结束标记】命令，这样就设定了一段音乐的波形文件，如图 8-7 所示。

图 8-3　播放控制器

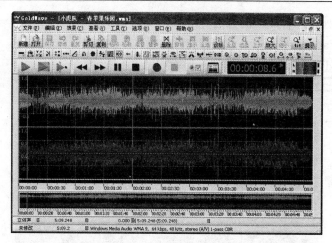

图 8-4　声音波形

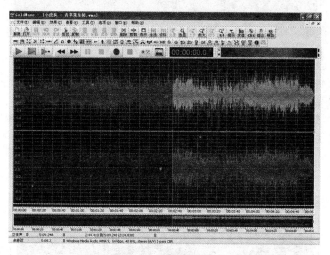

图 8-5　设置开始点

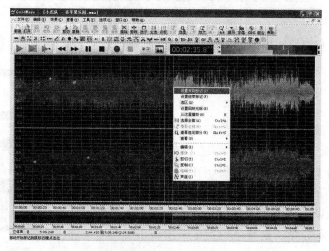

图 8-6　设置开始标记

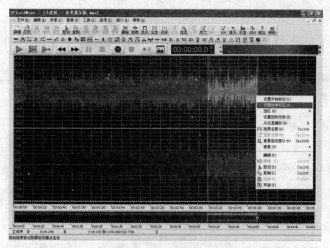

图 8-7　设置结束标记

(7)单击【文件】菜单的【另存为】命令，保存经过处理的波形文件，选择合适的保存文件类型，然后单击【确定】按钮，完成一段声音素材的制作。

8.5.2　利用 ACDSee 软件的"相册生成器"制作 HTML 相册

ACDSee 是目前非常流行的看图工具之一。它提供了良好的操作界面、简单人性化的操作方式、优质的快速图形解码方式，支持丰富的图形格式，具有强大的图形文件管理功能等。ACDSee 是使用最为广泛的看图工具软件，大多数电脑爱好者都使用它来浏览图片。它的特点是支持性强，能打开包括 ICO、PNG、XBM 在内的二十余种图像格式，并且能够高品质地快速显示它们，甚至近年在互联网上十分流行的动画图像档案都可以利用 ACDSee 来欣赏。它还有一个特点是快，与其他图像观赏器比较，ACDSee 打开图像档案的速度无疑是相当地快。

ACDSee 软件的 HTML 相册功能是一项比较实用的功能。它的使用方法是：

(1)双击【ACDSee】图标，打开【ACDSee】软件，单击【文件】|【打开】按钮，打开需要制作相册的图像文件夹，如图 8-8 所示。

(2)在 ACDSee 软件窗口右边选择所需要的图像文件，如图 8-9 所示。单击【查看】按钮，可对相片缩略图的格式进行调整，其中包括图片质量、压缩比等。

(3)单击【动作】|【创建】|【HTML】命令，如图 8-10 所示。

(4)打开【HTML 相册生成器】对话框，如图 8-11 所示。分别对对话框里的各项参数进行设置，然后单击【确定】按钮。

一个可供浏览的 HTML 相册就建好了，如图 8-12 所示，我们还可利用这一功能将普通图片制作成适合网页使用的缩略图。

8.5.3　利用狸窝全能视频转换器制作一段视频

狸窝全能视频转换器是一款功能强大、界面友好的全能型音/视频转换及编辑工具。狸窝全能视频转换器可以在大多数流行的视频格式之间，任意相互转换。如将 RM、

RMVB、VOB、DAT、VCD、SVCD、ASF、MOV、QT、MPEG、WMV、FLV、MKV、MP4、3GP、DivX、XviD、AVI 等视频文件，编辑转换为手机、MP4 机等移动设备支持的音/视频格式。

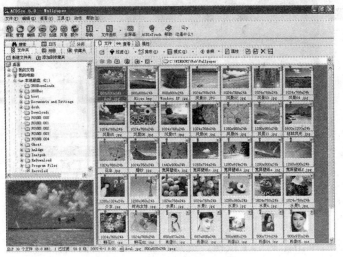

图 8-8　ACDSee 软件界面

图 8-9　选择图像

图 8-10　选择 HTML 命令

图 8-11　"HTML 相册生成器"对话框

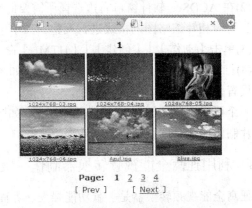

图 8-12　HTML 相册

具体操作步骤如下：

(1)双击桌面上的【狸窝全能视频转换器】图标，界面如图 8-13 所示。

图 8-13　狸窝全能视频转换器界面

(2)单击【添加视频】按钮，打开相应对话框，如图 8-14 所示。在该对话框中查找视频文件存放的路径，单击【打开】按钮，如图 8-15 所示。

图 8-14　添加视频对话框

图 8-15　打开视频文件

(3)选择【视频编辑】按钮，打开【视频编辑】对话框，选择要编辑视频的开始和结束地方，或在下方的【开始时间】和【结束时间】里进行设置，还可对视频进行剪切、效果、水印设置，如图 8-16 所示。单击【确定】按钮，返回图 8-15 打开视频文件界面。

(4)在打开视频文件界面单击【预置方案】下拉按钮，如图 8-17 所示，选择合适的转换文件格式，单击【转换】按钮开始进行视频转换。

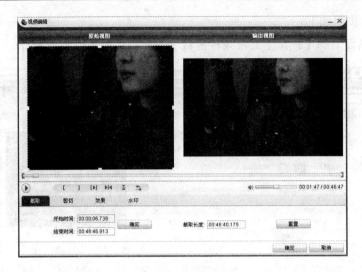

图 8-16　视频编辑

图 8-17　预置方案

　　狸窝全能视频转换器不仅可以进行视频转换和编辑，而且还可以对不同视频合并成一个文件输出。

　　多媒体编辑软件还相当多，这里仅介绍了几个典型的多媒体编辑软件。用户如需要，可以根据自己的喜好到网络上搜索符合自己特色的软件，来处理和编辑图片、音乐、视频等。

习题 8

1. 填空

(1)媒体是指承载或传递_____的载体。

(2)多媒体技术是一种把文本、＿＿＿＿＿＿＿＿、＿＿＿＿＿＿＿＿动画和声音等形式的信息结合在一起，并通过计算机进行综合处理和控制，使多种媒体信息建立逻辑连接，能支持完成一系列交互式操作的信息技术。

(3)在 Windows 中，视频文件的常用存储格式有＿＿＿＿、＿＿＿＿、MPEG、＿＿＿＿。

(4) RM 格式共有 Real Audio、Real Video 和＿＿＿＿＿＿＿＿三类文件。

2．选择

(1)多媒体技术的关键特性有＿＿＿＿＿＿。

A.多样性　　　　　B.集成性　　　　　C.实时性　　　　　D.交互性

(2)多媒体个人计算机硬件包括＿＿＿＿＿＿。

A.光盘驱动器　　　B.视频卡　　　　　C.音频卡　　　　　D.磁盘

(3)下列关于 MP3 的叙述不正确的是＿＿＿＿＿。

A.MP3 是有损音频压缩　　　　　　B.MP3 可以实现 1:10

C.MP3 音质差　　　　　　　　　　D.MP3 文件大

(4)多媒体元素是指多媒体应用中可提供给用户的媒体组成。目前主要包含以下媒体元素＿＿＿＿＿＿。

A.文本　　　　　　B.视频　　　　　　C.图形图像　　　　D.动画

3．简答

(1)多媒体软件系统包括哪些？

(2)简述视频的形成方式，模拟视频信号数字化一般采取哪些方式？

4．实际操作

(1)使用 GoldWave 软件制作一个 MP3 声音文件。

(2)使用狸窝全能视频转换器制作一个手机视频。

附 录　中华人民共和国计算机信息系统安全保护条例

(1994 年 2 月 18 日中华人民共和国国务院令 147 号发布)

第一章　总　则

第一条　为了保护计算机信息系统的安全，促进计算机的应用和发展，保障社会主义现代化建设的顺利进行，制定本条例。

第二条　本条例所称的计算机信息系统，是指由计算机及其相关的和配套的设备、设施(含网络)构成的，按照一定的应用目标和规则对信息进行采集、加工、存储、传输、检索等处理的人机系统。

第三条　计算机信息系统的安全保护，应当保障计算机及其相关的和配套的设备、设施(含网络)的安全，运行环境的安全，保障信息的安全，保障计算机功能的正常发挥，以维护计算机信息系统的安全运行。

第四条　计算机信息系统的安全保护工作，重点维护国家事务、经济建设、国防建设、尖端科学技术等重要领域的计算机信息系统的安全。

第五条　中华人民共和国境内的计算机信息系统的安全保护，适用本条例。未联网的微型计算机的安全保护办法，另行制定。

第六条　公安部主管全国计算机信息系统安全保护工作。国家安全部、国家保密局和国务院其他有关部门，在国务院规定的职责范围内做好计算机信息系统安全保护的有关工作。

第七条　任何组织或者个人，不得利用计算机信息系统从事危害国家利益、集体利益和公民合法利益的活动，不得危害计算机信息系统的安全。

第二章　安全保护制度

第八条　计算机信息系统的建设和应用，应当遵守法律、行政法规和国家其他有关规定。

第九条　计算机信息系统实行安全等级保护。安全等级的划分标准和安全等级保护的具体办法，由公安部会同有关部门制定。

第十条　计算机机房应当符合国家标准和国家有关规定。在计算机机房附近施工，不得危害计算机信息系统的安全。

第十一条　进行国际联网的计算机信息系统，由计算机信息系统的使用单位报省级以上人民政府公安机关备案。

第十二条　运输、携带、邮寄计算机信息媒体进出境的，应当如实向海关申报。

第十三条　计算机信息系统的使用单位应当建立健全安全管理制度，负责本单位计算机信息系统的安全保护工作。

第十四条　对计算机信息系统中发生的案件，有关使用单位应当在 24 小时内向当地县级以上人民政府公安机关报告。

第十五条　对计算机病毒和危害社会公共安全的其他有害数据的防治研究工作，由公安部归口管理。

第十六条　国家对计算机信息系统安全专用产品的销售实行许可证制度。具体办法由公安部会同有关部门制定。

第三章 安全监督

第十七条 公安机关对计算机信息系统安全保护工作行使下列监督职权:

(一)监督、检查、指导计算机信息系统安全保护工作;

(二)查处危害计算机信息系统安全的违法犯罪案件;

(三)履行计算机信息系统安全保护工作的其他监督职责。

第十八条 公安机关发现影响计算机信息系统安全的隐患时,应当及时通知使用单位采取安全保护措施。

第十九条 公安部在紧急情况下,可以就涉及计算机信息系统安全的特定事项发布专项通令。

第四章 法律责任

第二十条 违反本条例的规定,有下列行为之一的,由公安机关处以警告或者停机整顿:

(一)违反计算机信息系统安全等级保护制度,危害计算机信息系统安全的;

(二)违反计算机信息系统国际联网备案制度的;

(三)不按照规定时间报告计算机信息系统中发生的案件的;

(四)接到公安机关要求改进安全状况的通知后,在限期内拒不改进的;

(五)有危害计算机信息系统安全的其他行为的。

第二十一条 计算机机房不符合国家标准和国家其他有关规定的,或者在计算机机房附近施工危害计算机信息系统安全的,由公安机关会同有关单位进行处理。

第二十二条 运输、携带、邮寄计算机信息媒体进出境,不如实向海关申报的,由海关依照《中华人民共和国海关法》和本条例及其他有关法律、法规的规定处理。

第二十三条 故意输入计算机病毒及其他有害数据危害计算机信息系统安全的,或者未经许可出售计算机信息系统安全专用产品的,由公安机关处以警告或者对个人处以5000元以下的罚款、对单位处以15000元以下的罚款;有违法所得的,除予以没收外,可以处以违法所得1~3倍的罚款。

第二十四条 违反本条例的规定,构成违反治安管理行为的,依照《中华人民共和国治安管理处罚法》的有关规定处罚;构成犯罪的,依法追究刑事责任。

第二十五条 任何组织或者个人违反本条例的规定,给国家、集体或者他人财产造成损失的,应当依法承担民事责任。

第二十六条 当事人对公安机关依照本条例所作出的具体行政行为不服的,可以依法申请行政复议或者提起行政诉讼。

第二十七条 执行本条例的国家公务员利用职权,索取、收受贿赂或者有其他违法、失职行为,构成犯罪的,依法追究刑事责任;尚不构成犯罪的,给予行政处分。

第五章 附 则

第二十八条 本条例下列用语的含义:

计算机病毒,是指编制或者在计算机程序中插入的破坏计算机功能或者毁坏数据,影响计算机使用,并能自我复制的一组计算机指令或者程序代码。

计算机信息系统安全专用产品,是指用于保护计算机信息系统安全的专用硬件和软件产品。

第二十九条 军队的计算机信息系统安全保护工作,按照军队的有关法规执行。

第三十条 公安部可以根据本条例制定实施办法。

第三十一条 本条例自发布之日起施行。

参 考 文 献

[1] 刘腾红，宋克振，何友鸣，等. 计算机应用基础[M]. 北京：清华大学出版社，2009.

[2] 宋学谦，司清亮，米西峰. 计算机应用基础[M]. 西安：西安地图出版社，2006.

[3] 贾昌传，贾银隽. 计算机应用基础[M]. 北京：清华大学出版社，2006.

[4] 张建伟. 大学计算机基础[M]. 北京：人民邮电出版社，2005.

[5] 卢湘鸿. 文科计算机教程：Windows XP 与 Office 2003 环境[M]. 3 版. 北京：高等教育出版社，2008.

[6] 河南省职业技术教育教学研究室. 计算机应用基础[M]. 郑州：河南科学技术出版社，2003.

[7] 河南省职业技术教育教学研究室. 多媒体制作与应用[M]. 天津：天津教育出版社，2004.

[8] 耿国华. 大学文科计算机基础[M]. 北京：高等教育出版社，2006.

[9] 陈红. 多媒体技术应用[M]. 西安：西北工业大学出版社，2008.